Estructuras auxiliares en la construcción: andamios, apeos, entibaciones, encofrados y cimbras

Víctor Yepes Piqueras

Universitat Politècnica de València

Colección *Manual de referencia*, serie Ingeniería Civil

Los contenidos de esta publicación han sido evaluados mediante el sistema *doble ciego*, siguiendo el procedimiento que se recoge en http://bit.ly/Evaluacion_Obras

Para referenciar esta publicación utilice la siguiente cita: Yepes, V. (2024). *Estructuras auxiliares en la construcción: andamios, apeos, entibaciones, encofrados y cimbras.* edUPV.

Maquetación: Enrique Mateo, *Triskelion Diseño Editorial*
Imprime: Byprint Percom S.L.

ISBN: 978-84-1396-238-2
DL: V-2831-2024

Si el lector detecta algún error en el libro o bien quiere contactar con los autores, puede enviar un correo a edicion@editorial.upv.es

Agradecimientos

La redacción de un libro como este no es posible en un corto espacio de tiempo. Se cumplen treinta años desde que imparto la asignatura de Procedimientos de Construcción en la Escuela Técnica Superior de Ingeniería de Caminos, Canales y Puertos de Valencia. Desde aquel lejano 1994, son muchas las personas, empezando por los propios estudiantes, a quienes tengo que agradecer mucho de lo que ahora podemos ver en este manual de referencia.

Quiero expresar mi más sincero agradecimiento a los profesores de la unidad docente de Procedimientos de Construcción y Organización de Obras por sus valiosos consejos e indicaciones a lo largo de todos estos años. Destaco especialmente la contribución de Fernando González Vidosa, José Vicente Martí Albiñana y Julián Alcalá González, cuyo apoyo ha sido fundamental en la realización de este libro. Asimismo, extiendo mi agradecimiento al profesor Pedro Martínez Pagán de la Universidad Politécnica de Cartagena, quien ha colaborado de manera significativa en la elaboración de un conjunto de nomogramas originales que permiten resolver parte de los problemas de forma gráfica. También agradezco a Esther Valiente Ochoa y Antonio J. Sánchez Garrido, quienes han facilitado algunas de las fotografías que figuran en el libro. Mi gratitud se extiende también a todas las empresas y profesionales que han permitido el uso de imágenes en esta obra, donde la explicación de los medios auxiliares y los procesos constructivos requiere un buen volumen de material gráfico. Asimismo, agradezco al equipo de la Editorial de la Universitat Politècnica de València, y en especial a María Remedios Pérez García, su esmero y trabajo para hacer de este libro un manual de referencia. No quiero olvidar tampoco a los revisores anónimos de esta publicación. Sus valiosas recomendaciones han permitido mejorar aspectos relacionados con la organización y la claridad de lo expuesto.

Este manual complementa el corpus teórico de la asignatura, formando parte del conjunto de materiales, libros y documentación elaborados por el autor. Recomiendo al lector acudir a manuales, libros o apuntes para ampliar aquellos conocimientos que, seguro, han quedado en el tintero. No obstante, se ha incluido una extensa bibliografía que, espero, resulte útil para este propósito. Asimismo, me complace recomendar mi blog, que cuenta con una trayectoria de más de doce años y ha recopilado cerca de 2000 artículos relacionados con aspectos de la ingeniería de la construcción: https://victoryepes.blogs.upv.es/

Por último, a pesar de haber puesto todo el empeño en revisar cada uno de los textos y problemas, es posible que existan erratas u omisiones. Agradezco de antemano cualquier sugerencia o mejora que pueda servir para futuras ediciones. Espero sinceramente que este libro que tiene en sus manos contribuya a mejorar la calidad docente de este tipo de asignaturas tan prácticas y que sea una herramienta valiosa tanto para estudiantes como para profesionales.

Prólogo

La docencia de una asignatura como "Procedimientos de Construcción" resulta complicada debido a que se debe enseñar cómo hacer las obras. Eso incluye no solo las fases constructivas, sino también aspectos de gran relevancia como es el conocimiento de la maquinaria y los medios auxiliares, la seguridad y salud, el impacto ambiental de las obras y, sobre todo, el conocimiento básico necesario en geotecnia, resistencia de materiales, mecánica, cálculo de estructuras, gestión de empresas, planificación de obras y economía. Todo ello para acertar en la selección del mejor proceso constructivo para una obra determinada. Y todo este conocimiento debe abordarse con una experiencia nula o muy pequeña del alumnado en relación con la realidad física de las obras.

La pregunta es inmediata: ¿cómo podemos llevar la obra al estudiante en un aula? Resulta evidente la necesidad de que los futuros profesionales pisen las obras lo máximo posible y realicen prácticas en empresas. Sin embargo, esta experiencia no es suficiente para adquirir las competencias y conocimientos necesarios.

El problema crece cuando este tipo de asignaturas de construcción se imparten en los primeros cursos de los grados. En los planes antiguos, "Procedimientos Generales de Construcción y Organización de Obras" se impartía en los últimos cursos, incluso en paralelo con la asignatura de Proyectos. Ello permitía al estudiante aplicar todos los conocimientos adquiridos con anterioridad y hacía que la asignatura se pudiese entender con mayor profundidad.

Pero el problema sigue siendo el mismo. Recuerdo que estudié esta asignatura en cuarto curso de la titulación de ingeniero de caminos, canales y puertos, cuando el plan se desarrollaba en seis cursos. En aquella época, hablo del año 1986, D. Hermelando Corbí Abad, profesor de la asignatura, utilizaba todos los medios disponibles en su momento como el proyector de opacos, fotografías que nos pasábamos de mano en mano o catálogos de máquinas o de empresas para que nos imagináramos cómo se podría hacer una obra. Y, sobre todo, pizarra, mucha pizarra. Tomábamos apuntes en clase y teníamos fotocopias mecanografiadas por el profesor que nos servían como texto. Todo se complementaba con abundantes visitas a obras y excursiones organizadas que nos abrían los ojos, el compañerismo y la ilusión por esta apasionante profesión.

Cuando en el año 1994 empecé a impartir por primera vez la asignatura, tuve que recurrir a todo tipo de estrategias disponibles en aquel momento. Era entonces profesor asociado, más joven, pero con años ya de experiencia en los sectores público y privado. Usábamos vídeos en VHS, transparencias que nos permitían ahorrar mucha pizarra, fotografías y catálogos. Se completaba con las visitas a obra. Pero el problema de acercar la realidad al estudiante seguía siendo complicado. Además, las técnicas constructivas, y sobre todo las máquinas y los elementos auxiliares, cambiaban de forma acelerada. Todo demasiado rápido para los medios de los que disponíamos.

Sin embargo, la aparición de los ordenadores, el PowerPoint y, sobre todo, internet, revolucionó todo con el cambio de milenio. Nada volvió a ser como antes. La información y las novedades se acumularon en mi ordenador. Cientos de fotografías, vídeos y documentación se perdían entre las carpetas de mi disco duro. Había que poner orden.

El descubrimiento de las ventajas de disponer de una bitácora digital fue algo que revolucionó mi forma de impartir las clases de esta asignatura. En efecto, el 5 de marzo de 2012 empecé el que iba a ser un blog personal para organizar la información que tenía dispersa en mi ordenador. Fue una auténtica revolución. Podía ordenar por entradas la información dispersa sobre temas de construcción, incluyendo fotografías, vídeos y enlaces a otros documentos. Nada volvería a ser lo mismo. Los estudiantes disponían de una herramienta con la que tener toda la información, no solo de clase, sino que podían ampliarla hasta donde quisieran buceando en internet. Así nació el "Blog de Víctor Yepes" https://victoryepes.blogs.upv.es/, que hoy tiene casi 2000 artículos y más de 5000 visitas diarias. Además, con la potencia de las redes sociales, toda la información se multiplicaba de forma exponencial.

El paso siguiente era el lógico y normal. Se trataba de depurar y mejorar la información para escribir un libro. Así surgieron una serie de textos docentes que, bajo el nombre de Manual de Referencia, edita la Universitat Politècnica de València. Además, este libro en particular, sirve de base para un curso en línea, gratuito y masivo que, bajo el mismo nombre, se imparte desde este mismo año en la plataforma edX, donde colabora nuestra universidad. En el enlace https://www.edx.org/course/introduccion-procedimientos-construccion-obra-civil se puede acceder al curso en cualquier momento, con la posibilidad de obtener un certificado oficial de dicho curso.

El presente libro es el resultado del esfuerzo de compilación, ordenación y actualización de material por parte del autor, con el objetivo de proporcionar un recurso integral y actual para estudiantes y profesionales del ámbito de la construcción. En mi opinión, cada generación de profesores debe asumir la responsabilidad de mantener y renovar el contenido de sus asignaturas, asegurando que este refleje los últimos avances y conocimientos en la materia. Es importante señalar que las normas y leyes que rigen las estructuras auxiliares pueden cambiar con el tiempo. Por esta razón, se ha intentado resaltar los principios más importantes y duraderos. Por otra parte, parece como si las estructuras y los medios auxiliares, por ser temporales, no se merecerían la atención que requieren en el ámbito de la construcción.

Este texto se presenta como un Manual de Referencia, no solo para estudiantes de asignaturas relacionadas con procedimientos de construcción, sino también para profesionales que buscan una fuente fiable y actualizada. La naturaleza práctica de este libro es especialmente valiosa, dado que los cambios en la maquinaria, los procedimientos constructivos y los medios auxiliares son constantes y rápidos, lo que dificulta encontrar bibliografía que aborde estos aspectos con la profundidad y actualidad necesarias.

Una de las mayores dificultades en la elaboración de este libro ha sido la recopilación del material gráfico, fundamental para la comprensión de los elementos que componen las estructuras auxiliares. Estas estructuras, a menudo subestimadas, son tan importantes como las definitivas, y su cálculo y control son cruciales para evitar problemas de calidad y seguridad.

En cuanto a la estructura del libro, realmente contiene capítulos correspondientes a las estructuras auxiliares más importantes empleadas en la construcción: apeos y apuntalamientos, entibaciones, andamios de trabajo, encofrados y cimbras. También se pueden encontrar un buen número de referencias y una cantidad nada desdeñable de preguntas tipo test con sus respuestas para averiguar si el lector ha comprendido bien lo explicado en el texto. Al final se puede localizar un índice temático que, sin duda, servirá para encontrar información de forma rápida.

La necesidad de un libro como este surge para rellenar un hueco editorial importante. Si bien se pueden encontrar cientos de libros de gran calidad en materias tales como la geotecnia y la mecánica de suelos, la resistencia de materiales y cálculo de estructuras, la hidráulica, etc., son pocos los que se dedican a desgranar los procedimientos constructivos, la maquinaria y los medios auxiliares necesarios para ello.

El reto fue bastante importante. El objetivo fue estructurar información muy dispersa, técnicas clásicas con otras de rabiosa actualidad, maquinaria que, año tras año, deja a los modelos anteriores obsoletos. Y, afortunadamente, es posible que, en unos años, parte de las técnicas contenidas en este volumen queden como recuerdos del pasado, dando paso a la robotización, la inteligencia artificial, los gemelos digitales y otras muchas técnicas emergentes que van a desdibujar la forma que tenemos de entender las obras.

Por último, y aunque se ha realizado un esfuerzo minucioso por revisar el manuscrito, es posible que pueda existir alguna errata típica de una obra que se edita por vez primera. Asumo la responsabilidad de cualquier error u omisión y, en la medida de lo posible, trataré de subsanar y mejorar los aspectos o sugerencias que me hagáis llegar.

Este libro, a partir de ahora, deja de ser mío y pasa a ser del lector. Espero que sirva para todos los estudiantes y profesionales que quieran introducirse en el maravilloso mundo de las obras, y en particular, a aquellos que tienen que luchar, día a día con los medios auxiliares que van a necesitar para ejecutarlas.

Valencia, junio de 2024

Índice

01

Estructuras auxiliares
y desmontables.
Concepto y clasificaciones

La norma UNE 76501 *Estructuras auxiliares y desmontables. Clasificación y definición,* define una estructura auxiliar y desmontable como aquella que "sirve para ayudar a una obra o para una utilización pública provisional y cuya construcción puede deshacerse total o parcialmente sin inutilizar sus elementos". Estos elementos (Figura 1.1) se pueden clasificar atendiendo a su función, su naturaleza, por sus elementos constituyentes o por su sistema de sustentación.

La Figura 1.2 presenta una clasificación de las estructuras auxiliares y desmontables según la aplicación a la que están destinados. Se distinguen los andamios de obra o de utilización pública, las cimbras y apeos, los apuntalamientos y entibaciones, las estructuras para cerramientos cubiertos y otras estructuras diversas.

Los andamios de trabajo se diseñan para soportar el peso de los operarios, de las herramientas y de los materiales necesarios en la construcción. El andamio de servicio facilita el

Figura 1.1. Andamio como estructura auxiliar y desmontable.
Fuente: https://www.cubiequipos.com/que-es-un-andamio

Figura 1.2. Clasificación de las estructuras auxiliares y desmontables según su función (UNE 76501).

tránsito de operarios y materiales a diferentes áreas de construcción, así como el acceso a niveles de trabajo a diferentes alturas. Las cimbras y los apeos son estructuras temporales que sostienen un elemento estructural mientras se está construyendo, hasta que alcance la resistencia necesaria. El apuntalamiento se utiliza como soporte adicional o refuerzo de una estructura ya construida. La entibación sostiene las excavaciones que presentan riesgo de colapso, como zanjas o túneles. También entran dentro de las estructuras auxiliares y desmontables las estructuras para cerramientos cubiertos, diseñadas para alojar personas, materiales o instalaciones, como pabellones o barracones, proporcionando un espacio cubierto, y estructuras diversas como pantallas de publicidad, torres para antenas y similares.

En la Figura 1.3, se muestra la clasificación de estas estructuras de acuerdo al material del cual están compuestas. Estos materiales son metálicos, fundamentalmente acero y aluminio, de madera o de otros materiales. No obstante, se pueden dar combinaciones de las anteriores, con lo cual se tendrían estructuras auxiliares mixtas.

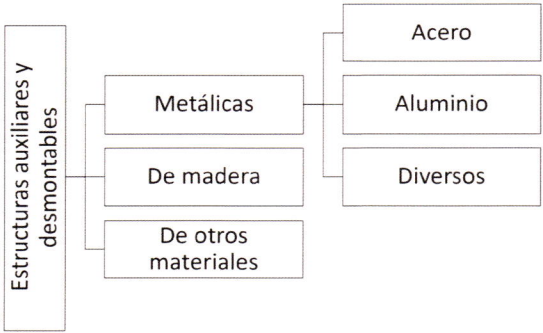

Figura 1.3. Clasificación de las estructuras auxiliares y desmontables por su naturaleza (UNE 76501).

Por sus elementos constituyentes, las estructuras auxiliares y desmontables se clasifican en simples y prefabricadas. Son simples cuando están compuestas por elementos individuales, como tubos, grapas, elementos de unión y otras piezas necesarias para crear el conjunto. En cambio, se consideran prefabricadas cuando prevalecen los elementos compuestos que se ensamblan mediante diversos sistemas para formar la estructura deseada. Los elementos compuestos están formados a partir de piezas sueltas mediante uniones o dispositivos de unión fijados permanentemente, de forma que todas o algunas de las dimensiones de la estructura quedan determinadas previamente.

Finalmente, en la Figura 1.4 se muestra una clasificación adicional basada en su sistema de sustentación. Estas estructuras pueden ser apoyadas si descansan directamente sobre el terreno o sobre otra estructura, colgadas cuando están suspendidas de otra estructura sin cargar el suelo, y en voladizo si se extienden fuera del plano vertical de sus anclajes. En todos estos casos, estas estructuras pueden ser tanto fijas como móviles.

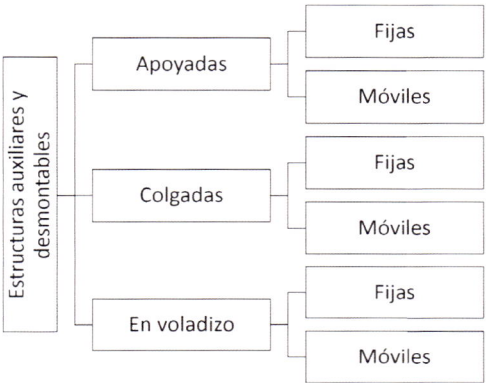

Figura 1.4. Clasificación de las estructuras auxiliares y desmontables por su sistema de sustentación (UNE 76501).

Apeos y apuntalamientos

Contenidos del capítulo

2.1. Introducción a los apeos y apuntalamientos

Una construcción, nueva o existente, puede presentar problemas de estabilidad y resistencia o que esté prevista su demolición. En cualquier caso, es fundamental contar con una estructura provisional que garantice su estabilidad (Figura 2.1). Este medio auxiliar, comúnmente conocido como apeo o apuntalamiento, desempeña un papel crucial en la seguridad estructural.

Una estructura puede peligrar por colapso ante sucesos como terremotos, explosiones, impactos, hundimientos, incendios, inundaciones, vientos fuertes, grandes nevadas, excavaciones próximas u otras situaciones. A veces las estructuras "avisan" con la aparición de grietas, desprendimientos, etc.; otras, en cambio, el colapso es casi instantáneo. Ante estas situaciones, los apeos y los apuntalamientos permiten ganar cierto tiempo mientras se toman medidas para el rescate de personas o bien

Figura 2.1. Detalle del apuntalamiento de un forjado de madera.
Fuente: http://www.ite-arquitectos.com

para el refuerzo definitivo de la estructura o del terreno (entibaciones). Aunque son términos parecidos, es interesante resaltar las diferencias entre los apeos y los apuntalamientos. Se trata de estructuras auxiliares que se instalan, con carácter temporal, para ayuda o complemento en la ejecución o mantenimiento de los elementos constructivos de una estructura durante la ejecución de una obra —andamios, encofrados, entibaciones, etc. — o bien en situaciones de emergencia.

La Real Academia de la Lengua establece que *apear* es "sostener provisionalmente con armazones, maderos o fábricas el todo o parte de un edificio, construcción o terreno", mientras que *apuntalamiento* es la "acción y efecto de apuntalar", es decir, "poner puntales" o bien "sostener, afirmar". La norma UNE 76501 define apuntalamiento como "estructura auxiliar y desmontable que sirve para soportar o reforzar una obra ya construida". En principio, la diferencia básica consiste en que se apea en una reparación, reforma, excavación, demolición o por cualquier situación que así lo aconseje formando parte de los procedimientos constructivos, mientras que se apuntala con carácter de urgencia para evitar el hundimiento, colapso o derrumbamiento. Por ejemplo, los bomberos hablan de apuntalamientos de emergencia cuando ejecutan sus trabajos (Figura 2.2).

Figura 2.2. Apuntalamiento de emergencia.
Fuente: https://www.serviciosemergencia.es

Si bien la diferencia entre ambos términos es muy sutil, es la urgencia lo que permite distinguir ambos conceptos. Así, el apuntalamiento presenta un carácter de urgencia mayor al del apeo. El apeo forma parte de los procedimientos constructivos programados y planificados con tiempo y, en consecuencia, requeriría un mayor esfuerzo y tiempo para su ejecución. En ambos casos, estos medios auxiliares deben estabilizar una estructura o un terreno el tiempo suficiente para rescatar personas o para reparar un elemento dañado. Esta estabilización puede deberse a un riesgo sobrevenido (apuntalamiento) o bien a una actuación planificada y controlada (apeo). Aquí cabe desde el apeo de una mina en explotación hasta el apeo o apuntalamiento de un edificio en situación de riesgo por hundimiento. Son elementos para garantizar el rescate de personas atrapadas bajo los escombros, por ejemplo, tras un terremoto, o bien para asegurar un edificio con daños que permita su uso hasta la resolución definitiva de las patologías existentes.

Existen diversos tipos de apuntalamientos, cada uno con un propósito específico: los apuntalamientos de descarga se utilizan para reparar la cabeza de las viguetas en un forjado de madera; los apuntalamientos de seguridad son necesarios para sostener todos los forjados de un edificio antes de su demolición, elemento por elemento; los apuntalamientos de refuerzo se aplican en forjados con una excesiva flecha; y, por último, los apuntalamientos de estabilización se emplean para respaldar un muro resistente de fachada que debe mantenerse hasta que se construyan los forjados que lo arriostrarán. Cada tipo de apuntalamiento cumple una función crucial en la seguridad y estabilidad de la estructura.

Además de la urgencia, podría enfocarse la diferencia entre apuntalamientos y apeos de otra forma. Así, los apuntalamientos transmiten normalmente las cargas a una zona inferior mediante elementos colocados en posición vertical con elementos denominados puntales, enanos, virotillos o pies derechos, mientras que los apeos transmitirían las cargas por elementos inclinados denominados jabalcones, tornapuntas, codales o tirantes.

El apeo consiste en un sistema de equilibrio de fuerzas compuesto por los elementos de apeo y los propios de la estructura que se está apuntalando.

El apeo se refiere al sistema estructural acoplado a una construcción existente para complementar o reemplazar una estructura de manera provisional mientras se realizan obras de reparación o demolición en dicha construcción (Figura 2.3). Se distingue entre los sistemas de refuerzo y los sistemas de apeo, pues los elementos estructurales empleados en el refuerzo se integran permanentemente en la estructura reforzada. El refuerzo se considera una solución definitiva para un edificio dañado, debiendo garantizar tanto la estabilidad estructural como la funcionalidad. Sin embargo, algunos elementos tradicionales de apeo pueden convertir este sistema en una solución de refuerzo.

Un apeo debe asegurar la estabilidad y, en algunos casos, la funcionalidad de una construcción dañada mientras se implementa una solución definitiva a sus deficiencias. La acción a tomar dependerá de si se repara, reconstruye o demuele la estructura. El plan de apeo puede requerir varias etapas de ejecución, incluyendo una fase de emergencia, a corto plazo y a largo plazo. No obstante, existen sutiles diferencias entre los propios apeos y los apuntalamientos si se atiende a la urgencia en su uso.

Figura 2.3. Apeo de un edificio en Valencia.
Fuente: https://derribosdegeser.es/apeos-y-refuerzos-estructurales

En algunos casos, el apeo se limita a garantizar la seguridad de los operarios mientras se implementa un apeo permanente o más complejo que requiere más tiempo tanto para su ejecución como para el suministro de los elementos necesarios. En la Figura 2.4 se observa una estructura temporal de estabilización de fachadas.

Un sistema de apeo complementario aborda las deficiencias de seguridad que puede presentar una estructura deteriorada, permitiendo que siga cumpliendo su función. Este sistema se compone de elementos de apeo adicionales y de los propios de la estructura apuntalada. Su objetivo es garantizar su seguridad, pero no se utiliza para reemplazar sus elementos estructurales. Este sistema no es independiente, sino que se integra, al igual que el refuerzo, dentro de la propia estructura.

Figura 2.4. Estabilización de fachadas.
Fuente: https://www.linkedin.com/in/francisco-sancho-martinez-968a6b228/

Por el contrario, un sistema de apeo supletorio se presenta como una estructura alternativa. Al entrar en carga, permite sustituir aquellos elementos de la estructura dañados. Esto implica ejecutar diversas operaciones auxiliares, como la perforación en elementos verticales y horizontales, dar continuidad a los apeos e identidad como una estructura autónoma. Esta solución es más costosa en comparación con los apeos complementarios.

Es posible clasificar las estructuras provisionales utilizadas en la construcción, refuerzo o demolición de estructuras según los criterios que pueden verse en la Figura 2.5.

Figura 2.5. Criterios de clasificación de los apeos y apuntalamientos.

Los apeos o apuntalamientos pueden ser verticales, horizontales e inclinados según su disposición. Los verticales recogen cargas horizontales y las transmiten a una base resistente. Los horizontales contrarrestan momentos de vuelco en elementos verticales, mientras que los inclinados gestionan cargas distribuidas y momentos de vuelco. Los apuntalamientos inclinados son los más complejos debido a la descomposición de fuerzas en la transmisión de cargas, tendiendo a desplazarse de su punto de instalación. Los componentes de cada tipo se recogen en la Figura 2.6.

La disposición de los apeos o apuntalamientos depende de los objetivos pretendidos. Un apeo debe recibir y transmitir la carga hasta un soporte, distribuyéndola de nuevo. Además, el apeo contrarresta los momentos de vuelco con otros opuestos de igual o mayor magnitud. Estos principios determinan la estructura básica de un apeo, que incluye un elemento horizontal para cargar o sopanda, una pieza vertical u horizontal llamada pie derecho para transmitir la carga axial y un durmiente o marrano que convierte la carga del pie derecho en otra repartida en el soporte resistente. Los puntales o pies derechos deben colocarse a plomo, permitiendo una inclinación inferior a 2 mm por metro. Se puede observar esta composición en la Figura 2.7.

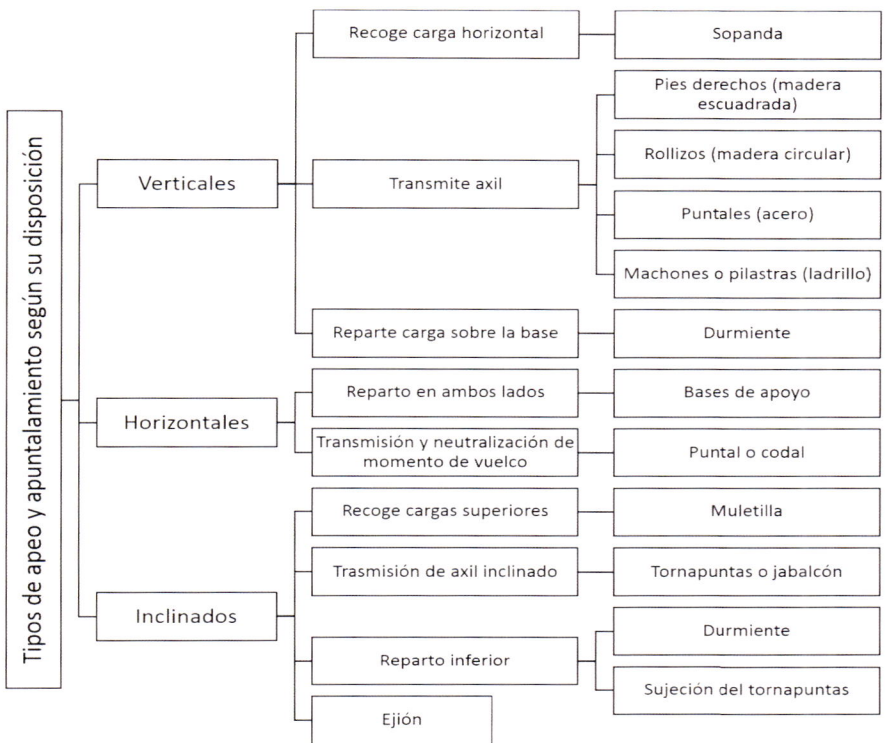

Figura 2.6. Tipos de apeos y apuntalamientos según su disposición.

Los materiales utilizados en un apeo o apuntalamiento deben ser resistentes, durables y económicos. En este sentido, se consideran diferentes materiales según las circunstancias. La madera se utiliza en situaciones de urgencia, de menor envergadura o altura, requiriendo piezas con aristas sanas y regulares, presentando diversas formas como rollizo, tabla, tabloncillo o tablón. El acero es adecuado para cargas elevadas y apeos a gran altura, pudiendo ser perfiles laminados con uniones soldadas o con tornillería. Los ladrillos resistentes son muy estables y resistentes a las condiciones climáticas, utilizados principalmente en el cierre de huecos de fachada, aunque requieren tiempo de fraguado del mortero para adquirir resistencia. Los ladrillos macizos o perforados con mortero de cemento son comunes, aunque ocasionalmente se emplean ladrillos huecos para cargas menores, como el cierre de huecos de fachada.

Los apeos o apuntalamientos se clasifican según el elemento constructivo al que prestan servicio. Existen numerosos tipos, cada uno adecuado para las diferentes partes del edificio que se deseen apuntalar, ya sea construido o en proceso de construcción. Estos se pueden agrupar de la siguiente forma:

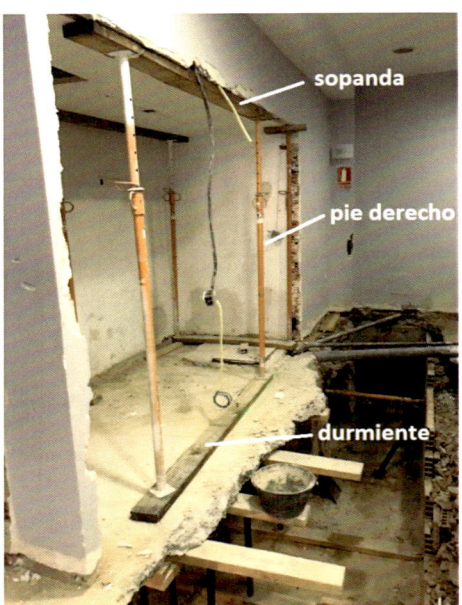

Figura 2.7. Componentes de un apeo/
apuntalamiento.
Fuente: https://fotos.habitissimo.es/foto/
apeo-de-estructura-con-madera-3m_155425

▶ Apeos de huecos: destinados a pasajes o aberturas de iluminación y ventilación en muros, fachadas o espacios interiores. Al diseñarlos, se considera si se debe mantener el acceso a través del hueco, si se requiere corregir deformaciones en el dintel superior o si se apuntala para crear nuevas aberturas, especialmente en plantas bajas comerciales.

▶ Apeos de elementos estructurales horizontales: utilizados en vigas, zunchos, dinteles o forjados, se utilizan en caso de fallos estructurales, agotamiento o sobrecarga prevista. En el primero, se colocan donde los momentos flectores se anulan para no afectar la deformación. En el segundo, se distribuyen puntales para soportar la carga superficial, y la carga se transmite a una base resistente, sin importar su ubicación.

▶ Apeos de medianeras: se emplean al demoler una edificación entre medianeras compartidas para evitar el colapso progresivo de los edificios adyacentes. Si las vigas de madera apoyan en ambas medianeras, se sugiere mantenerlas durante el derribo hasta su reconstrucción. En ausencia de esta opción, se utilizan vigas de celosía con gran luz o puntales telescópicos especiales para el apeo de forma segura.

▶ Apeos de muros: varían según el tipo de muro y la causa de la patología. Para muros de contención de tierras, como muros pantalla, se requiere un apeo horizontal durante su construcción y hasta que se completen los forjados horizontales para contrarrestar el momento de vuelco. Los muros de carga en fachadas, afectados por sobrecargas, agotamiento o hundimiento de la cimentación, se apuntalan durante las reparaciones o hasta su demolición. Los estabilizadores de fachada se emplean cuando el muro de carga está en buen estado, pero debe mantenerse en pie durante la demolición del edificio, absorbiendo el momento de vuelco causado por el viento hasta que se construya la nueva estructura.

En cualquier caso, un apeo o un apuntalamiento debe ser estable y resistente ante las cargas que deben transferir, además, su montaje debe ser simple y rápido, y debe garantizar la seguridad de las personas. Estas estructuras auxiliares constituyen un sistema de equilibrio de fuerzas con los elementos propios de la estructura apeada o apuntalada. Su provisionalidad no exime de tomar precauciones, debiéndose realizar los cálculos estructurales y demás comprobaciones necesarias para garantizar la estabilidad y la seguridad de las personas y de las estructuras y terrenos que sostienen.

2.2. Apeo de fachadas para el vaciado de edificios: estabilizadores de fachada

La protección del patrimonio arquitectónico considera no solo el valor intrínseco de un edificio, sino también los valores que aporta al espacio público, especialmente la imagen exterior que ofrece la fachada. Las normas urbanísticas municipales muchas veces obligan a preservar dicha fachada y permiter demoler y reconstruir el resto de la estructura. Este es un proceso complejo que precisa del uso de apeos específicos que garanticen la seguridad y la estabi idad de estas fachadas mientras se procede a la demolición y reconstrucción del resto del edificio (Figura 2.8).

En los últimos años, se han incrementado este tipo de intervenciones, por lo que estos apeos han llamado la atención y ha crecido la sensibilidad para que su empleo sea seguro. Estas estructuras de apeo, aunque sean temporales, deben proyectarse, calcularse y ejecutarse con el mismo nivel de detalle que cualquier otro tipo de estructura permanente. Además, es fundamental estudiar en detalle un elemento tan relevante que, a menudo, se ha visto afectado por alteraciones o daños significativos al sustentarse en condiciones no previstas.

Existe actualmente una continua mejora en estas intervenciones. Se refleja tanto en el cuidado con el que se resuelve el problema, empleando sistemas tradicionales de soporte mediante estructuras tubulares interconectadas, como en el aumento de intervenciones basadas en perfiles laminados diseñados específicamente para este propósito. Además, se han introducido en el mercado sistemas industrializados para estos apeos.

Figura 2.8. Apeo de fachada (Valencia).
Fuente: https://derribosdegeser.es/
apeos-y-refuerzos-estructurales

Figura 2.9. Sistema de estabilización de fachada interior.
Fuente: https://www.incye.com/
estabilizadores-de-fachada/interiores/

La estabilización del interior de la fachada (Figura 2.9) se consigue mediante
una estructura modular compuesta por
vigas y tensores conectados mediante uniones atornilladas. Este sistema
cuenta con diferentes niveles de correas y puntales que unen los muros
y solidarizan el movimiento entre ellos.
Es importante que estos muros sopor-
ten las cargas horizontales a las que
estarán expuestos, pues la función
del arriostramiento es asegurar una
conexión sólida entre ellos, para que
trabajen de manera conjunta. Esta
conexión compatibiliza los desplazamientos horizontales entre el conjunto
de muros y rigidizadores. Como resultado, parte de la carga se deriva hacia los
otros muros arriostrados, lo que disminuye significativamente la tensión sobre el
muro en estudio. Esta solución reduce el riesgo de deformaciones y fisuraciones
excesivas, contribuyendo a una mayor durabilidad y seguridad de la estructura.

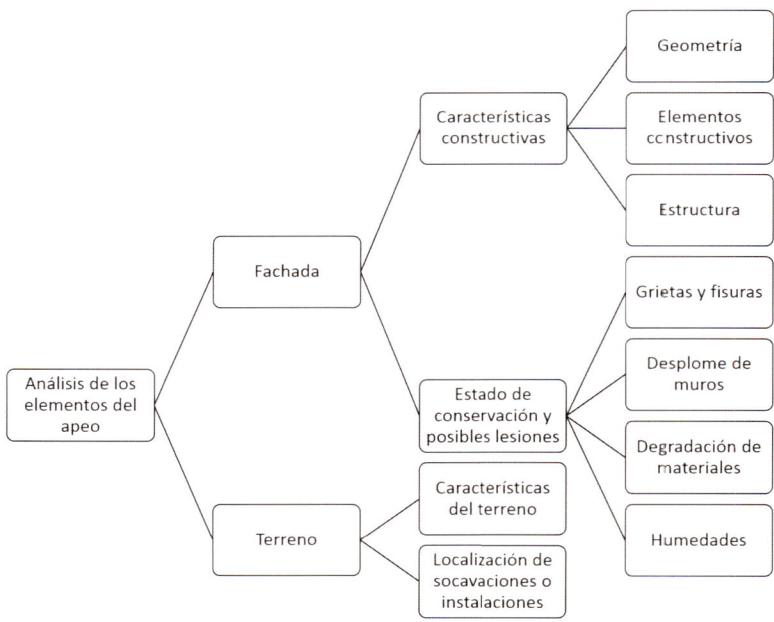

Figura 2.10. Análisis de los elementos sobre los que actuará el apeo.

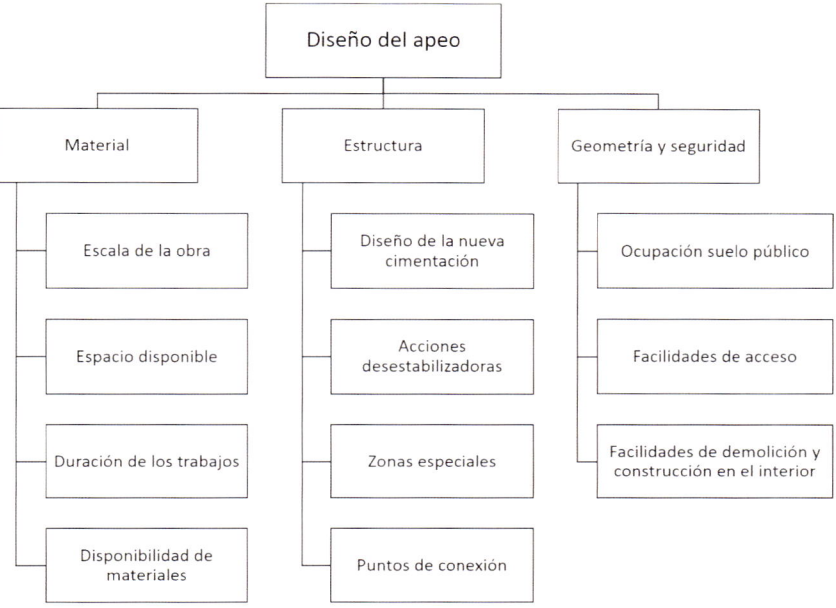

Figura 2.11. Diseño del apeo.

El proceso de apeo de la fachada involucra varias fases. En primer lugar, es importante conocer previamente los elementos afectados por el apeo, lo que abarca tres aspectos esenciales: las características constructivas de la fachada y su relación con el resto del edificio, el estado de conservación y posibles daños, así como un estudio detallado del suelo y subsuelo donde se asentará el apeo (Figura 2.10).

La siguiente etapa implica definir el propio apeo y establecer las medidas de seguridad necesarias, atendiendo a las particularidades de la fachada y las lesiones presentes, considerando las acciones, así como aspectos generales relacionados con la estabilización, como excentricidades de carga, pandeo, fuerzas del viento y sismicidad (Figura 2.11).

Por último, la ejecución de las obras incluye medidas preliminares, como calado de forjados y tabiques para permitir el paso de elementos del apeo, junto con la implementación de apuntalamientos y consolidaciones

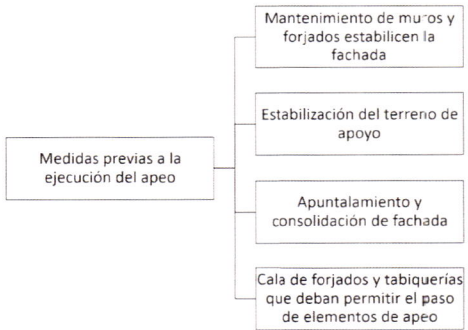

Figura 2.12. Medidas previas a la ejecución del apeo.

Figura 2.13. Apeo en fachada (Ayora).
Fuente: V. Yepes.

específicas según el estado de la fachada (Figura 2.12) Posteriormente, se construye la estructura de soporte de la fachada, se demuele el interior del edificio y, por último, se vincula el nuevo edificio de forma segura a la fachada antigua. En la Figura 2.13 se muestra un apeo de fachada en Ayora (Valencia).

2.3. El apeo de urgencia

Los apeos de urgencia deben evitar el colapso repentino de una estructura dañada y garantizar la seguridad de los operarios (Figura 2.14). Dado lo peligroso del trabajo, es necesario utilizar elementos fabricados con materiales ligeros, de rápida entrada en carga y fáciles de ensamblar. En esta etapa de la actuación, los apeos telescópicos metálicos son los más adecuados, aunque también se emplean apeos ligeros de madera o metal. Asimismo, existen puntales con sistemas hidráulicos y neumáticos con bloqueo que permiten un "apuntalamiento remoto". Sin embargo, no suponen una solución de apeo definitiva.

La principal diferencia entre un apeo de emergencia y uno programado radica en que, en el primer caso, no es posible realizar un estudio detallado de la distribución de cargas en la estructura ni diseñar el apeo de manera adecuada debido a la limitación de tiempo. Sin embargo, las condiciones técnicas deberían ser similares, lo que implica que el apeo de urgencia debe ser rápido y sencillo, permitiendo mejoras o extensiones posteriores en otras áreas o bajo otros criterios.

Figura 2.14. Rescate urbano.
Fuente: UME Ministerio de Defensa España.
https://rescateurbanousar.wordpress.com/
category/apuntalamiento/

Se recomienda que el apuntalamiento de urgencia sea compatible con la reparación o sustitución del elemento dañado. Para ello debe preverse si los trabajos futuros serán de reparación o sustitución, así como la técnica que se empleará. La tarea puede resultar complicada debido a la urgencia con la que se aborda, incluso si se ejecuta por el técnico que sea responsable de la reparación posterior. Si el técnico encargado del apuntalamiento de urgencia es el mismo que realiza la reparación, podrían aparecer discrepancias en los criterios de reparación.

En situaciones extremas, el apuntalamiento de urgencia pueden realizarlo los bomberos u otros cuerpos de emergencia para salvar el edificio, incluso poniendo en riesgo su propia integridad. En este caso, su prioridad es proteger a las personas y asegurar rápidamente la estructura. Por tanto, aunque es deseable lograr una compatibilidad entre el apuntalamiento de urgencia y los trabajos posteriores, esto no siempre será posible, pues se prioriza la rapidez y la seguridad de las personas.

El apeo se instala de abajo hacia arriba, consolidando primero las partes inferiores y luego las superiores. Si se apuntala desde el forjado dañado hacia el terreno, se someten los forjados a esfuerzos de flexión debido a las cargas adicionales del apuntalamiento, incluso si ya están apuntalados. Con apeos de madera, es crucial utilizar un material de buena calidad, seco y en buen estado. Las cuñas se deben ajustar con precaución, de forma lenta para que la carga se aplique gradualmente. Un ajuste excesivo puede ocasionar daños más graves a la estructura. Por lo tanto, un buen apeo, incluso en situaciones de urgencia, debe ser neutro, evitando levantar excesivamente la estructura mediante un apriete o acuñado excesivo de las piezas, pues esto podría causar lesiones más graves que las que se intentan corregir.

En el caso de utilizar puntales metálicos, es fundamental seleccionar el adecuado para alcanzar la altura deseada y asegurarse de que estén aplomados, de manera que transmitan las cargas correctamente. Una vez finalizado el apeo, se recomienda colocar testigos de yeso para controlar cualquier avance en la lesión que requiera nuevas medidas de seguridad, y realizar revisiones periódicas.

Se puede reducir la flecha en el vano de un forjado colocando una fila de puntales telescópicos (Figura 2.15). En el espacio bajo la cubierta, se instala un apeo enano compuesto por un pie derecho y un codal inclinado denominado tornapunta,

Figura 2.15. Apuntalamiento con puntales. *Fuente:* https://demodtres.com/servicios/apuntalamiento/

que se coloca sin apretar, en lo que se conoce como posición "a la espera". Estos elementos se aseguran mediante un pasador y descargan sobre una línea vertical de puntales y las cabezas de los tirantes. Para contrarrestar el empuje del codal hacia la sobrecarrera central, se fijan en ambos lados utilizando dos durmientes colocados sobre los tirantes, asegurándolos con tirafondos. En el caso de un muro socavado, se recomienda instalar otro codal de menor altura y con la menor inclinación posible para evitar su colapso. Para contrarrestar el empuje horizontal en la base, se excava el terreno donde se coloca un durmiente que asegura la base de la tornapunta.

Es necesario delimitar un área de seguridad con vallas, pues existe un riesgo de caída de alguna sección de cornisa hacia la vía pública. Posteriormente, estas vallas se reemplazan por andamios con visera que permitan una circulación segura por el exterior. A continuación, se instala un segundo conjunto de apeos, de modo que los apeos anteriores no impidan la instalación y ubicación de los siguientes. El orden y tipo de las operaciones posteriores dependerá del objetivo final previsto.

2.4.   Sostenimiento de un muro pantalla

Los muros pantalla, en función de la calidad del terreno y del proyecto de construcción, se pueden clasificar en apoyados y sin apoyo. En los apoyados, la estabilidad se consigue mediante una o varias líneas de tirantes o puntos de apoyo, además del empuje pasivo del empotramiento. En las pantallas sin apoyo, denominadas autoestables o en voladizo, la estabilidad solo se debe a las reacciones del suelo en la parte empotrada.

Para dimensionar los elementos de sujeción, se deben considerar los máximos esfuerzos derivados de las comprobaciones de estabilidad de la pantalla, aplicando los coeficientes de seguridad parciales correspondientes. Los elementos de sujeción habituales en un muro pantalla son los anclajes, los puntales o tornapuntas, las celosías metálicas y los propios forjados de la estructura principal.

Figura 2.16. Arriostramiento de muros pantalla mediante anclajes.
Fuente: V. Yepes.

Una forma habitual de realizar el soporte lateral de las pantallas es mediante anclajes que pueden estar en uno o en varios niveles. En la Figura 2.16 se observa el anclaje de los muros pantalla de un recinto para una vivienda. En estos casos, los anclajes se pueden utilizar siempre que no afecten a los edificios o servicios colindantes a la pantalla. Deben tener una longitud capaz de sostener la superficie pésima de deslizamiento debidas a las com-

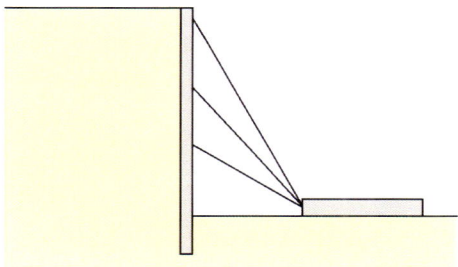

Figura 2.17. Arriostramiento de muros pantalla mediante tornapuntas.

probaciones de estabilidad general y de estabilidad de la pantalla. Además, es necesario contemplar medidas para evitar la corrosión de los anclajes, ya sean definitivos o provisionales de larga duración.

Otra forma de contener un muro pantalla es mediante puntales o tornapuntas, que son elementos que permiten apear la pantalla. Estos elementos inclinados se apoyan tanto en la propia pantalla como en la parte inferior con durmientes fijos (Figura 2.17). En el caso de que los esfuerzos sobre el terreno sean elevados, deberá disponerse una zapata corrida paralela a la pantalla. En cualquier caso, los puntales deben afectar lo menos posible a la excavación y a la ejecución de cimientos y estructura.

También se pueden apoyar los muros pantalla mediante codales metálicos. En la Figura 2.18 se observa el apoyo de una pantalla contra otra, incluso en las esquinas.

Asimismo es habitual apuntalar las propias pantallas entre sí mediante celosías metálicas dispuestas en planos horizontales, tal y como muestran las Figuras 2.19 y 2.20. Se trata de evitar en lo posible entorpecer las labores de excavación y en la construcción de cimentaciones y estructura del edificio.

También se pueden arriostrar las pantallas entre sí con vigas metálicas de alma aligerada. En la Figura 2.21 se observa este tipo de apuntalamiento con vigas que disponen de conectores para solidarizarse con el forjado. Dicho forjado, a su vez, servirá también como arriostramiento a las pantallas.

Figura 2.18. Arriostramiento de muros pantalla mediante codales metálicos.
Fuente: V. Yepes.

21

Figura 2.19. Arriostramiento mediante celosías metálicas.
Fuente: V. Yepes.

Figura 2.20. Detalle del arriostramiento mediante celosías metálicas en esquina.
Fuente: V. Yepes.

Figura 2.21. Arriostramiento mediante vigas metálicas con alma aligerada conectadas a la losa del forjado.
Fuente: E. Valiente.

Efectivamente, otro sistema de apuntalamiento del muro pantalla es el formado por los propios forjados de un edificio (Figura 2.22). Así, con el procedimiento constructivo *top-down*, ascendente-descendente. Se trata de acodalar los muros de contención mediante los propios forjados de los sótanos, que se construyen a medida que se profundiza el vaciado. Téngase en cuenta que hay que considerar en el cálculo de los forjados los esfuerzos de los empujes de las pantallas. Para el apoyo de estos forjados,

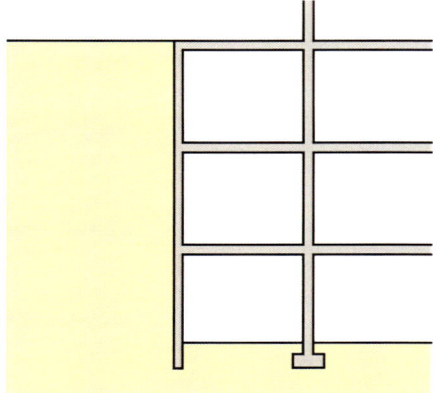

Figura 2.22. Arriostramiento de muro pantalla mediante los forjados del edificio.

Figura 2.23. Arriostramiento combinado en muro pantalla.
Fuente: E. Valiente.

normalmente se construyen pilotes interiores. Este sistema es muy adecuado para grandes profundidades de excavación o cuando el terreno es de mala calidad y se pretende controlar los movimientos del terreno exterior a la excavación.

Por último, en la Figura 2.23 puede verse una combinación de distintas opciones de apuntalamiento de un muro pantalla. Por una parte, anclajes, también puntales de esquina y vigas metálicas de alma aligerada que soportarán al forjado.

2.5. Tablestacas arriostradas con puntales

Las pantallas de tablestacas pueden arriostrarse con perfilería metálica para alcanzar mayores profundidades de excavación limitando las deformaciones. Este arriostramiento puede hacerse con vigas o codales metálicos o mediante una estructura con perfiles con las uniones soldadas en el emplazamiento definitivo (Figura 2.24). Esta solución es ideal para la apertura de grandes zanjas La solución mediante estructura metálica soldada proporciona mayores huecos para facilitar la excavación o la introducción de maquinaria o elementos prefabricados en el recinto. El procedimiento constructivo pasa por la hinca de las tablestacas, una preexcavación de unos 0,50 m por debajo de la cota de arriostramiento, el montaje del arriostramiento y la excavación.

Por otra parte, también debe apuntalarse, en caso necesario, las esquinas de los recintos ejecutados con tablestacas, tal y como se muestra en la Figura 2.25.

Figura 2.24. Pantallas de tablestacas arriostradas con perfilería metálica.
Fuente: http://www.ischebeck.es

Figura 2.25. Apuntalamiento de tablestacas en esquina.
Fuente: E. Valiente

Entibaciones

Contenidos del capítulo

Una entibación es un sistema de contención provisional de tierras constituido por elementos metálicos (paneles) o de madera, acodalados entre sí mediante puntales o codales. Se utilizan para evitar el desplome de las paredes verticales de las zanjas, minas, galerías subterráneas, pozos, etc. La entibación, por tanto, se emplea cuando no es posible dejar un talud estable para impedir desprendimientos y restringir los movimientos del terreno contiguo. También se emplea cuando la profundidad de la zanja es peligrosa para los operarios, siempre que no existan solicitaciones adicionales, a partir de 1,30 m en terreno cohesivo

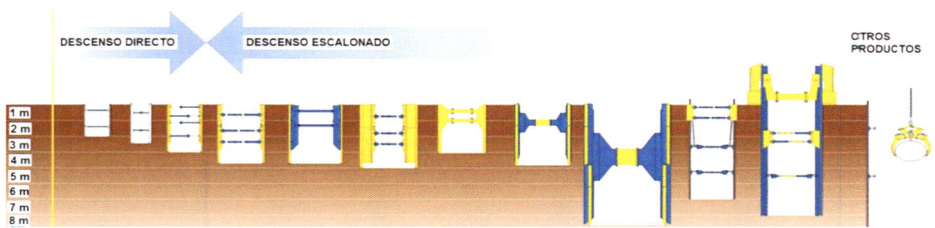

Figura 3.1. Tipos de entibación en función de la profundidad de zanja.
Fuente: Iguazuri.

y 0,80 m en terreno no cohesivo. En suelos no cohesivos o blandos no sería necesaria una entibación si la excavación presenta un talud de 45°, tampoco sería necesario con un talud de 60° en suelos cohesivos o de 80° en suelos rocosos. Pero podría ser insuficiente si existen factores desfavorables que afecten a la excavación como fuertes vibraciones o rellenos mal compactados. Por ejemplo,

se impedirán bombeos de la zanja en suelos no cohesivos y que carezcan de la oportuna entibación de las paredes por debajo del nivel freático, por peligro de sifonamiento, incluso por un corto periodo de tiempo.

Asimismo, también es posible disminuir la altura de la entibación ejecutando bermas en talud, las cuales deberían tener una anchura no menor de 0,60 m. De cualquier forma, en caso de duda, debería realizarse el estudio pertinente. La Figura 3.1 presenta diversas tipologías de entibación según la profundidad de la zanja, mientras que la Figura 3.2 ilustra los elementos característicos de una entibación.

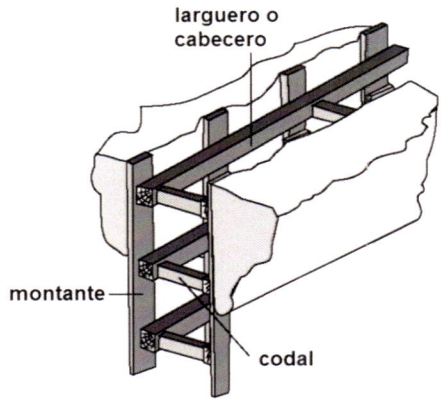

Figura 3.2. Elementos de una entibación.
Fuente: http://elcosh.org/document/2200/d000279/construccion,-enciclopedia-de-salud-y-seguridad-en-el-trabajo.html

La anchura de las excavaciones entibadas debe ser suficiente para trabajar en condiciones normales. Así, para una zanja de 1,50 m de profundidad, la anchura debería ser de 0,65 m, o bien de 0,75 m si la zanja tiene hasta 2 m de profundidad. Además, el material destinado a la entibación deberá estar en el tajo con antelación suficiente para no retrasar los trabajos. Los escombros se situarán, como mínimo, a 1 m de distancia de la arista superior de la entibación. Las anchuras mínimas de zanja se recogen en la norma UNE–EN 1610 *Instalación y pruebas de acometidas y redes de saneamiento*, tanto en relación con la tubería a instalar como su profundidad.

Como aspecto adicional a tener en cuenta, hay que indicar que el proceso de retirada del entibado suele ser más peligroso que la propia entibación, puesto que el terreno se encuentra en peores condiciones. Esta retirada comienza por la parte inferior y de abajo a arriba. Los últimos 1,5 m deben retirarse de una vez. Se aconseja retirar el material por medio de grúa o perder el material antes de que los operarios bajen a una zona peligrosa.

3.1. Entibaciones de madera

Las entibaciones de madera están formadas por tablones, tablas y rollizos, siendo muy usado el álamo negro. Se emplean como pantallas no estancas, en ausencia de agua. El proceso de excavación y entibación depende del terreno y su profundidad. Este tipo de entibación se ha sustituido mayoritariamente por entibaciones metálicas por razones económicas. La madera supone un coste significativo en mano de obra y una mayor lentitud en su instalación. Sin embargo, aún se utilizan en zanjas con muchas tuberías o conducciones transversales, o bien cuando no se pueden transportar los elementos de otro tipo de entibación hasta el tajo.

Las tablas acostumbran a tener de 4 a 5 cm de espesor. Los codales suelen ser rollizos de diámetro mínimo de 10 cm en excavaciones de ancho inferior a 0,80 m y de 12 cm en las demás. Los tableros deben rebasar el nivel del terreno al menos 10 cm para evitar la caída de materiales en la zanja. Además, la madera solo puede servir para unas ocho puestas, pues se va perdiendo con los cortes. En la Figura 3.3 se observa una entibación de madera realizada con tablas horizontales.

Figura 3.3. Entibación de madera con tablas horizontales.
Imagen: V. Yepes.

Se pueden establecer dos tipos diferentes de entibaciones de madera:

▸ Entibaciones con tablas horizontales: son útiles en terrenos cohesivos, que sean autoestables al excavar. Se suele alternar la excavación cada 0,80-1,30 m con la propia entibación. La entibación se realiza apuntalando de lado a lado las tablas con un codal o rollizo, hasta alcanzar la profundidad total (Figura 3.4).

▶ Entibaciones con tablas verticales: se emplean en terrenos sin cohesión, como arenas sueltas, o incluso en lodazales. Las tablas verticales, con punta, se hincan con una maza antes de excavar, alcanzándose profundidades de hasta 2 m. A medida que se completa la hinca, se coloca la primera correa o cabecero en la cabeza de zanja y se apuntala de lado a lado. Se alcanza la profundidad en sucesivas etapas. La Figura 3.4 muestra una entibación de este tipo.

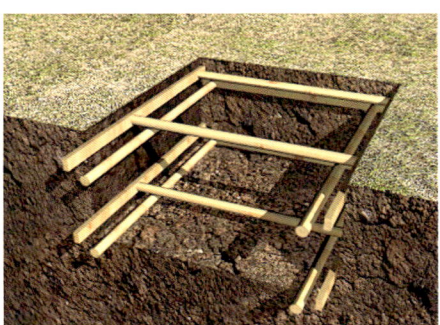

Figura 3.4. Entibación ligera de madera con tablas horizontales y verticales.
Fuente: http://www.geradordeprecos.info/

La entibación de madera recibe distintos nombres en función del porcentaje de superficie de excavación cubierta:

▶ Entibación cuajada: cubre la totalidad de las paredes de la excavación. Los tablones se sitúan uno a continuación del otro.

▶ Entibación semicuajada: los cabeceros se unen con tablas verticales que cubren el 50 % de las paredes de la excavación (Figura 3.4). Los tablones se separan entre sí unos 0,75 m.

▶ Entibación ligera: cubre menos del 50 % de las paredes de la excavación (Figura 3.4). No se emplean tableros, simplemente se usan cabeceros apuntalados por codales. En este caso los tablones distan de 1,5 a 2 m.

Las entibaciones cuajadas se emplean normalmente en gravas y arenas sueltas o bien en limos y arcillas blandas, es decir, cuando el terreno presenta escasa consistencia y puede desplomarse. Las entibaciones semicuajadas o ligeras se utilizan en terrenos suficientemente compactos tales como gravas compactas mezcladas con arcilla, arenas compactas o conglomeradas, esquistos, rocas estratificadas estables o limos y arcillas firmes y duras que ofrezcan suficiente seguridad ante desprendimientos parciales. Para todas las entibaciones anteriores, se suele dejar 1 m de separación vertical entre correas o largueros y de 1,5 a 2 m en horizontal entre codales. La norma tecnológica NTE-ADZ/1976, *Acondicionamiento del terreno. Desmontes: zanjas y pozos*, recomienda, en función del terreno, solicitación y profundidad de corte, los tipos de entibaciones de madera que figuran en la Tabla 3.1.

Tabla 3.1. Entibaciones aconsejables según NTE-ADZ/1976.

Tipo de terreno	Solicitación	Tipo de corte	Profundidad H de corte en m			
			< 1,30	1,30 – 2,00	2,00 – 2,50	> 2,50
Coherente	Sin solicitación	Zanja	Innecesaria	Ligera	Semicuajada	Cuajada
		Pozo	Innecesaria	Semicuajada	Cuajada	Cuajada
	Solicitación vial	Zanja	Ligera	Cuajada	Cuajada	Cuajada
		Pozo	Semicuajada	Cuajada	Cuajada	Cuajada
	Solicitación de cimentación	Cualquiera	Cuajada	Cuajada	Cuajada	Cuajada
Suelto	Indistintamente	Cualquiera	Cuajada	Cuajada	Cuajada	Cuajada

Asimismo, dicha norma establece la sección y separación de los elementos del tablero, cabeceros y codales (ver Tabla 3.2 y Tabla 3.3).

Tabla 3.2. Determinación de una entibación semicuajada según NTE-ADZ/1976.

Grueso mínimo del tablero E en mm	20	25	30	52	65	76	Separación vertical S en cm
Empuje total q en kg/cm^2	0,17	0,27	0,39	1,20	1,87	2,53	30
	0,06	0,10	0,14	0,43	0,68	0,92	50
	-	-	0,06	0,19	0,30	0,41	75
	-	-	-	0,10	0,16	0,23	100

Tabla 3.3. Determinación de una entibación cuajada según NTE-ADZ/1976.

Grueso mínimo del cabecero E en mm	52	65	76	Separación horizontal M en cm
Empuje total q en kg/cm^2	0,21	0,33	0,46	100
	0,13	0,21	0,29	125
	0,07	0,15	0,20	150
	0,05	0,09	0,15	175
	0,03	0,06	0,10	200

3.2. Muro berlinés

El muro berlinés es una entibación formada por perfiles metálicos hincados verticalmente, entre los que se colocan tablones para contener el terreno (Figura 3.5). Esta técnica se aplica en numerosos casos, siendo una entibación temporal segura y económica para excavaciones de profundidades pequeñas a medianas (3 a 8 m) en terrenos poco estables como suelos de arena o finos. No obstante, se desaconseja ante la presencia de cimentaciones próximas y con nivel freático.

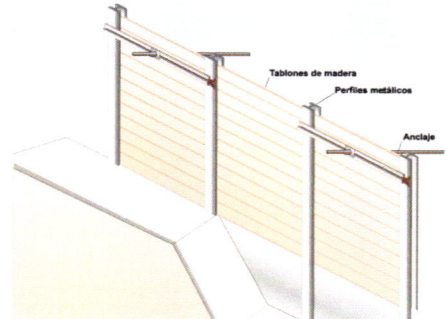

Figura 3.5. Esquema de muro berlinés.
Fuente: www.terratest.com.pe

Esta entibación se clasifica como un muro de tipo flexible, con mayor deformabilidad que los muros pantalla o pantalla de pilotes, y "abiertos", lo que significa que no impiden el paso del agua subterránea. Es necesario realizar un drenaje simultáneo del nivel freático durante la excavación.

El procedimiento constructivo empieza con la hinca de perfiles doble T de ala ancha a intervalos de 1,5-2,5 m, hasta 3 m por debajo del fondo de la excavación. Es apropiado para tablones de 50-80 mm de espesor y perfiles hasta HEB-300. En la Figura 3.6 se muestra un detalle de la sujeción de los tablones a los perfiles metálicos.

A medida que se excava, se va entibando con tablas de madera, de perfil a perfil, apoyadas sobre las alas de doble T. Si es preciso, se apuntalan los perfiles de lado a lado. También es posible el anclaje al terreno. En la Figura 3.7 se muestra un muro berlinés anclado en un edificio en Viña del Mar (Chile).

La colocación de los perfiles metálicos en perforaciones ejecutadas previamente disminuye las molestias por ruidos y vibraciones en zonas

Figura 3.6. Detalle muro berlinés.
Fuente: http://www.ischebeck.es/home/entibacion/berlinesa-es.html

Figura 3.7. Muro berlinés en edificio Viana Limache – Viña del Mar (Chile).
Fuente: http://www.terratest.cl/tecnologias/muro-berlines/

urbanas. La instalación de los tablones por delante de los perfiles metálicos evita la excavación manual entre ellos. Además, los tablones son de fácil manipulación y permiten dejar huecos para el paso de instalaciones existentes.

3.3. Entibaciones de paneles metálicos

Frente a los sistemas de entibación de madera, uno de los métodos de uso más industrializado son los paneles metálicos. Existen varios tipos de entibación metálica: sistemas de cajones, sistemas con guías deslizantes y bocas de acceso a pozos y cámaras de apoyo. Se utilizan con codales neumáticos, hidráulicos o de tornillo, que se adaptan a las dimensiones de la zanja. La ventaja fundamental de estos sistemas prefabricados son su ligereza, rapidez y sencillez de colocación. Además, se montan y desmontan desde el exterior de la excavación mediante maquinaria, lo cual supone un menor riesgo para la seguridad de los operarios. Se pueden usar paneles de aluminio o de acero. Todo lo anterior hace que las entibaciones metálicas sean más rentables desde el punto de vista económico y productivo que las de madera.

Aunque estos sistemas precisan de personal especializado para su montaje y desmontaje, los paneles metálicos presentan claras ventajas en su utilización:

▶ Es posible la excavación de zanjas de diversas anchuras y profundidades, siendo independiente de la longitud de la tubería a instalar.

▶ Sistema de fácil montaje y puesta en obra, empleando medios de elevación habituales.

▶ Es altamente resistente a los empujes del suelo.

▶ Aumento en la seguridad de los trabajos y menor utilización de mano de obra respecto a otros procedimientos.

- ▶ Se puede reutilizar en numerosas ocasiones, con mínimo mantenimiento y larga vida útil.
- ▶ Ritmo de colocación de tuberías alto, puesto que la excavación y la entibación se realiza de forma simultánea.
- ▶ El extremo inferior de las entibaciones no alcanza el fondo de la excavación. Al extraer la entibación no se alteran los rellenos laterales de los tubos, sin la consiguiente pérdida de homogeneidad y compactación de los rellenos.
- ▶ La extracción es relativamente sencilla, incluso en suelos expansivos, pues es posible regular la separación entre los paneles; de esta forma, antes de sacarlos, se sueltan los puntales con lo que las presiones del suelo se relajan, permitiendo la extracción de las entibaciones.
- ▶ Las entibaciones pueden extraerse de forma segura a medida que se efectúa el relleno, por lo que se consiguen rellenos compactados de alta calidad.

Sin embargo, estos sistemas industrializados están sujetos a una serie de condicionantes. Deben emplearse sistemas certificados, que sigan las instrucciones del fabricante. También se debe comprobar que las condiciones reales coinciden con el proyecto y con las cargas admisibles que figuran en dichas instrucciones.

Algunas medidas de prevención comunes a estas entibaciones son las siguientes:

- ▶ En su manipulación, el enganche debe realizarse en los cuatro puntos reservados para ello, con eslingas y cadenas en perfecto estado y con marcado CE.
- ▶ Para evitar desplomes, se debe preservar el frente de la excavación y las entibaciones protegerán toda la superficie excavada, sobresaliendo al menos 15 cm la coronación de la zanja o pozo.
- ▶ La entibación se ejecutará de arriba abajo, mientras que el desentibado se hará al revés, manteniendo la estabilidad de la excavación, así como rellenando y compactando simultáneamente con la excavación.
- ▶ Se deben respetar las distancias de protección (incluida la maquinaria) en torno a 0,60 m, como mínimo.
- ▶ Se dispondrán de escaleras aseguradas para acceder a las zanjas, comprobando que sobrepasen al menos 1 m del borde. Por tanto, queda prohibido subir y bajar por los codales.

Básicamente, encontramos dos grandes familias de entibación con paneles metálicos, las guías y planchas deslizantes, para profundidades superiores a 4 m, y los cajones de entibación, recomendados para profundidades máximas de 4 m. A continuación, se describen con mayor detalle los tipos de entibación metálica más comunes en el mercado.

3.3.1. Entibación ligera con paneles de aluminio

Con una entibación ligera de aluminio, para suelos cohesivos, no debería superarse los 2,40 m de profundidad de excavación (Figura 3.8). La anchura máxima de trabajo es de 0,50 m y la longitud del panel oscila entre 1,50 y 3,00 m. Su uso más habitual es como blindaje del borde de zanjas de hasta 1,75 m, es decir, la profundidad a la que se suelen encontrar las tuberías de suministro (pues no es apta para entibar con presencia transversal de servicios). Este sistema evita el derrumbamiento del borde de las zanjas, especialmente en zonas urbanas, para evitar el deterioro de las aceras y las calzadas. Para hacerse una idea, estos elementos pesan unos 33 kg/m^2 de superficie entibada y resisten presiones de hasta 17,5 kN/m^2.

Figura 3.8. Entibación ligera de aluminio.
Fuente: http://www.iguazuri.com/entibacion_ligera_aluminio.html

Se distinguen dos sistemas de entibación ligera (en aluminio) en función del tipo de cabecero empleado:

▸ Sistemas de cabeceros verticales. Unidos por codales regulables hidráulicos. Son útiles para entibaciones verticales con suelos estables (cohesivos). Se caracterizan por su ligereza, instalándose desde arriba con un solo operario. Puede ejecutarse la entibación con o sin tablero.

▸ Sistemas de cabeceros horizontales. Unidos por codales regulables hidráulicos. Se utilizan con entibaciones verticales de suelos inestables. Se instalan con una pequeña grúa o retroexcavadora de entre 3 y 9 t para su manejo.

3.3.2. Sistema de entibación mediante paneles con guías deslizantes

Una forma de excavar zanjas en terrenos flojos, recomendable a partir de los 4 m de profundidad, es el uso de entibaciones mediante paneles con guías deslizantes. Este método presenta ventajas en terrenos no cohesivos, como en algunas zonas pantanosas o depósitos sedimentarios recientes. Se trata de reforzar la entibación con una estructura con guías laterales unidas por parejas de codales que permiten el deslizamiento de los paneles de acero. El paramento interior de estas entibaciones es plano, por lo que sirve como encofrado exterior de colectores y otros elementos hormigonados en obra.

Las planchas se deslizan con mínimas fuerzas sin golpes o sacudidas, incluso a gran profundidad. Además, se eliminan posibles problemas de asentamiento o desplazamiento del terreno, tanto en la excavación como en la extracción; la entibación no se acuña ni se atasca. Su gran flexibilidad permite su uso tanto en zonas de difícil acceso como en amplias conducciones subterráneas. Las Figuras 3.9 y 3.10 muestran detalles de este sistema de entibación.

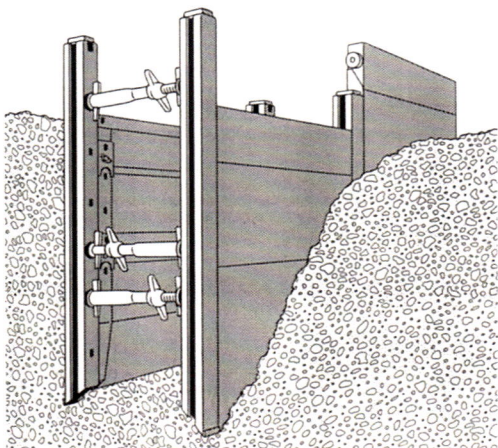

Figura 3.9. Paneles con guía simple.
Fuente: http://www.ischebeck.es/home/entibacion/paneles_guia_simple-es.html

Este sistema se caracteriza porque cada componente desliza conservando un paralelismo que mantiene la anchura entre las planchas. La geometría del conjunto permanece invariable, aunque se presione o tire de guías y planchas de forma individual.

Es posible lograr mayores profundidades y con dimensiones variables con el uso de paneles en planos distintos a los superiores. Además, esto permite extraer los paneles inferiores sin mover los superiores, lo que implica una gran eficiencia en el proceso de rellenos compactados.

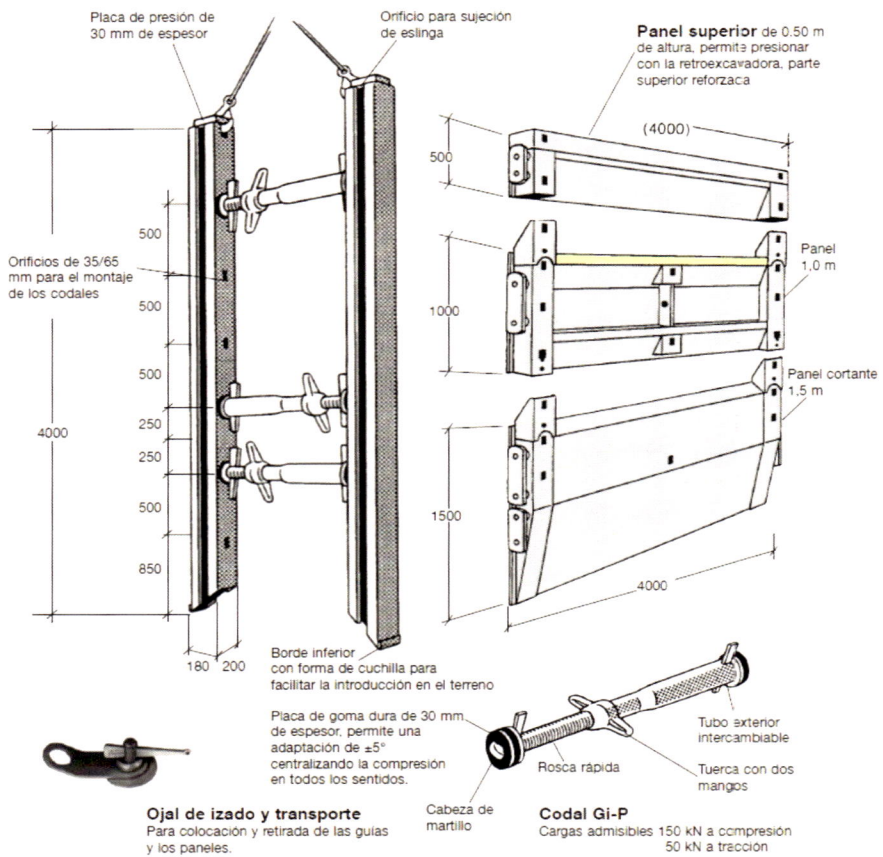

Figura 3.10. Entibación mediante paneles deslizantes con guías simples.
Fuente: Ischebeck.

Las entibaciones presentan una guía de desplazamiento simple o doble:

a. En las entibaciones con guía de deslizamiento simple se introduce en primer lugar un marco formado por las dos guías y los codales. Posteriormente, se encajan las planchas y luego se encarrila en éstas la otra pareja de carriles con sus codales. Los paneles van situándose uno sobre otro en altura y se unen mediante zapatas de anclaje y bulones (Figura 3.11).

b. En las entibaciones con guía de deslizamiento doble se coloca el marco-guía, compuesto por las dos guías y los codales. Se ubican los paneles en la guía interior, se encarrila el otro marco-guía sobre estos paneles y se excava e introduce a la vez el conjunto hasta que entren los paneles superiores de la entibación. Durante la extracción no es preciso elevar todas las planchas, sino que primero se levantan las que van hasta el fondo

Figura 3.11. Entibación con guía de deslizamiento simple. OSALAN (2009).

Figura 3.12. Entibación con guía de deslizamiento doble. OSALAN (2009).

por la guía interior. Este tipo de guía permite disponer de más espacio libre, sin codales, en el fondo de la zanja, utilizándose para obras grandes (Figura 3.12).

3.3.3. Sistemas de entibación por presión hidráulica

El sistema de entibación por presión hidráulica está formado por una cámara compuesta por paneles, del tipo tablestacas. Su profundidad recomendada de trabajo es de hasta 7 m y su anchura máxima de unos 4 m. Una viga accionada hidráulicamente hinca e iza los paneles, por lo que no se recomienda en terrenos rocosos o con bolos. Ambas caras de la cámara están apuntaladas y sostenidas por unas secciones especiales situadas en los bordes. Es un sistema especialmente diseñado para reparar conductos o instalar tuberías. También se recomienda para trabajos de arqueología y en cascos antiguos, pues no transmite vibraciones. Una vez instaladas las tuberías, una excavadora mueve la cámara a lo largo de unos carriles hasta la siguiente sección (Figura 3.13).

3.3.4. Sistemas de entibación con cajones de blindaje o escudos

Figura 3.13. Entibación por presión hidráulica. OSALAN (2009).

Figura 3.14. Detalle de cajones de blindaje Robust BOX.
Fuente: www.atenko.com

Se utilizan los escudos o cajones de blindaje cuando se busca no solo un sostenimiento del terreno, sino una buena protección a los trabajadores. Se trata de dos paneles unidos por codales de longitud regulable (Figura 3.14). La longitud de la plancha oscila entre los 2,00 y 6,00 m. Además, no sirve para entibar cuando existen servicios que la atraviesan.

Los blindajes se ensamblan en la obra, fuera de la zanja, con anchuras regulables en función de la zanja. Cuando se trata de zanjas profundas, se colocan unos blindajes encima de otros, unidos mediante guías. Los cajones de blindajes se pueden utilizar hasta 4 m de profundidad, incluso en terrenos no cohesivos. A mayor profundidad los cajones se desentierran con dificultad, pues se producen grandes esfuerzos sobre los codales y pueden aflorar descompensaciones del terreno desaconsejables. A partir de ahí, y hasta 6 m, deberían utilizarse cámaras con tablestacas.

Se distinguen dos tipos de sistemas de colocación de cajones de entibación: el método de descenso directo y el método de descenso escalonado.

El método de descenso directo, también llamado método de ajuste, consiste en introducir la entibación hasta el fondo en la zanja ya excavada. Esto es posible con paredes estables, verticales y con una excavación que presente la misma anchura que la entibación (ver Figura 3.15). El espacio entre la cara exterior del blindaje y el frente de excavación debe ser el mínimo posible, debiéndose rellenar para evitar los movimientos laterales del cajón. Estos escudos se montan en obra con una simple retroexcavadora o con una grúa pequeña.

El método de descenso escalonado, también llamado de corte y bajada, se utiliza para la colocación de cajones provistos de bordes cortantes. Consiste en empujar cada panel con la cuchara de una pala excavadora a uno y otro lado de la entibación, alternando el descenso con la excavación y retirada del suelo (Figura 3.16). El avance en el descenso no debe exceder 0,50 m del borde inferior de la plancha.

Figura 3.15. Montaje del sistema de entibación con cajones de blindaje.
Fuente: https://www.krings.com.co/
sistema-ks-100/

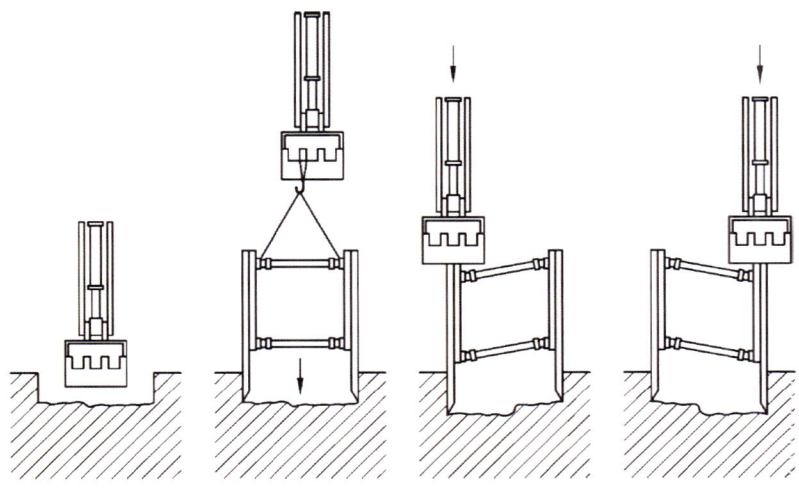

Figura 3.16. Montaje del sistema de entibación con cajones de blindaje mediante el método de corte y bajada.
Fuente: UNE-EN 13331-1.

Andamios de trabajo

4.1. Introducción a los andamios en las obras

La Real Academia Española define andamio como "armazón de tablones o vigas puestos horizontalmente y sostenidos en pies derechos y puentes, o de otra manera, que sirve para colocarse encima de ella y trabajar en la construcción o reparación de edificios, pintar paredes o techos, subir o bajar estatuas u otras cosas, etc.". Sin embargo, se va a concretar más esta definición para el caso de los andamios de trabajo en obras de construcción.

Figura 4.1. Andamio normalizado.
Fuente: A. J. Sánchez Garrido.

Los andamios son estructuras auxiliares y desmontables que facilitan el acceso de los operarios y los materiales, de una forma segura, a aquellos lugares requeridos por la construcción, donde influye decisivamente la altura (Figura 4.1). Los materiales más comunes empleados son el acero, aleaciones de aluminio, madera y aquellos basados en la madera. Estos materiales deben ser robustos y durables para resistir las condiciones habituales de trabajo. Ya sea que estén fijados al suelo, montados sobre caballetes, adosados a la estructura o suspendidos, estos andamios tienen la función de soportar una plataforma de trabajo.

A efectos de cumplimiento de normativa, dimensiones, condiciones de seguridad y acceso al mismo se refiere, al andamio se le considera lugar de trabajo. También se denominan andamios a aquellos destinados a soportar el paso y la permanencia del público, siendo igualmente desmontables.

Figura 4.2. Ménsula de trepado o escuadras para encofrado.
Fuente: https://www.puntalesyencofradosa-cross.com/escuadra

Atendiendo a la norma UNE 76501, los andamios pueden ser de obra o de utilización pública. Los andamios de obra se clasifican en andamios de trabajo, de seguridad o de servicio, mientras que los andamios de utilización pública pueden ser pasos superiores o estructuras para actos públicos.

También se pueden agrupar los andamios en los siguientes grupos principales (Arcenegui, 2006):

1. Andamios que se consideran máquinas. Se consideran máquinas no solo las plataformas de trabajo desplazables sobre mástil, sino también las plataformas suspendidas de nivel variable con accionamiento motorizado o manual.

    ▶ Plataformas de trabajo desplazables sobre mástil.

    ▶ Plataformas suspendidas de nivel variable.

2. Andamios normalizados. Consideramos andamios normalizados aquellos fabricados de acuerdo con alguna norma, con el fabricante dejando constancia de este cumplimiento.

    ▶ Andamios tubulares de fachada o "de marco".

    ▶ Andamios multidireccionales.

    ▶ Torres de trabajo móviles.

    ▶ Cimbras.

3. Andamios no normalizados. Los andamios no normalizados, en consecuencia, son aquellos que no se fabrican conforme a una norma específica. Sin embargo, esto no significa que estén exentos de cumplir con la legislación vigente. Son de muchos tipos, pero destacan los siguientes:

    ▶ Andamios tubulares apoyados o "convencionales".

    ▶ Andamios de borriquetas.

También se podrían clasificar los andamios según su sistema estructural:

▶ Andamios de doble pie derecho simple. Se emplean en proyectos a pequeña escala y de poca altura. Este tipo particular de andamio se caracteriza por su estructura sencilla, construida con materiales como madera, aluminio y acero. Se apoyan en una doble hilera de pies rectos, aunque este enfoque ahora se usa raramente y ha sido reemplazado por pies tubulares más pequeños.

▶ Andamios tubulares. También denominados andamios europeos o unidireccionales. Son la estructura más comunmente empleada y se utiliza para trabajos en paredes de fachadas rectas y sin adornos, que carecen de rosetas u otros sistemas de conexión para fijar las barras en diferentes ángulos. También hay versiones compactas de este andamio que están equipadas con ruedas.

▸ Andamios multidireccionales metálicos modulares. Son capaces de adaptarse al exterior de un edificio, particularmente cuando la fachada es curva o cuando se requiere un andamio de fachada estabilizador. Este andamio corresponde a un sistema estructural más complejo, en el que el ángulo entre la conexión de varios módulos se puede ajustar mediante la utilización de la roseta que forman las barras (Figura 4.3).

▸ Andamios colgantes. Son estructuras de andamiaje suspendidas en el aire y colgadas normalmente de las azoteas o tejados de los edificios.

▸ Andamios de plataforma autoelevadora. Están compuestos por una plataforma de trabajo equipada con un sistema de desplazamiento vertical.

Otro tipo de clasificación atiende a sus cargas y homologación. Los criterios de clasificación, aprobación y designación, de acuerdo con la normativa europea, se centran en las cargas asociadas a ellos. Estos criterios se describen en las Tablas 4.1 y 4.2 procedentes de las normas UNE-EN 12810 y UNE-EN 12811. Estas normas incluyen unas características mínimas de calidad para los materiales, unos procesos estandarizados de comprobación y caracterización de cada elemento clave, así como unas geometrías adecuadas para cumplir su función. La normativa en España

Figura 4.3. Andamio multidireccional.
Fuente: https://utilmacon.net/D/product/andamio-multidireccional/

viene determinada por el Real Decreto 2177/2004, lo cual implica la necesidad de formular un plan de montaje, utilización y de desmontaje con certificado de estabilidad. Un andamio certificado, en España, es el que cumple las normas UNE-EN 12810 (Partes 1 y 2) y UNE-EN 12811 (Partes 1, 2 y 3) y además registra y confirma mediante ensayos de un laboratorio el cumplimiento de dichas normas. La designación de un sistema de andamios que se considere aprobado debe incluir los componentes enumerados en la Tabla 4.2. La norma UNE-EN 12811-1:2003 especifica las cargas de servicio 2, 3, 4, 5 y 6 según se indica en la Tabla 4.3.

Tabla 4.1. Clasificación de sistemas de andamio.

Criterio de clasificación	Clases
Carga de servicio	2, 3, 4, 5 y 6 de acuerdo con la Tabla 3 de la norma UNE-EN 12811-1:2003
Plataformas y sus apoyos	(D) diseñado con ensayo de caída (N) no diseñado con ensayo de caída
Anchura del sistema	SW06, SW09, SW12, SW15, SW18, SW21, SW24
Altura libre	H_1 y H_2 de acuerdo con la Tabla 2 de la norma UNE-EN 12811-1:2003
Revestimiento	(B) con equipamiento de revestimiento (A) sin equipamiento de revestimiento
Método de acceso vertical	(LA) con escalera de mano (ST) con escalera de acceso (LS) con escalera de mano y de acceso

Tabla 4.2. Partes que debe contener la designación de un sistema de andamio.

Andamio	Norma UNE-EN 12810
Clase de carga de servicio	2, 3, 4, 5 y 6
Ensayos de caída sobre plataformas	(D) con ensayo (N) sin ensayo
Clase de anchura del sistema	SW
Clase de altura libre	H_1 o H_2
Revestimiento	Sin revestimiento Con revestimiento
Acceso	(LA), (ST) o (LS)

Tabla 4.3. Cargas de servicio en las áreas de trabajo.

Clases de carga	Carga distribuida uniformemente q_1 kN/m²	Carga concentrada en un área 500x500 mm² F_1 kN	Carga concentrada en un área 200x200 mm² F_2 kN	Carga en un área parcial q_2 kN/m²	Carga en un área parcial Factor del área parcial a_p
1	0,75	1,50	1,00	-	-
2	1,50	1,50	1,00	-	-
3	2,00	1,50	1,00	-	-
4	3,00	3,00	1,00	5,00	0,4
5	4,50	3,00	1,00	7,50	0,4
6	6,00	3,00	1,00	10,00	0,5

Según su clasificación, los andamios de clase 1, 2 y 3 se emplean en una gran variedad de trabajos en altura, incluyendo limpieza, pintura, carpintería, tejados, revestimientos de fachadas, saneamiento y diversas tareas industriales. Por otro lado, los andamios de clase 4, 5 y 6, además de servir como andamios de protección, se utilizan en trabajos relacionados con el hormigón, muros, rehabilitación de fachadas, construcciones industriales y en situaciones que requieren una plataforma ancha y de alta capacidad de carga.

Además de la carga de servicio, que suele ser el parámetro que se considera de manera principal, se fijan otros parámetros como el tipo de acceso, el ancho, el tipo de cubrición aceptable, etc., que acaban de definir la usabilidad del equipo en cada situación.

Como criterio fundamental para el uso seguro de los andamios, es obligatorio que, antes de su primera utilización, sean sometidos a un reconocimiento y una prueba de plena carga por parte de una persona competente. Estas estructuras deben ser inspeccionadas diariamente, así como después de cualquier daño, de condiciones climáticas adversas que puedan haber afectado a su seguridad, o en caso de interrupción prolongada. Se debe prestar especial atención a la alineación y estabilidad de los puntales, la rectitud de las traviesas, la adecuación del arriostramiento, las conexiones al edificio o estructura, el ajuste de las grapas o acopladores, la calidad, el soporte y la seguridad de las planchas y plataformas, las barandillas y los tableros del suelo del andamio, así como a la condición y seguridad de las escalas. No se deben arrojar ni depositar pesos bruscamente sobre los andamios, y tampoco saltar ni correr sobre ellos. Además, se deben colocar carteles de advertencia en cualquier punto donde el andamio esté incompleto y pueda representar un peligro. Durante el desmontaje del andamio, los materiales nunca deben lanzarse desde altura; deben descenderse adecuadamente, y los elementos pequeños o accesorios deben colocarse en cajas o recipientes especiales. Además, los materiales de los andamios no deben dejarse esparcidos en el lugar de trabajo, sino que deben retirarse rápidamente.

4.2. Andamio de borriquetas

El andamio de borriquetas, también conocido como caballete de constructor, es una estructura de baja altura diseñada para facilitar trabajos interiores en proyectos de construcción y reformas (Figura 4.4). Estas borriquetas, que deben su nombre a su forma característica, consisten en dos soportes sobre los cuales se colocan plataformas de trabajo, las cuales pueden ajustarse en

Figura 4.4. Caballetes ajustables en altura de 2 piezas.
Fuente: https://www.leroymerlin.es/

altura o permanecer fijas según sea necesario. Se clasifica como un tipo de anda-mio ordinario debido a su facilidad de uso y generalmente se monta por los propios trabajadores en el sitio.

Este andamio consiste en una plataforma de trabajo con un ancho mínimo de 60 cm, que se sostiene mediante elementos metálicos como caballetes o borri-quetas, aunque serán de 80 cm cuando se depositen materiales o herramientas. La estabilidad de este andamio es crucial, y su empleo no debe superar alturas de 6 m. Para alturas superiores a 3 m, es necesario asegurarlo mediante arrios-tramiento. La distancia máxima permitida entre los puntos de apoyo es de 3,5 m, y en casos de riesgo de caída, se debe instalar una barandilla de seguridad. La plataforma sobrepasará los apoyos un mínimo de 10 cm y un máximo de 20 cm.

4.2.1. Tipos de andamios de borriquetas

Existen dos tipos de andamios de borriquetas, dependiendo de la altura a la que se desee trabajar:

1. Andamios de borriquetas sin arriostramientos. Estos se utilizan para alturas de hasta 3 m, y pueden ser de tipo caballete, asnilla o incluso borriquetas verticales. Dentro de esta categoría, se pueden distinguir dos subtipos:

   ▸ Caballete o asnilla: se usan en obras con requisitos mínimos de altu-ra. Deberán tener un sistema que limite su abertura (Figura 4.5).

   ▸ Borriqueta vertical: estos andamios cuentan con soportes de escalera con pies de sustentación, lo que permite ajustar la altura de la plata-forma deslizando los tablones (Figura 4.6). Los modelos metálicos suelen tener un travesaño intermedio móvil o son telescópicos, lo que proporciona una mayor flexibilidad en la graduación de la altura de trabajo. Esto es importante, ya que a menudo es necesario trabajar a diferentes alturas de forma segura. Para alcanzar alturas mayo-res, se emplean bastidores metálicos diseñados específicamente para ensamblarlos.

2. Andamios de borriquetas armadas con bastidores móviles arriostrados. Estos andamios incluyen refuerzos con riostras y se emplean cuan-do se necesita trabajar a alturas de hasta 6 m, pero nunca superiores (Figura 4.7).

4.2.2. Composición del andamio de borriquetas

El andamio de borriquetas se compone principalmente de soportes, plataformas de trabajo y elementos de arriostramiento.

4.2.2.1. Soporte

El elemento de apoyo de la plataforma puede estar fabricado con madera o metal. Se recomienda el uso de elementos metálicos, aunque la legislación actual no prohíbe el uso de soportes de madera. En el caso de optar por madera, debe estar en buenas condiciones, con una unión sólida y sin deformaciones, oscilaciones o roturas que puedan causar riesgos por fallos, roturas espontáneas o movimientos inseguros. Cuando el piso del andamio no sea una plataforma metálica prefabricada, estará constituido por tablones de 7,5 cm de espesor, y no menos de 4 cm. Tampoco deben existir discontinuidades o huecos que puedan hacer tropezar.

Plataforma de trabajo

Cadena limitadora de movimiento   Borriqueta

Figura 4.5. Andamio de borriquetas tipo caballete.
Fuente: https://victoryepes.blogs.upv.es/2023/09/21/el-andamio-de-borriquetas/

Los soportes utilizados pueden ser caballetes, asnillas en forma de V invertida o borriquetas verticales. Las borriquetas verticales móviles tienen la ventaja de alcanzar alturas mayores, pues se pueden ajustar mediante un travesaño intermedio móvil o telescópico.

Cuando se empleen borriquetas de caballete metálicas, estas pueden ser fijas o plegables. Las fijas, deben contar con travesaños que garanticen su estabilidad. Si se trata de caballetes plegables, es necesario que dispongan de cadenillas limitadoras para asegurar que no se abran más de lo permitido y mantener su estabilidad.

En todas las circunstancias, es esencial que los soportes se instalen de manera completamente nivelada para prevenir cualquier riesgo asociado a trabajos en superficies inclinadas.

La distancia máxima entre dos borriquetas depende del grosor y la rigidez de los tablones de la plataforma de trabajo, así como de las cargas previstas. Como regla general, esta

Figura 4.6. Andamio de borriquetas vertical.
Fuente: https://www.construmatica.com/construpedia/Andamio_de_Borriquetas

Figura 4.7. Andamio arriostrado.
Fuente: https://fotos.habitissimo.es/foto/
doble-torre-de-aluminio_93259

distancia entre apoyos no debe exceder los 3,50 m cuando se utilizan tablones con un grosor de 5 cm.

Es fundamental utilizar los soportes adecuados mencionados anteriormente. En ningún caso se debe apoyar la plataforma de trabajo sobre materiales de construcción como bovedillas, bidones u otros elementos auxiliares que no estén especificados para este propósito.

4.2.2.2. Plataforma de trabajo

La plataforma de trabajo debe elaborarse con madera de alta calidad, sin defectos ni nudos visibles, y debe mantenerse limpia para que cualquier defecto derivado de su uso sea fácilmente identificable. Además, se requiere que tenga una anchura mínima de 60 cm.

Los tablones que componen esta plataforma deben tener un grosor mínimo de 5 cm, aunque se recomienda utilizar tablones de 7 cm de espesor para asegurar la resistencia adecuada para su propósito. Estos tablones deben encajar unos con otros, evitando huecos o discontinuidades, y deben estar firmemente sujetos al soporte para prevenir balanceos, deslizamientos u otros movimientos no deseados.

La plataforma de trabajo no debe sobresalir en voladizo más allá de los apoyos, a menos que sea estrictamente necesario para fijarla a las borriquetas, caballetes u otros elementos de apoyo. En este sentido, se recomienda que el voladizo máximo no exceda los 20 cm en ambos lados y que sea de al menos 10 cm.

4.2.2.3. Crucetas o arriostramientos

Las crucetas cumplen la función de conferir rigidez y monolitismo al conjunto del andamio, y se conectan a los soportes mediante los sistemas de anclaje incorporados en estos. Como mencionamos previamente, en el caso de utilizar andamios de borriquetas a alturas que oscilen entre 3 y 6 m, es imperativo contar con los arriostramientos apropiados. Estos arriostramientos tomarán la forma de crucetas de madera o metálicas, específicamente del tipo cruz de San Andrés, las cuales se instalan en ambos lados del andamio.

4.2.2.4. Barandillas

Cuando las plataformas de trabajo se encuentren a una altura superior a 2 m o estén en áreas que, aunque no superen esta altura, presenten un riesgo de caída exterior de más de 2 m debido a su posición (como galerías o voladizos), es imprescindible instalar barandillas adecuadas alrededor de todo su períme-tro. Estas barandillas deben tener una altura mínima de 90 cm y contar con un pasamanos, un listón intermedio y un rodapié, con una resistencia mínima del conjunto de 150 kg por metro lineal.

Las barandillas deben instalarse directamente en el andamio cuando la altu-ra de la plataforma respecto al suelo sea superior a 2 m, siempre y cuando se asegure la estabilidad total del conjunto en caso de apoyo accidental sobre la barandilla. Sin embargo, si la plataforma se encuentra a una altura relativamente baja, pero en una zona elevada que no garantice la estabilidad del conjunto, se deben utilizar barandillas adicionales colocadas en el exterior, así como mallas o redes entre los niveles para proporcionar la protección necesaria.

4.2.3. Normas generales de seguridad

Al utilizar andamios de borriquetas en obras de construcción, es esencial seguir una serie de medidas preventivas para garantizar un uso adecuado y seguro de esta herramienta. A continuación, se presentan una serie de consejos a tener en cuenta al trabajar con este tipo de andamio:

- ▶ No sobrecargue las plataformas de trabajo. Las plataformas deben con-tener solo el material necesario para la continuación de los trabajos y distribuirlo de manera uniforme para evitar cargas puntuales que puedan debilitar la resistencia de la estructura.

- ▶ No agregue elementos adicionales a la estructura. Está prohibido aña-dir elementos extra al andamio para llevar a cabo tareas diferentes. Además, no coloque andamios de borriquetas sobre otros andamios de borriquetas, ya que estos están diseñados principalmente para trabajos de menor envergadura.

- ▶ Asegure la estabilidad del equipo. Es fundamental montar el andamio sobre una superficie nivelada, plana y sin obstrucciones para garantizar su estabilidad. No utilice elementos como bovedillas, bloques o bidones como soporte.

▶ Evite movimientos peligrosos. Tome medidas para prevenir cualquier posibilidad de inclinación o movimientos peligrosos del andamio durante su uso.

▶ Seleccione tablones adecuados. No utilice tablones con nudos o imperfecciones y evite pintarlos.

▶ No monte andamios de borriquetas sobre andamios colgados. No emplee andamios de borriquetas, ya sea total o parcialmente, sobre estructuras colgadas.

▶ Utilice protección personal. Cuando las condiciones de la obra lo requieran, use equipos de protección personal, como barancillas y arneses individuales, especialmente en áreas como patios, bordes de forjado o cerca de ventanas.

Estas precauciones ayudarán a garantizar un entorno de trabajo seguro y eficiente al utilizar andamios de borriquetas en proyectos de construcción.

4.3. Torres de trabajo móviles

Figura 4.8. Torre de trabajo móvil.
Fuente: https://lecasaprofesional.com/producto/
dos%C2%B765-torre-movil-industrial/

En la industria en general, y especialmente en el sector de la construcción, se realizan numerosos trabajos de acabado, reparación y mantenimiento que no requieren la instalación de un andamio fijo. En cambio, resulta más adecuado emplear una torre de trabajo móvil (Figura 4.8). Estos equipos se ensamblan de manera sencilla y, debido a su capacidad de movilidad, pueden permanecer montados de forma continua y ser almacenados en un lugar apropiado cuando no se utilizan.

Las torres de trabajo y acceso móviles son estructuras autoestables constituidas por elementos prefabricados, ya sean de tipo marco o multidireccionales. Estas estructuras colaboran de manera conjunta entre sus elementos, lo que las hace altamente versátiles. Pueden utilizarse de manera independiente, sin necesidad de anclarse, y gracias a las ruedas pivotantes que se encuentran en sus patas, pueden desplazarse manualmente sobre superficies lisas, firmes y uniformes. Su estabilidad proviene de sus apoyos en el suelo, y en caso necesario, pueden anclarse a una construcción vertical adyacente mediante una barra transversal. La superficie de apoyo para las torres de trabajo móviles debe estar nivelada y sin irregularidades, preferiblemente horizontal o con una inclinación mínima (no más del 1 al 2 %, a menos que se usen ruedas con regulación de desnivel), además de estar despejada de objetos. El suelo debe ser sólido y

Figura 4.9. Torre de andamio.
Fuente: https://www.sacalmaco.com/torre-de-andamio-evolutiva/

resistente para asegurar un desplazamiento adecuado.

De acuerdo con la norma UNE-EN 1004-1, las torres móviles se clasifican en dos categorías de carga. La clase de carga 2 se caracteriza por una carga uniformemente distribuida de 1,50 kN/m², mientras que la clase de carga 3 tiene una carga uniformemente distribuida de 2,00 kN/m².

En su configuración más sencilla, estas torres se apoyan en cuatro ruedas pivotantes equipadas con sistemas de frenado. Los montantes se nivelan mediante husillos de nivelación, garantizando una capacidad de carga adecuada para resistir las fuerzas aplicadas. Además, pueden configurarse con una o varias plataformas de trabajo y escaleras de acceso, según las dimensiones requeridas en el proyecto.

Estas estructuras se usan en inspecciones, tareas de ejecución rápida y operaciones que no demandan un gran almacenamiento de materiales, sino el uso inmediato de una cantidad limitada de ellos. Entre estas actividades se incluyen instalaciones eléctricas, albañilería, pintura, limpieza de cristales, carpintería, trabajos en tejados, revestimientos, enyesados, saneamiento y pequeñas obras de rehabilitación de fachadas, entre otros.

En la industria, se emplean para tareas de mantenimiento en altura, en proyectos de construcción industrial y en otros contextos que requieren un andamio ligero, al mismo tiempo que proporciona una superficie de trabajo cómoda y una capacidad de carga específica. Estos andamios suelen tener alturas que oscilan entre 2,5 m y 12 m en interiores, donde no están expuestos al viento, como en el interior de naves industriales, y entre 2,5 m y 8 m en exteriores, donde las condiciones de viento pueden ser un factor a considerar.

Figura 4.10. Partes de un andamio colgante motorizado.
Fuente: https://alumiinitelineet.fi/tuotteet/alumiinitelinetornit/asc-portaikkoteline/

Las plataformas de trabajo pueden ser de madera contrachapada con marcos de aluminio o metálicas antideslizantes. En caso de tener el pavimento perforado, la apertura máxima de los intersticios ro debe superar los 25 mm. Además, deben contar con garras de encaje que cuenten con un seguro antidesmontaje para evitar que el viento las pueda levantar. Algunas de estas plataformas disponen de una trampilla abatible para facilitar el acceso. La estructura de los andamios está formada por tubos de aluminio o acero, que pueden estar pintados o galvanizados, con un diámetro de 48 mm. Es esencial que los materiales estén en perfecto estado, sin ninguna anomalía que afecte a su rendimiento, como deformaciones en los tubos, madera agrietada en los rodapiés, o garras defectuosas, entre otros.

Estos equipos de trabajo deben construirse de acuerdo con la norma UNE-EN 1004-1. Las torres móviles de acceso y trabajo deben consistir en una estructura de un solo módulo y estar diseñadas para facilitar el montaje, modificación y desmontaje sin requerir el uso de equipos de protección individual contra caídas. Además, solo se permite una plataforma de trabajo en cada torre móvil, donde la plataforma superior debe ser exclusivamente una plataforma de trabajo, mientras que las plataformas inferiores se consideran plataformas intermedias, con la posibilidad de convertirse en plataformas de trabajo si se les añade protección lateral, incluyendo un rodapié. Las distancias entre las plataformas de trabajo, donde la distancia desde la base hasta el primer piso debe ser igual o menor a 3,40 m, y la distancia entre plataformas sucesivas debe ser igual o menor a 2,25 m. Asimismo, la superficie de la base, cuando esté presente, no debe ubicarse a más de 0,60 m del suelo.

Entre los componentes más relevantes de este tipo de andamio, se encuentran los siguientes:

▶ Rueda pivotante: es una rueda giratoria que se encuentra asegurada en la base de un elemento, permitiendo la movilidad de la torre. Esta rueda está equipada con un sistema de bloqueo o freno. Las ruedas deben estar firmemente unidas a la estructura, evitando cualquier posibilidad de desprendimiento accidental. Estas ruedas pueden ser de acero macizo, material plástico u otro similar, y se les puede añadir una banda de goma para prevenir daños en las superficies de uso.

▶ Pata regulable: parte integrada en la estructura que se utiliza exclusivamente para nivelar una torre cuando se encuentra en un terreno irregular o en pendiente. Esta pata está equipada con una rueda pivotante.

▶ Elemento de anclaje: medio empleado para reforzar la estructura. Usualmente, se emplea una barra o un perfil hueco tubular dispuesto transversalmente. Un extremo de este elemento se conecta a la torre, mientras que el otro se fija a una pared o estructura vertical cercana. De esta manera, proporciona una restricción compresiva que previene el posible vuelco de la torre debido a fuerzas horizontales que actúen sobre ella.

▶ Estabilizadores y puntales inclinados: son componentes que posibilitan la extensión de la altura de la torre y, en algunos casos, pueden estar equipados con ruedas. Se conectan a los montantes de la estructura mediante grapas y deben diseñarse como elementos esenciales de la estructura principal. Además, deben contar con mecanismos de ajuste que garanticen un contacto firme con el suelo.

▶ Plataforma de trabajo: compuesta por una superficie rodeada por barandillas, barras intermedias y rodapiés. Su longitud puede variar entre 1 m como mínimo y hasta 3 m, con una anchura mínima de 0,60 m. Se exige una altura libre mínima entre pisos de 1,90 m y una capacidad de carga mínima de 150 kg/m², junto con una indicación clara de la carga máxima. Esta plataforma se construye sobre una estructura metálica de acero o aluminio, que sostiene una chapa o contraplacado como superficie de trabajo. Para garantizar la seguridad, se requiere que la plataforma esté rodeada en los cuatro lados por una barandilla de al menos 90 cm de altura, aunque se sugiere una altura de 1 m ± 50 mm. Debe incluir una barra intermedia a una altura mínima de 0,45 m y un rodapié de al menos 0,15 m de altura. Es importante destacar que los elementos de las barandillas de seguridad no deben ser extraíbles, excepto mediante una acción intencionada directa.

▶ Medios de acceso: el acceso a las plataformas de trabajo se efectúa desde el interior mediante los marcos estructurales diseñados para ello o a través de escaleras, ya sean de tramos, escalones o escalas de progresión vertical o inclinada. Estos medios de acceso deben estar firmemente asegurados a la estructura para evitar desprendimientos accidentales, no apoyarse en el suelo, mantener una distancia máxima desde el suelo hasta el primer escalón de 0,4 m (o 0,6 m si el primer escalón es un piso) y no exceder los 4 m entre niveles de trabajo. Además, la distancia entre los peldaños debe ser uniforme en todos los tramos de las escaleras, y los peldaños deben contar con superficies antideslizantes.

▶ Trampillas de acceso: deben ser abatibles y tener unas dimensiones mínimas de 0,40 m de ancho por 0,60 m de largo, aunque se recomienda una anchura de 0,50 m en la práctica. Además, es fundamental que estas trampillas cuenten con un mecanismo de cierre automático de seguridad y se abran de manera que no obstruyan el paso. Después de utilizarlas para ascender o descender, es necesario cerrarlas de inmediato.

El uso de andamios y torres móviles se ve influenciado por diversos factores. Las condiciones meteorológicas, como fuertes vientos, lluvia o nieve, pueden limitar su utilización, representando un riesgo para los trabajadores. La estabilidad de estos andamios, especialmente en torres móviles, es una prioridad fundamental, y en la mayoría de los casos, sobre todo a alturas considerables, deben anclarse a la pared para garantizar la seguridad en el trabajo. Además, es esencial contar con una superficie de apoyo adecuada, lo que implica la presencia de estabilizadores o anclajes a la pared, junto con la necesidad de que esta superficie esté nivelada y libre de obstáculos. Algunos andamios incorporan husillos reguladores que permiten sortear desniveles comunes, como aceras o bordillos, que son obstáculos típicos de los trabajos en fachadas.

En las torres de trabajo móviles, los principales riesgos incluyen caídas a diferentes niveles debido a montajes incorrectos, falta de seguridad en las plataformas, acceso inadecuado, vuelcos, rotura de plataformas y alteraciones en las trampillas de acceso. También existe el peligro de derrumbe debido a problemas en la superficie de apoyo, deformaciones o montajes deficientes, así como riesgos de caídas de materiales. La proximidad a líneas eléctricas y las caídas al mismo nivel por falta de orden, golpes o sobreesfuerzos también son factores de riesgo.

4.4. Plataformas de trabajo desplazables sobre mástil: andamio de cremallera

Una plataforma elevadora de desplazamiento sobre mástil es el equipo auxiliar diseñado para facilitar el traslado vertical de una o más personas, así como de sus respectivos equipos y materiales de trabajo, hasta el lugar donde se llevarán a cabo las labores correspondientes, todo ello a través de un único punto de acceso (Figura 4.11). Estas plataformas se retiran una vez completadas las tareas para las cuales se han implementado.

Figura 4.11. Andamio de cremallera de doble mástil.
Fuente: V. Yepes.

Es fundamental destacar que estas limitaciones diferencian a este equipo de los montacargas para edificación, pues estas últimas están diseñadas para comunicar niveles definidos y están sujetas a otras normas. Además, no está diseñado para efectuar operaciones de tiro o empujes laterales y horizontales. No obstante, la estabilidad del conjunto frente al vuelco por fuerzas horizontales, como la del viento, se garantiza mediante el anclaje de los mástiles al edificio.

Estos equipos de trabajo se conocen como "andamios de cremallera" debido a su composición. Esta estructura auxiliar está formada por plataformas metálicas adosadas a guías laterales dispuestas a lo largo de torres tubulares sobre las que se puede ascender o descender mediante un motor eléctrico.

Se componen por uno o más mástiles, cada uno instalado en un carro base, equipados con un sistema de piñón y cremallera que se extiende a lo largo de la columna. Lo habitual es que sean del tipo "monomástil" o "bimástil". Este sistema posibilita el desplazamiento del chasis o grupo elevador, al cual se encuentran conectadas una o más plataformas de trabajo. Aunque su uso no es frecuente, se pueden emplear plataformas de trabajo multinivel, en las cuales dos o más plataformas se desplazan sobre el mismo mástil. En la Figura 4.12 se puede observar un andamio de cremallera de un solo mástil.

Gracias a su versatilidad, estas plataformas, que pueden variar en longitud y adaptarse en profundidad, permiten realizar una amplia gama de trabajos como el revestimiento de fachadas y trabajos exteriores hasta la restauración, el mantenimiento y la rehabilitación de edificios. Además, facilitan el transporte vertical de personas y materiales de manera rápida y sencilla.

Figura 4.12. Andamio de cremallera de un solo mástil.
Fuente: https://www.alba.es/productos/elevacion/elevacion-cremallera/plataformas-trabajo/p/pec-120/

Los andamios de plataforma elevadora sobre mástil se emplean en las siguientes circunstancias:

▶ Cuando se cuente con una superficie de apoyo adecuada en la parte frontal del elemento constructivo para el cual se va a instalar el andamio.

▶ Cuando sea posible anclar los mástiles a la estructura del edificio, siempre que soporte la tracción necesaria y sea accesible.

- ► Cuando la tarea a realizar desde el andamio sigue un proceso de construcción lineal, evitando que varios trabajadores operen simultáneamente en diferentes niveles en la misma vertical.

Por lo tanto, estos andamios se utilizan principalmente en proyectos de construcción nueva, especialmente para cerramientos verticales exteriores y configuraciones de fachada relativamente simples.

Pueden tener hasta 100 m de altura, 33 m de ancho y hasta 1500 kg de carga. La velocidad de elevación puede ser de hasta unos 100 m/min. No obstante, los andamios monomástil generalmente admiten una plataforma de trabajo de hasta 10 m de longitud en total, distribuida equitativamente, con un máximo de 5 m a cada lado del mástil central. En el caso de los andamios bimástil, sus dos mástiles se ubican a una distancia de 15 m entre sí, lo que permite soportar una plataforma de trabajo de hasta 25 m.

En situaciones excepcionales, es posible montar plataformas sobre tres mástiles, aunque esta configuración no es habitual. En cualquier caso, los mástiles estarán separados entre sí por un máximo de 15 m y las extensiones desde los mástiles extremos no superarán los 5 m hacia el exterior.

Se distinguen las siguientes partes de los andamios de cremallera:

- ► Base: es una estructura tubular que soporta la primera sección del mástil. Para asegurar una capacidad de carga segura, incorpora un gato de apoyo central y cuatro estabilizadores giratorios que nivelan la máquina. La base puede ir equipada con cuatro ruedas giratorias para posicionar el conjunto sobre el terreno y facilitar el desplazamiento del andamio. Además, es posible que la base incluya un chasis móvil, que consiste en una base remolcable con ruedas incorporadas. Este chasis, además de cumplir las funciones del chasis fijo, permite el transporte del andamio.

- ► Mástil: se compone de módulos fabricados con tubos cuadrados ensamblados para formar secciones triangulares, reforzadas con varillas redondas. A lo largo del mástil, se encuentra un sistema de cremallera, con la excepción del último módulo, el cual carece de ella para evitar el desplazamiento de la plataforma.

- ► Plataformas: parte de la instalación que se desplaza verticalmente y sobre la que se transportan las personas, el equipo y los materiales y desde la que se realiza el trabajo. Estas están constituidas por grupos modulares con longitudes aproximadas de 1,5 m, que se unen mediante tres bulones. Además, cuentan con un suelo de chapa antideslizante y barandillas de seguridad para evitar caídas.

- ▸ Motor: se trata de un motor eléctrico trifásico que se ubica debajo de la plataforma de trabajo, con un motor por cada mástil. Su control se efectúa desde el panel de mandos localizado en el interior de la propia plataforma de trabajo.

- ▸ Chasis: se trata de una estructura tubular que alberga los motorreductores, equipados con freno eléctrico y de emergencia, que es independiente del anterior.

- ▸ Anclajes: son de aplicación obligatoria para todos los tipos de andamios, incluyendo aquellos que superen una altura total de 3 m. En el caso específico de los andamios de mayor altura, los anclajes de los mástiles a la estructura del edificio se realizan mediante piezas tubulares rígidas que garantizan la estabilidad en dos direcciones. Se debe mantener una separación vertical máxima de 6 m entre dos anclajes consecutivos.

En la Tabla 4.4 y en la Figura 4.13 aparecen numerados los principales componentes de un andamio de cremallera.

Tabla 4.4. Índice de los principales componentes de un andamio de cremallera.

1. Base o chasis fijo	12. Puerta
2. Chasis móvil	13. Escalera de acceso
3. Estabilizadores	14. Grupo elevador (motor)
4. Mástil	15. Interruptor de fin de carrera
5. Anclaje del mástil	16. Topes (amortiguadores)
6. Plataforma de trabajo	17. Freno automático
7. Plataforma principal	18. Detector de embalamiento
8. Superficie de trabajo	19. Engranaje de seguridad
9. Extensiones de la plataforma	20. Rodillos guía
10. Protección de mástil	21. Armario eléctrico / cuadro de mandos
11. Barandilla	22. Tabla de cargas

4.5. Plataformas suspendidas de nivel variable

En un andamio suspendido, las cargas de apoyo se transfieren a los elementos verticales mediante tracción, al contrario que en un andamio convencional, donde estos esfuerzos son de compresión (Figura 4.14). Estos andamios de trabajo son temporales, retirándose una vez que se han completado las tareas para las que fueron instalados.

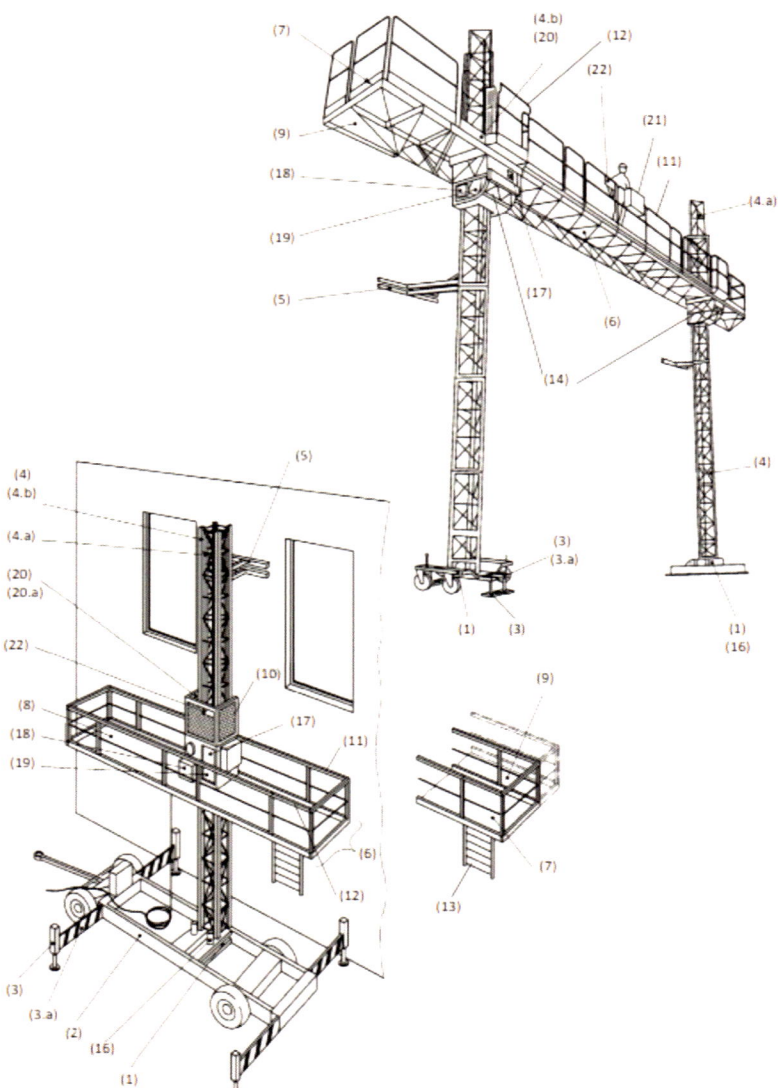

Figura 4.13. Plataformas tipo de uno y dos mástiles.
Fuente: https://www.sunscaffold.com/wp-content/uploads/2018/10/ANSI-A92-9-Draft-10-Feb-2009-B-New.pdf

Se pueden distinguir varios tipos de andamios colgantes para construcción:

▶ Andamios con cable: estas plataformas se anclan en niveles superiores y permiten trabajar a diversas alturas. La instalación de estos andamios es bastante compleja, ya que requiere una consideración minuciosa tanto

Figura 4.14. Andamio suspendido.
Fuente: https://www.linkedin.com/pulse/soporte-del-andamio-suspendido-z%C3%A4h-ingenieros/

del peso que la estructura puede soportar como del estado de la superficie de apoyo. Por esta razón, se recomienda encarecidamente confiar en profesionales para su montaje.

► Andamios colgantes fijos: estos andamios también se anclan en la parte superior del área de trabajo, pero no son móviles. Por ejemplo, un proyecto de rehabilitación en un puente, donde resulta imposible instalar un andamio sobre un río. En tales casos, se utiliza un andamio colgante que se apoya directamente en la parte superior del propio puente.

► Plataformas colgantes o andamios descolgados: además de los andamios, también es factible instalar plataformas colgantes para trabajos en altura, que se sostienen sobre la parte superior de la estructura (Figura 4.15). Se suelen montar mediante un sistema multidireccional compuesto por montantes verticales, barras horizontales y diagonales, unidos a través de rosetas de conexión integradas en los montantes cada 50 cm.

► Vigas con celosía de acero: se instalan vigas verticales que constituyen la estructura principal. Después, se fijan vigas secundarias utilizando grapas diseñadas para andamios. Esta estructura cuenta con puntos de anclaje tanto en la parte superior como en puntos intermedios.

► Fijación directa con grapas: si existe una estructura en el nivel superior, como una viga,

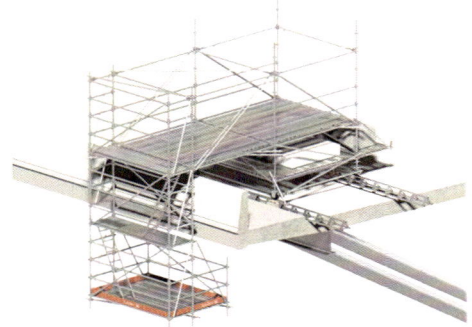

Figura 4.15. Andamio descolgado.
Fuente: https://www.proalt.es/andamios-descolgados-particularidades-instalacion-y-normativa/

Figura 4.16. Plataforma suspendida motorizada. *Fuente:* https://www. proalt.es/plataformas-suspendidas-motorizadas-que-son-y-que-normativa-siguen/

esta se puede utilizar como base, fijando las barras verticales con grapas directamente en ella. De esta manera, la fuerza del andamio se sustenta en una estructura externa ubicada en la parte superior de la construcción.

Se denomina plataforma suspendida de nivel variable o andamio colgado, al medio auxiliar compuesto por una plataforma horizontal que cuelga mediante cables de acero de un elemento de sujeción resistente, conocido como "pescante" (Figura 4.16). Estos cables de seguridad permiten que el andamio completo se desplace verticalmente mediante un "aparejo elevador". Estas plataformas se anclan en niveles superiores y permiten trabajar a diversas alturas. La unión de varias plataformas conforma andamios con una longitud de hasta 8 m; en este escenario, las plataformas conectadas compartirán el cable, la trócola y el pescante de suspensión.

Los andamios colgados, dentro de la categoría de andamios exteriores, se caracterizan por su complejidad, compuesta por una o varias plataformas de trabajo según el tipo, un sistema de sujeción que garantiza la estabilidad y resistencia, un acceso seguro a las plataformas y elementos de seguridad esenciales para proteger a los operarios, al entorno y a terceros usuarios.

Estas plataformas se desplazan verticalmente por las fachadas, lo que permite el acceso a puntos exteriores de edificios, puentes, chimeneas, etc. Se emplean en el revestimiento de fachadas, la rehabilitación de edificios y otros proyectos relacionados con trabajos en altura. La instalación de estos andamios es compleja, pues requiere considerar tanto el peso que la estructura puede soportar como del estado de la superficie de apoyo.

Entre las ventajas de un andamio colgante se encuentran la regulación de alturas, el uso de una sola plataforma de trabajo, la mínima interrupción en la obra, la ausencia de anclaje a la fachada para preservar su integridad, y la ocupación reducida de espacio en la fachada para evitar molestias a los ocupantes del interior. Sin embargo, las desventajas incluyen su limitación en condiciones climáticas adversas, que podría comprometer su estabilidad y seguridad, su idoneidad solo para fachadas lisas y su falta de versatilidad.

Existen dos tipos de andamios colgados móviles según el mecanismo de elevación: aquellos de accionamiento manual (Figura 4.17) y los de accionamiento motorizado mediante un motor eléctrico. Los componentes esenciales de estos andamios incluyen los pescantes, los cables, los sistemas de elevación y la propia plataforma de trabajo.

En el accionamiento manual, su sistema de unión articulado permite que todos los aparejos de cable trabajen con cargas uniformes. En el modelo articulado, si por cualquier circunstancia cediera el anclaje del gancho del aparejo del cable o se rompiera el propio cable, existen unos topes de seguridad dispuestos en los puntos de suspensión o articulación de las plataformas. De este modo, las plataformas extremas quedarían rígidas, evitando la caída del operario (Figura 4.18).

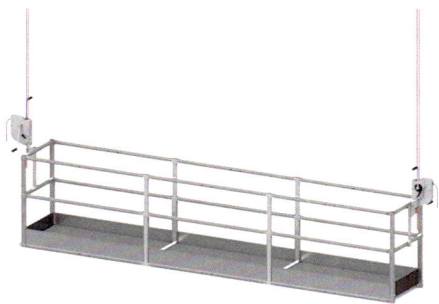

Figura 4.17. Andamio colgante de accionamiento manual.
Fuente: https://www.accesus.es/procucto/andamio-colgante-basic/

Las plataformas suspendidas motorizadas constan de los siguientes componentes (Figura 4.19):

▶ Aparejos eléctricos: estos motores soportan cargas de hasta 800 kg y están equipados con un freno-reductor manual útil cuando no hay suministro eléctrico. Los andamios colgantes eléctricos emplean cables de seguridad

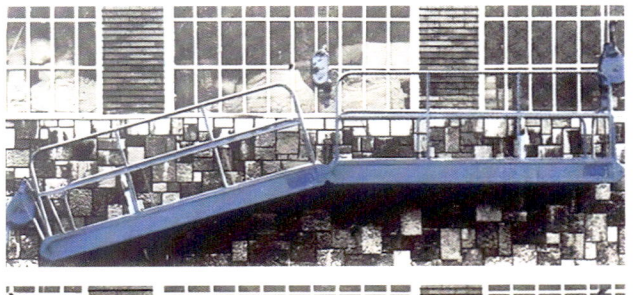

Si la avería se produjese en uno de los extremos.

Si la avería se produjese en el centro.

Figura 4.18. Comportamiento de las plataformas articuladas en función del tipo de avería.
Fuente: https://victoryepes.blogs.upv.es/2023/10/02/plataformas-suspendidas-de-nivel-variable-andamios-colgados/

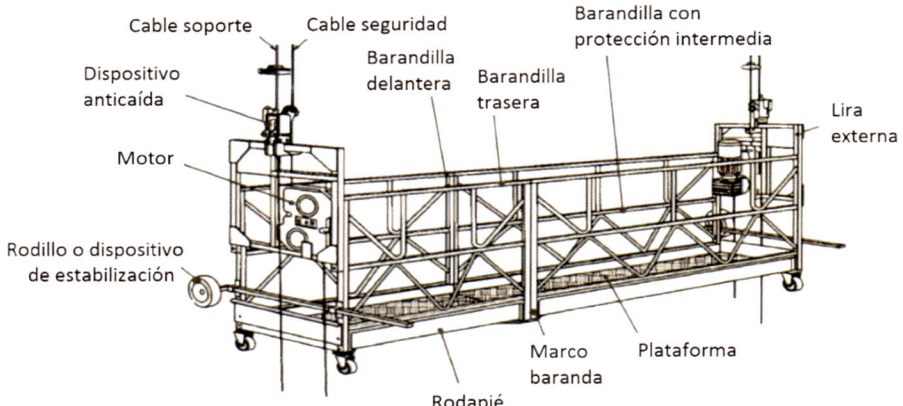

Figura 4.19. Partes de un andamio colgante motorizado.
Fuente: https://www.insst.es/documents/94886/327567/ntp-976w.pdf/
df90a9b0-09b2-4b00-90d8-f2fb51e27673

y dispositivos anti caídas para garantizar la seguridad del usuario. La velocidad de ascenso y descenso alcanza los 7,7 m por minuto. Además, están equipados con un sistema de protección contra sobrecargas.

▶ Pescantes: es la pieza longitudinal encargada de suspender la plataforma de trabajo. Estos elementos se contrapesan dependiendo del trabajo requerido. Los pescantes se ajustan tanto en longitud de voladizo como en distancia entre ruedas. Existen varios tipos como el pescante telescópico móvil para ubicaciones como tejados, pescantes móviles diseñados para puentes, y pescantes específicos para muros equipados con un sistema de mordazas.

▶ Plataformas suspendidas: son módulos de aluminio de 2 a 3 m de longitud. Pueden ensamblarse desde los 2 m iniciales hasta una longitud de 16 m. La plataforma eléctrica colgante se compone de elementos conectados entre sí mediante un sistema de fijación rápido y sencillo.

El trabajo con andamios colgantes debe ser seguro. Su correcta instalación no solo previene colapsos, sino que también elimina los desplazamientos accidentales. Es necesario verificar los puntos de anclaje y evaluar el estado del terreno. En el caso de andamios colgantes móviles, los operarios deben estar familiarizados con su uso y cumplir con las normativas correspondientes. Debe evitarse el montaje con piezas no estandarizadas, y se deben eliminar los elementos salientes que generen situaciones de peligro. El uso de arneses, cascos y otros equipos de seguridad es imprescindible para garantizar la seguridad en trabajos en altura.

4.6. Andamio metálico modular en voladizo

Un andamio volado es una plataforma que está sujeta sobre vigas voladizas que se proyectan más allá de la pared o el frente del edificio o estructura, cuyos extremos internos están asegurados dentro del edificio o estructura (Figura 4.20). La construcción del andamio está separada para que pueda acomodarse desde un ángulo específico fuera de la estructura. Consta de cabezales, diagonales, plataforma de trabajo y accesorios de seguridad. Se sostiene en el edificio mediante elementos en voladizo y se asegura a la fachada mediante arriostramiento. Es una estructura auxiliar que simplifica la necesidad de alcanzar una zona de trabajo con los mínimos elementos.

Este tipo de andamio es idóneo en situaciones donde la superficie del suelo no permite la instalación de un sistema de andamios convencional. También se conoce como andamio de agujas por las barras que van desde la pared del edificio en el que se coloca la plataforma de trabajo (Figura 4.21). Este tipo de andamios en voladizo se utilizan cuando el terreno no tiene suficiente capacidad para soportar andamios apoyados, cuando la calle necesita estar libre para el tráfico de personas o cuando la parte superior del muro se encuentra en construcción.

Figura 4.20. Andamio volado.
Fuente: https://www.alquiansa.es/soluciones/andamios-volados/

Este tipo de andamios presenta los siguientes elementos:

▸ La base es la estructura que proporciona apoyo al andamio de fachada en voladizo y se apoya en dos forjados consecutivos al interior del edificio.

▸ El marco consiste en una estructura metálica modular prefabricada que incluye dos pies derechos, uno o más travesaños, refuerzos para garantizar su rigidez y elementos de unión.

▸ La plataforma es una superficie horizontal que soporta directamente la carga admisible, incluyendo operarios, herramientas y materiales. Esta plataforma se sitúa entre dos marcos y puede estar compuesta por varios elementos. Dichos elementos deben contar con un dispositivo de seguridad que prevenga su desplazamiento y evite que el viento los levante o vuelque. La separación entre los elementos de la plataforma no debe exceder los 25 mm.

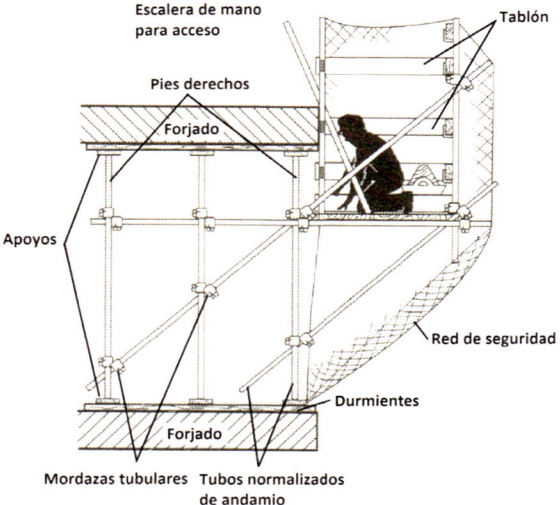

Figura 4.21. Sección de plataforma volada.
Fuente: V. Yepes.

▸ La barandilla, también llamada guardacuerpo, se compone de elementos longitudinales y/o transversales fijados a las caras interiores de los pies derechos y dispuestos a lo largo de los bordes expuestos de la plataforma de trabajo para evitar caídas de los operarios. Debe incluir un elemento superior, posicionado aproximadamente a 1 m por encima de la plataforma, y un elemento intermedio, ubicado de manera que los espacios entre el rodapié y este último, así como entre este y la baranda superior, no superen los 470 mm de separación.

▸ El rodapié, fijado longitudinal o transversalmente a las caras internas de los pies derechos y directamente apoyado en los bordes expuestos de las plataformas de trabajo, tiene como objetivo evitar la caída de herramientas o materiales desde la plataforma. Debe ser robusto y tener una altura mínima de 150 mm sobre la plataforma.

▸ La diagonal, una pieza oblicua, se emplea para reforzar la estructura del andamio ante fuerzas horizontales y se instala uniendo dos pies derechos consecutivos.

▸ El anclaje y el amarre consisten en un conjunto de elementos rígidos definidos y posicionados según el proyecto para asegurar y estabilizar el andamio, evitando su movimiento. El anclaje debe ser un dispositivo mecánico fijado a la fachada.

4.7. Andamios de marcos prefabricados: andamios de fachada europeos

Los andamios de fachada, también conocidos como andamios europeos o unidireccionales, son sistemas modulares de componentes prefabricados que se interconectan entre sí en una sola dirección (Figura 4.22). Estos andamios se caracterizan por su estructura principal, que consiste en marcos metálicos prefabricados, a diferencia de los andamios multidireccionales. Esto implica que, en una pieza ligeramente más compleja, el marco, se agrupan varios elementos que formarían un módulo en un andamio multidireccional.

Los marcos sostienen las plataformas de trabajo a diferentes alturas y se conectan mediante largueros horizontales y diagonales. Dependiendo de la situación, estos andamios cumplen diversas funciones, como servicio, carga y protección. Son más sencillos y rápidos de montar que los andamios multidireccionales, siendo idóneos para fachadas, aunque menos versátiles. Se trata de la estructura más empleada cuando el edificio no demanda equipos especiales para alcanzar la altura de trabajo. La instalación y montaje implican la unión de marcos metálicos de dimensiones estándar, a los cuales se les adhieren las tarimas y los parapetos.

Este sistema se compone de marcos, plataformas, barandillas y diagonales. La estructura suele ser de acero o aleaciones de aluminio, mientras que las plataformas y los rodapiés pueden ser de madera o metálicos (Figura 4.23). Estos materiales deben ser robustos y duraderos para resistir las condiciones de trabajo. El andamio europeo consta de tubos de Ø 48 mm × 3 mm y cumple con las normas UNE-EN 12810, UNE-EN 12811 y UNE-EN 39, lo que lo certifica como un andamio homologado. La medida más común es de 2 m × 2,5 m × 0,75 m, aunque puede variar con respecto a la longitud y anchura de los módulos, manteniendo, no obstante, la altura de 2 m.

Los andamios de fachada ofrecen conjuntos modulares estables y adaptables que permiten cubrir fachadas y otras estructuras verticales con

Figura 4.22. Andamio de fachada unidireccional. *Fuente:* https://montubo.es/andamio-fachada-unidireccional.'

Figura 4.23. Andamios de fachada.
Fuente: https://ggm.es/andamios/#fachada

geometría plana y regular. Además, proporcionan plataformas de trabajo seguras y sistemas de acceso para realizar diversas tareas, como rehabilitación, aplicación de revestimientos, mantenimiento y trabajos de albañilería en general.

La norma UNE-EN 12811-1 describe los componentes de los andamios de trabajo y acceso, sin distinguir entre andamios de marco y multidireccionales, pues son bastante parecidos. En la Figura 4.24 se recogen los componentes de un andamio de fachada europeo. La principal diferencia entre ambos radica en que los andamios de marco incorporan en un solo componente los montantes verticales y un travesaño horizontal, mientras que en los andamios multidireccionales estos componentes están separados. A continuación, se definen los componentes de los andamios de fachada.

Se describe a continuación algunos de los componentes más característicos de este sistema:

▶ Arriostramiento en plano vertical transversal: son los elementos que rigidizan la estructura en los planos verticales transversales. Pueden incluir tubos, marcos con o sin refuerzos en las esquinas, marcos abiertos tipo pórticos, conexiones que pueden ser rígidas o semirrígidas entre los componentes horizontales y verticales, diagonales y otros elementos destinados al arriostramiento vertical. La finalidad es estabilizar el andamio y garantizar la indeformabilidad en su plano correspondiente.

▶ Arriostramiento en plano horizontal: se refiere al ensamblaje de componentes que brindan rigidez en los planos horizontales, logrando esto a través de elementos como techos, marcos, paneles, diagonales y conexiones rígidas entre travesaños, largueros y otros elementos.

▶ Protección lateral: es una barrera que garantiza la seguridad de los operarios, evitando así el riesgo de caídas desde alturas y la retención de materiales para prevenir su caída. Estos elementos de protección incluyen: la barandilla principal, postes (cuando no se fijan directamente en los montantes verticales o en el marco modular, como ocurre en el último nivel de trabajo), barandilla intermedia y rodapié.

Figura 4.24. Componentes de un andamio de fachada europeo.
Fuente: https://www.alquiansa.es/productos/andamios-torres-moviles-escaleras-andamio/
andamio-europeo-homologado-marco/

Los componentes señalados en la figura son:

1 Husillo base

2 Travesaño base

3 Bastidor vertical

4 Diagonal

5 Plataforma

6 Barandilla

7 Rodapié longitudinal

8 Rodapié lateral

9 Barandilla lateral doble

▸ Unidad de plataforma: se refiere al elemento, prefabricado u otro tipo, capaz de soportar una carga por sí mismo y que constituye la plataforma o una parte de ella. Puede ser una parte esencial del andamio, como en el caso de los unidireccionales, donde forma parte de la estructura. Estas unidades pueden estar normalizadas o ser plataformas de acceso, que cuentan con una trampilla practicable para permitir el acceso entre niveles utilizando una escalera de mano.

▸ Marco vertical: es un componente prefabricado compuesto por dos montantes verticales conectados mediante un travesaño horizontal. Este travesaño sostiene los diversos módulos de las plataformas y los diferentes niveles del andamio. Por lo general, los fabricantes incorporan esquinas de refuerzo en la unión entre los montantes y el travesaño para mejorar la rigidez y la capacidad estructural de los marcos. Los montantes verticales están equipados con elementos de conexión, generalmente del tipo cuña, que unen las protecciones laterales, diagonales y otros elementos de refuerzo. Para la primera altura del andamio, los fabricantes proporcionan travesaños de arranque para cerrar el marco en la parte inferior.

▶ Escalera: es un dispositivo que facilita el acceso entre diferentes niveles. En un andamio que utiliza escaleras de mano, el acceso se logra a través de trampillas practicables ubicadas en las plataformas. Estas escaleras suelen ser abatibles, lo que permite guardarlas cuando no están en uso para evitar que interfieran con las tareas en curso. En otros casos, el andamio incluye escaleras de acceso incorporadas en algún punto de ensanchamiento del mismo, o también puede contar con torres de acceso adyacentes.

Para estos andamios se recomienda que las piezas sean homogéneas, evitando componentes de diferentes fabricantes para garantizar una construcción segura y estable. Se aconsejan sistemas de seguridad automatizados que prevengan los vuelcos de las plataformas. Asimismo, se debe instalar una protección perimetral desde el nivel inferior y restringir el acceso de los operarios al andamio hasta asegurar la protección total de la estructura. Además, se debe reducir el peso de los elementos utilizados y mejorar la ergonomía de los montadores. En caso necesario, se pueden emplear elevadores que faciliten el izado de las piezas, optimizando así la eficiencia y seguridad del trabajo.

4.8. Andamios multidireccionales o de volumen

Los andamios multidireccionales, también conocidos como andamios de volumen, se basan en un sistema modular de componentes prefabricados que se interconectan entre sí, al igual que los andamios de marco, pero configurables en múltiples direcciones (Figura 4.25). Estos andamios se componen principalmente de montantes tubulares verticales, a diferencia de los andamios de fachada, que tienen un marco vertical como componente principal. Estos montantes se conectan con otros componentes longitudinales mediante discos de unión integrados en los propios montantes.

El sistema de andamios multidireccionales se basa en elementos longitudinales que incluyen montantes verticales, travesaños horizontales, largueros longitudinales y diagonales, además de plataformas y otros componentes adicionales. En general, los montantes están equipados con discos o rosetas de conexión con 8 alojamientos cada 50 cm (Figura 4.26), lo que permite el ensamblaje de los demás elementos y proporciona al conjunto una gran rigidez y estabilidad.

Figura 4.25. Andamio multidireccional.
Fuente: https://rentamaquinarias.com/
alquiler-de-equipos/andamios-multidireccional/

Las conexiones las realiza un único montador a través de un mecanismo de cuña imperdible (Figura 4.27). Esto garantiza uniones sólidas que no se ven afectadas por las vibraciones, reduciendo al mínimo las holguras y permitiendo soportar cargas consi- derablemente grandes. Además, el diseño del nudo no circular previene que los pies deslicen cuando se apo- yan en el suelo. Todo esto se logra con rapidez y simplicidad en el montaje, utilizando un número reducido de ele- mentos y herramientas.

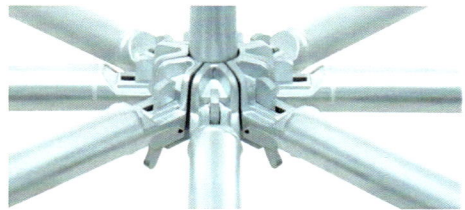

Figura 4.26. Roseta de conexión.
Fuente: https://ovacen.com/tipos-de-andamios/

Estos andamios son versátiles y se pueden adaptar a una amplia variedad de aplicaciones en la construcción, pudiéndose emplear como lugar de trabajo, protección, acceso o soporte, tanto en obra nueva como en rehabilitación, así como en el mantenimiento industrial, ocio y espectáculos.

Se utilizan cuando los andamios unidireccionales no cumplen con los requi- sitos necesarios, especialmente en obras con geometrías irregulares. Pueden adaptarse a diversas situaciones, permitiendo formas complejas y brindando soluciones para estructuras de geometría irregular o más complicada, como depósitos esféricos, cúpulas, superficies inclinadas en pendiente a favor o en

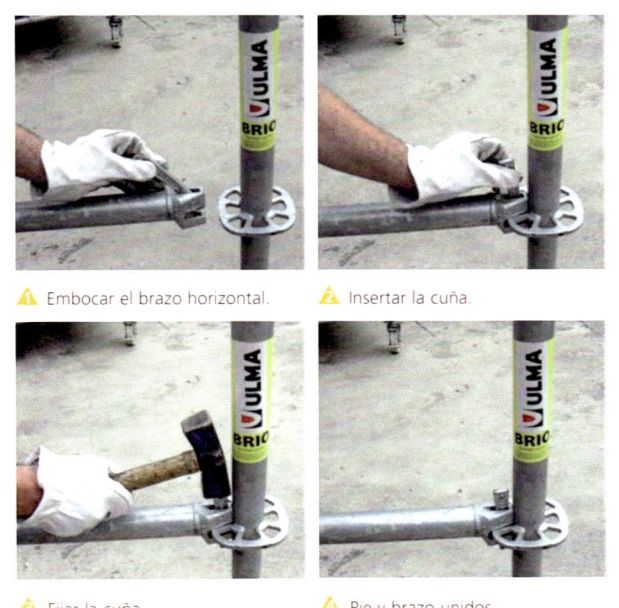

⚠ Embocar el brazo horizontal. ⚠ Insertar la cuña.

⚠ Fijar la cuña. ⚠ Pie y brazo unidos.

Figura 4.27. Montaje de la roseta de conexión.
Fuente: https://www.interempresas.net/FeriaVirtual/Catalogos_y_documentos/84983/
CATALOGO_BRIO_ES.pdf

contra, entre otras. Dependiendo del caso, los andamios multidireccionales pueden desempeñar funciones de servicio, carga o protección. En algunas situaciones, particularmente en el ámbito industrial, es común extender estos andamios, ya sean de marco o multidireccionales, mediante tubos y grapas.

La norma UNE-EN 12811-1 establece los componentes que pueden ser parte de los andamios de trabajo y acceso, sin distinguir entre andamios de marco o multidireccionales. La principal distinción entre estos dos tipos radica en que, en los andamios multidireccionales, los montantes verticales y los travesaños horizontales son componentes separados, mientras que en los andamios de marco constituyen un único componente denominado marco vertical. La mayoría de los componentes se detallaron en el apartado sobre andamios de fachada, por lo que nos centraremos en los elementos que difieren de los andamios de marco en los andamios multidireccionales (Figura 4.28).

> ▶ Montante: componente vertical principal, equipado con discos o rosetas de conexión de acero, que generalmente cuenta con 6 u 8 orificios. Estos orificios permiten ajustar los ángulos necesarios con los módulos de andamio adyacentes y se sitúan cada 50 cm a lo largo del montante. Estas rosetas conectan las protecciones laterales, las plataformas de trabajo,

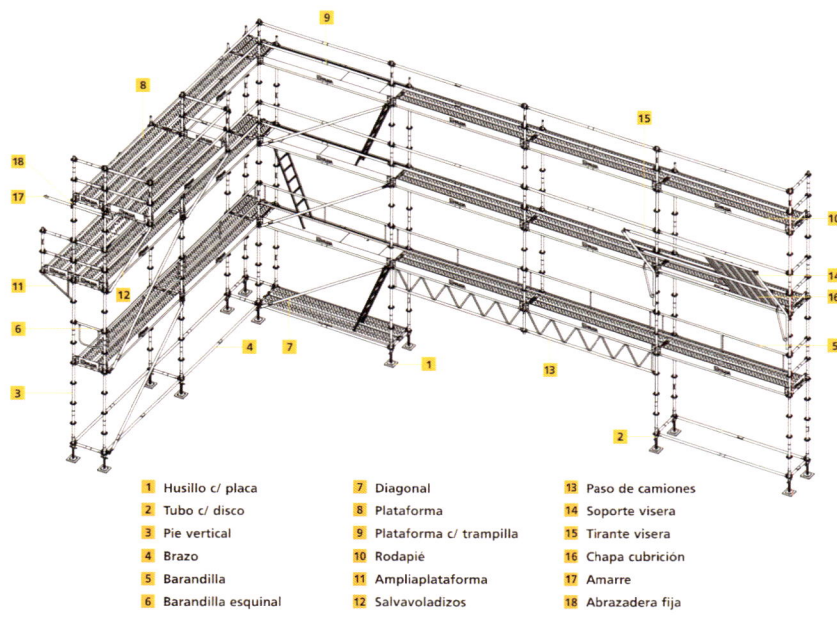

1	Husillo c/ placa	7	Diagonal	13	Paso de camiones
2	Tubo c/ disco	8	Plataforma	14	Soporte visera
3	Pie vertical	9	Plataforma c/ trampilla	15	Tirante visera
4	Brazo	10	Rodapié	16	Chapa cubrición
5	Barandilla	11	Ampliaplataforma	17	Amarre
6	Barandilla esquinal	12	Salvavoladizos	18	Abrazadera fija

Figura 4.28. Elementos y accesorios más usuales del andamio multidireccional.
Fuente: https://www.interempresas.net/FeriaVirtual/Catalogos_y_documentos/84988/CATALOGO_BRIO_ES.pdf

las diagonales de rigidización, entre otros. Debido a la ausencia de una disposición predeterminada, es flexible para colocar las plataformas de trabajo a las alturas y direcciones requeridas, así como para ajustar los ángulos necesarios para adaptarse a la geometría especificada.

▸ Travesaño: suele colocarse horizontalmente en la dirección de la dimensión más pequeña del andamio multidireccional. Su función princpal es proporcionar rigidez a los montantes verticales. En algunas situaciones, los propios travesaños pueden actuar como una o ambas de las barandillas necesarias para la protección lateral.

05

Criterios generales para la ejecución de estructuras de hormigón

Contenidos del capítulo

Antes de iniciar la construcción de una estructura de hormigón, hay que tener claros unos criterios generales para que dicha ejecución sea segura y se ajuste a lo exigido por el proyecto correspondiente. Las distintas normativas existentes, y en particular el el Real Decreto 470/2021, de 29 de junio, por el que se aprueba el Código Estructural, destacan la importancia de una planificación exhaustiva para abordar diversos aspectos relacionados con los procedimientos constructivos, la seguridad, los impactos ambientales y la trazabilidad de los materiales, entre otros. El objetivo principal es prevenir imprevistos durante la ejecución de las estructuras de hormigón. Es crucial recordar que los propios procedimientos constructivos, como el descimbrado y el pretensado, pueden generar acciones que incluso podrían exceder las cargas que la estructura experimentará durante su vida útil. En la Figura 5.1 se puede ver la complejidad de la maquinaria y los medios auxiliares utilizados, en un momento determinado, en la construcción de una estructura de hormigón.

Figura 5.1. Ejecución de estructura de hormigón.
Fuente: V. Yepes.

A continuación, se recogen los artículos correspondientes del Código Estructural para su consulta.

CAPÍTULO 4. Bases generales para la ejecución de las estructuras

Artículo 12. Criterios generales para la ejecución de las estructuras

Las condiciones de ejecución de la estructura deberán ser conformes con la exigencia de seguridad y funcionalidad estructural, de acuerdo con los criterios definidos en el Apartado 5.2.1 de este Código.

Los criterios de ejecución definidos en este capítulo son aplicables, con carácter general, a toda estructura sometida a cargas predominantemente estáticas. Para estructuras solicitadas a fatiga se requieren niveles superiores de ejecución acordes asimismo con la clasificación de los correspondientes detalles constructivos.

El pliego de prescripciones técnicas particulares incluirá todos los requisitos de fabricación, montaje y materiales necesarios para garantizar el nivel de seguridad del proyecto, pudiendo contener indicaciones complementarias sin reducir las exigencias tecnológicas ni invalidando los valores mínimos de calidad establecidos en este Código.

El autor del proyecto definirá las clases de ejecución aplicables, de conformidad con lo indicado en el Apartado 14.3.

Artículo 13. Adecuación del proceso constructivo al proyecto

La ejecución de una estructura comprende una serie de procesos que deberán realizarse conforme a lo establecido en el proyecto o, en su defecto, en este Código. En particular, se prestará especial atención a la adecuación de los procedimientos y las secuencias de ejecución de la obra respecto al proceso constructivo contemplado en el proyecto.

Cualquier modificación de los procesos de ejecución respecto a lo previsto en el proyecto, deberá ser previamente autorizada por la dirección facultativa, previa propuesta justificada del constructor.

Los procesos para la construcción de cada nuevo elemento durante la obra, pueden modificar las acciones actuantes y el comportamiento mecánico de la parte de estructura ya construida.

Además, algunos procesos, como el descimbrado, el pretensado, etc., pueden introducir acciones que deberán haber sido contempladas en el proyecto.

Artículo 14. Gestión de los procesos constructivos

El constructor deberá disponer de:

a. unos procedimientos escritos para cada uno de los procesos de ejecución de la estructura, coherentes con el proyecto, acordes con la reglamentación que sea aplicable y conforme con sus propios medios de producción, y

b. un sistema de gestión de los materiales, productos y elementos que se vayan a colocar en la obra, de manera que se asegure la trazabilidad de los mismos. Dicho sistema de gestión deberá presentar, al menos, las siguientes características:

- disponer de un registro de suministradores de la obra, con identificación completa de los mismos y de los materiales y productos suministrados,

- disponer de un sistema de almacenamiento de los acopios en la obra que permita mantener, en su caso, la trazabilidad de cada una de las partidas o remesas que llegan a la obra, y

- disponer de un sistema de registro y seguimiento de las unidades ejecutadas que relacione estas con las partidas de productos utilizados y, en su caso, con las remesas empleadas en las mismas, de manera que se pueda mantener un determinado nivel de trazabilidad durante la ejecución de la obra, de acuerdo con el nivel de control y la clase de ejecución definido en el proyecto, de acuerdo con la Tabla 14, donde:

  • el nivel A de trazabilidad permite relacionar cada partida o remesa con el elemento construido, mientras que

  • el nivel B de trazabilidad permite relacionar cada partida o remesa con el lote de ejecución.

Tabla 5.1. Definición de niveles de trazabilidad (Tabla 14 Código Estructural).

Nivel de trazabilidad	Nivel de control de ejecución de estructuras de hormigón (Apartado 22.4)	Clase de ejecución de estructuras de acero (Apartado 91.2)
Nivel A	Intenso	Clase 3 o 4
Nivel B	Normal	Clase 2

14.1 Instalaciones ajenas a la obra

En el caso de instalaciones industriales ajenas a la obra que suministren productos elaborados o semielaborados a la misma (como por ejemplo, los talleres de estructura metálica, las industrias de prefabricados o los talleres de ferralla), deberán disponer de los sistemas adecuados de gestión de los acopios que les permitan mantener los niveles de trazabilidad establecidos para la estructura.

14.2 Gestión medioambiental de la ejecución

Sin perjuicio del cumplimiento de la legislación de protección ambiental vigente, la propiedad podrá establecer que el constructor tenga en cuenta una serie de consideraciones de carácter medioambiental durante la ejecución de la estructura, al objeto de minimizar los potenciales impactos derivados de dicha actividad. A los efectos de este Código, se pueden contemplar tres niveles de gestión medioambiental, definidos de acuerdo con el siguiente criterio:

a. nivel de certificación medioambiental, cuando la obra se encuentre incluida en el alcance de la certificación del constructor de conformidad con UNE-EN ISO 14001 o norma equivalente ISO 14001,

b. nivel de sensibilización medioambiental, cuando la obra no esté en posesión del certificado indicado en el punto a), pero la dirección facultativa compruebe que el constructor cumple una serie de requisitos ambientales específicos recogidos en el proyecto, previo acuerdo con la propiedad, y

c. nivel de operatividad medioambiental, cuando el constructor se limite al cumplimiento de la legislación medioambiental vigente.

En su caso, dicha exigencia debería incluirse en un anejo de evaluación ambiental de la estructura, que formará parte del proyecto. En caso de que el proyecto no contemplara este tipo de exigencias para la fase de ejecución, la propiedad podrá obligar a su cumplimiento mediante la introducción de las cláusulas correspondientes en el contrato con el constructor.

En particular, el sistema de gestión medioambiental de la ejecución deberá identificar las correspondientes buenas prácticas medioambientales a seguir durante la ejecución de la obra. En el caso de que el proyecto haya establecido exigencias relativas a la contribución de la estructura a la sostenibilidad, de acuerdo con el Capítulo 2, la ejecución deberá ser coherente con dichas exigencias.

En el caso de que algunas de las unidades de obra sean subcontratadas, el constructor, entendido este como el contratista principal, deberá velar para que se observe el cumplimiento de las consideraciones medioambientales en la totalidad de la obra.

14.3 Nivel de control y clases de ejecución

El pliego de prescripciones técnicas particulares del proyecto incluirá la identificación del nivel de control de ejecución en el caso de estructuras de hormigón, y de las clases de ejecución que serán aplicables a cada elemento en el caso de estructuras de acero, necesarias para garantizar el nivel adecuado de seguridad.

Una estructura de acero puede incluir elementos de distinta clase. En dicho caso, debe procederse a agrupar los elementos por clases al objeto de simplificar la especificación de los criterios requeridos, la gestión de su comprobación y la valoración de su ejecución y control.

De acuerdo con los índices de fiabilidad adoptados en el Apartado 5.2.1 de este Código, debe cumplirse una clase de fiabilidad RC2. Por ello, el nivel de inspección durante la ejecución según el apartado B5 del Anejo 18 debe ser, al menos, el IL2, lo que conlleva a que:

- en los elementos de hormigón, un control de ejecución intenso o normal (según el Apartado 22.4.1), y

- en los elementos de acero, un control de ejecución intenso o normal, en función de la clase de ejecución, que deberá ser 2, 3 o 4 (según el Apartado 91.2) (Tabla 14.3.1).

Tabla 5.2. Relación entre niveles de control y clases de ejecución (Tabla 14.3.1 Código Estructural).

Nivel de control de ejecución, según este Código	Clase de ejecución para los elementos de acero (conforme al Apartado 91.2)
Intenso	Clase 3 o 4
Normal	Clase 2

Salvo indicación en contra de la reglamentación específica que le sea aplicable, en el caso de puentes, la clase de ejecución será:

- para los elementos de hormigón, control de ejecución intenso, y

- para los elementos de acero estructural, clase 3 o 4.

Recojo el comentario del Artículo 14 del código referido a la trazabilidad a efectos de entender mejor el concepto.

Cuando el articulado se refiere a mantener la trazabilidad, al menos, en el nivel de los lotes de ejecución, se pretende que el sistema de gestión al que se hace referencia permita que, en el caso de que se produjera algún problema con alguna de las partidas de materiales o productos empleados en la obra, pueda identificarse inequívocamente en qué lotes de ejecución ha sido empleada dicha partida. Análogamente, si se produjera algún problema o patología en alguno de los elementos estructurales, una vez relacionado éste con su lote de ejecución correspondiente, deberá poderse identificar inequívocamente, qué partidas de materiales y productos han sido empleados para la ejecución del elemento estructural afectado.

Artículo 15. Gestión de los acopios de materiales en la obra

El constructor deberá disponer de un sistema de gestión de los materiales, productos y elementos estructurales que se vayan a colocar en la obra, de manera que se asegure la trazabilidad de los mismos. Dicho sistema de gestión deberá presentar, al menos, las siguientes características:

- disponer de un registro de suministradores de la obra, con identificación completa de los mismos y de los materiales y productos suministrados,

- disponer de un sistema de almacenamiento de los acopios en la obra que permita mantener, en su caso, la trazabilidad de cada una de las partidas o remesas que llegan a la obra, y

- disponer de un sistema de registro y seguimiento de las unidades ejecutadas que relacione estas con las partidas de productos utilizados y, en su caso, con las remesas empleadas en las mismas, de manera que se pueda mantener la trazabilidad durante la ejecución de la obra, de acuerdo con el nivel de control de la ejecución definido en el proyecto.

Artículo 16. Actuaciones asociadas a la ejecución

16.1 Actuaciones previas al comienzo de la ejecución

Antes del inicio de la ejecución de la estructura, la dirección facultativa velará para que el constructor efectúe las actuaciones siguientes:

- depósito en las instalaciones de la obra del correspondiente libro de órdenes, facilitado por la dirección facultativa;

- identificación de suministradores inicialmente previsto, así como del resto de agentes involucrados en la obra, reflejando sus datos en el correspondiente directorio que deberá estar permanentemente actualizado hasta la recepción de la obra;

- comprobación de la existencia de la documentación que avale la idoneidad técnica de los equipos previstos para su empleo durante la obra como, por ejemplo, los certificados de calibración o la definición de los parámetros óptimos de soldeo de los equipos de soldadura; y

- en caso de que se pretenda realizar soldaduras en obra, se comprobará la existencia de personal soldador con la cualificación u homologación suficiente, conforme a las exigencias de este Código.

Además, el constructor deberá comprobar la conformidad de la documentación previa de cada uno de los productos antes de su utilización, de acuerdo con los criterios establecidos por este Código.

Asimismo, con carácter previo al inicio de la ejecución, el constructor deberá comprobar que no hay constancia documental de modificaciones sustanciales que puedan conllevar alteraciones respecto a la estructura de hormigón proyectada inicialmente como, por ejemplo, como consecuencia de la ubicación de nuevas instalaciones.

Al objeto de conseguir la trazabilidad de los materiales y productos empleados en la obra, de acuerdo con lo indicado en el Artículo 14, el constructor deberá comunicar a la dirección facultativa las características del sistema que garantice dicha trazabilidad, con indicación de los criterios de gestión de las partidas y remesas recibidas en la obra, así como de los correspondientes acopios en la misma.

16.2 Actuaciones durante el desarrollo de la ejecución

Todas las actividades desarrolladas durante la fase ejecución deberán ser conformes con los procedimientos de proceso definidos previamente por el constructor y autorizados por la dirección facultativa.

Cualquier incidencia o desviación respecto a los mencionados procedimientos deberá ser documentada e incorporada a la documentación de control gestionada por el constructor, informándose de ello a la dirección facultativa.

Sin perjuicio de la reglamentación específica que le sea de aplicación, cualquier empleo durante la obra de un elemento auxiliar (puntales, cimbras, etc.) será responsabilidad del constructor, que deberá disponer de los documentos correspondientes (proyecto, certificado, etc., según el caso) que avalen la conformidad de tales elementos para el uso que se pretende.

06

Encofrados y moldes

Contenidos del capítulo

6.1. Introducción a los encofrados y moldes

Según el Diccionario de la Real Academia Española de la Lengua, el encofrado es el "molde formado con tableros o chapas de metal o de material análogo, en el que se vacía el hormigón hasta que fragua, y que se desmonta después". En la actualidad, el encofrado no se concibe de esta forma, pues ha evolucionado en los últimos años. Estos cambios se han visto impulsados por el desarrollo de técnicas constructivas y la utilización de materiales más apropiados. El encofrado ya no se considera simplemente como una partida más en el presupuesto de una obra, sino que se entiende como un proceso más complejo. Actualmente, se reconoce al encofrado como una técnica específica para dar forma al hormigón, con empresas especializadas dedicadas a ello.

Los encofrados moldean el hormigón según el tamaño y la forma deseados, además de controlar su posición y alineación. Son estructuras temporales que soportan su propio peso, el del hormigón recién colocado y las cargas vivas de la construcción, que incluyen materiales, equipos y personas, manteniendo su forma, sin sufrir asientos ni deformaciones no deseadas. Estos medios auxiliares se denominan moldes cuando se trata de prefabricación en un taller o en una planta de fabricación.

Los encofrados pueden estar hechos de diversos materiales, como madera, metal o plástico. En general, son recuperables y reutilizables, aunque algunas de sus partes pueden quedar embebidas en el hormigón, lo que limita su recuperación. Se espera que los encofrados sean rígidos, resistentes, herméticos y limpios, y que cumplan con criterios de funcionalidad, seguridad y economía. Además de la superficie encofrante, son necesarias conexiones, refuerzos, anclajes y dispositivos de ajuste (Figura 6.1).

Figura 6.1. Colocación de encofrado para muro de hormigón.
Fuente: V. Yepes.

En el caso de los encofrados destinados al hormigón pretensado, es fundamental que sean capaces de soportar la redistribución de cargas que ocurre durante el tesado de las armaduras. Además, deben permitir las deformaciones de las piezas de hormigón, incluyendo alargamientos, acortamientos y contraflechas. Estas contraflechas también se deben dar a los encofrados de elementos de gran luz para que, una vez desencofrada y cargada la pieza de hormigón, esta conserve una ligera concavidad en su parte inferior. Por lo general, la contraflecha no es necesaria para luces inferiores a 6 m.

Cuando sea necesario, es fundamental diseñar los encofrados de manera que no obstaculicen el acortamiento del hormigón debido a la retracción, con el objetivo de prevenir la formación de fisuras en los paramentos de las piezas.

Con el fin de simplificar la limpieza de las superficies interiores de los encofrados en los fondos de pilares y muros, se recomienda incorporar aberturas temporales en la parte inferior de los encofrados correspondientes. Del mismo modo, se aconseja adoptar una disposición similar en los encofrados de las piezas de gran tamaño para facilitar la compactación del hormigón de las capas inferiores de la pieza. Estas aberturas deberían estar separadas vertical y horizontalmente por un máximo de un metro, y no se cerrarán hasta que el hormigón alcance la altura adecuada.

Para facilitar el desencofrado, se suelen utilizar desencofrantes, como barnices antiadherentes y preparados a base de aceites solubles en agua. Estos productos se aplican con rodillo o pistola para evitar que el molde se adhiera al hormigón una vez endurecido. En el caso de encofrados de madera, se recomienda humedecerlos previamente para evitar la absorción de agua por parte del hormigón.

Los encofrados requieren elementos auxiliares adicionales, como cimbras, puntales, celosías y tensores, para soportar las cargas del hormigón fresco y

garantizar su estabilidad. Además, deben cumplir con ciertas características esenciales, como seguridad, hermeticidad y facilidad de montaje, entre otras. Es importante destacar que el coste del encofrado representa aproximadamente un tercio del coste total de una estructura de hormigón. con la partida de mano de obra siendo un componente significativo. El número de usos y si el acabado del encofrado será visible son factores que influyen en gran medida en el coste económico final.

Figura 6.2. Colocación de encofrado para muro de hormigón.
Fuente: V. Yepes.

La duración de los encofrados de madera se ve comprometida, ya que alrededor del 50 % de e los no resisten más de 6, 7 u 8 usos debido al deterioro de las piezas en contacto con el hormigón. Por este motivo, al enfrentarse a la necesidad de encofrar un muro cuya superficie permita reutilizar de los materiales más de 8 a 10 veces, es preferible el uso de encofrados metálicos.

Los encofrados de madera clásicos se distinguen por tener dimensiones y pesos estandarizados, cuidadosamente diseñados para la comodidad de los operarios. Asimismo, su rendimiento se estima en términos específicos de metros cuadrados por día y por trabajador, con una aproximación de 8 m² para el proceso de encofrado y desencofrado. En contraste, los encofrados metálicos pueden variar significativamente en su rendimiento, dependiendo del sistema y los medios utilizados, con producciones que oscilan entre 8 y 60-80 m² por día y trabajador. No obstante, para acabados especialmente cuidadosos, se utiliza un encofrado artesanal de madera, tal y como se puede observar en la Figura 6.3 para la ejecución de un paso superior.

Figura 6.3. Detalle construcción de encofrado de madera.
Fuente: V. Yepes.

El encofrador es el profesional especializado en la confección y montaje de los distintos tipos de encofrados, respetando las condiciones de seguridad en el trabajo (Figura 6.4). Debe contar con la debida capacitación profesional y formación en materia preventiva. No se trata de simples carpinteros, capaces de montar un encofrado, sino que son profesionales que deben entender el comportamiento del hormigón fresco, de sus empujes y de los problemas constructivos que ello conlleva, incluyendo el desencofrado y los problemas de seguridad que pueden ocurrir en cualquier parte del proceso. Estos profesionales fueron adaptándose a la evolución de los encofrados, que al principio fueron de mampostería, ladrillo y, sobre todo, de madera. Hoy se ha generalizado el uso de encofrados modulares diseñados para grandes rendimientos y un elevado número de puestas.

Figura 6.4. Encofrador.
Fuente: https://www.cursoprevencionriesgoslaborales.es/curso/trabajos-de-encofrado/

Figura 6.5. Encofrado de madera en losa de paso superior.
Fuente: V. Yepes.

Las tareas fundamentales que desarrolla el encofrador son las siguientes:

▶ Interpretar los planos de la construcción, efectuar las mediciones correspondientes y replantear (trazar en el suelo o sobre el plano la planta de una obra ya proyectada) los elementos necesarios en la obra.

▶ Organizar y preparar el tajo, los materiales, las herramientas y los equipos necesarios, así como su ubicación, para optimizar recursos y evitar interferencias entre los tajos.

▶ Construir y montar los encofrados de madera, metálicos, prefabricados y deslizantes para obras de hormigón, ajustándose a las especificaciones del proyecto y a la normativa vigente.

▶ Desencofrar elementos de hormigón sin dañar las superficies y procurar la recuperación de las piezas.

Los riesgos asociados a los encofrados son diversos y abarcan situaciones como caídas de altura, ya sea al subir al vehículo de transporte para enganchar los perfiles, durante el ensamblaje de pilares y vigas, durante procesos de soldadura, así como en los accesos a la estructura, entre otros escenarios. También se incluyen caídas al mismo nivel, caídas de materiales durante su transporte o elevación para el montaje, golpes y cortes con materiales en movimiento durante su manipulación, desplome de perfiles apilados, traslado de pilares y vigas, así como el riesgo de golpes con materiales y herramientas. Adicionalmente, se destacan las lesiones causadas por objetos punzantes, los atrapamientos, y la proyección de partículas.

6.2. Partes de un encofrado

En un encofrado se pueden distinguir las siguientes partes (Calavera *et al.*, 2004), tal y como se puede ver en la Figura 6.6:

▶ Forro o piel encofrante: es la parte más cercana a la superficie del hormigón y, por tanto, la que más influye en su aspecto y calidad. Consiste en el propio paramento del panel o ser una capa adherida al mismo, con la que se pueden lograr acabados decorativos. La elección del revestimiento

Figura 6.6. Partes de un encofrado.
Fuente: https://www.arcus-global.com/wp/funcion-y-tipos-de-encofrados/

permite obtener una amplia variedad de acabados superficiales en el hormigón. Durante la ejecución, el revestimiento del encofrado determina el acabado del hormigón, independientemente de cualquier otro proceso o tratamiento. Es fundamental conocer los revestimientos de encofrado, las propiedades de los materiales, el curado, los procesos y las reacciones del desencofrante con el hormigón fresco. Además, se deben tener en cuenta las tolerancias, los movimientos y las deformaciones en el resultado final.

▶ Panel: está compuesto por un tablero fabricado con diversos materiales. Presenta una rigidez adecuada para soportar la presión del hormigón fresco sin provocar deformaciones que afecten a la planeidad requerida para el paramento.

▶ Microrrigidización: consiste en el refuerzo del panel que proporciona la rigidez y resistencia necesarias, para lograr el ajuste requerido en las superficies de la pieza. En los sistemas industrializados, la microrrigidización forma parte integral del encofrado. De esta forma se elimina la necesidad de desmontar el panel, e incluso frente al revestimiento del encofrado que, por lo general, puede ser tratado o reemplazado sin dificultad.

▶ Macrorrigidización: se trata de un componente estructural que proporciona al panel microrrigidizado el apoyo necesario contra las cargas, ya sean originadas por los empujes del hormigón fresco o por otras acciones constructivas. En líneas generales, la macrorrigidización debe adaptarse al tipo de panel utilizado. Ello implica que tanto el panel como los elementos de soporte deben diseñarse para facilitar el anclaje de la microrrigidización a los componentes de la macrorrigidización.

▶ Soporte del encofrado: se denomina cimbrado cuando está dispuesto verticalmente y constituye una estructura provisional que sostiene el encofrado. Esta estructura debe diseñarse de manera que el anclaje o soporte de la macrorrigidización sea factible, permitiendo un montaje y desmontaje sencillo.

Los encofrados industrializados suelen incluir las cinco partes mencionadas anteriormente. A pesar de que su coste de fabricación suele ser superior al de los encofrados tradicionales, los costes totales suelen ser más bajos debido a la reducción en la mano de obra necesaria para su montaje y desmontaje.

6.3. Costes en la construcción de encofrados

Uno de los aspectos clave en la economía del uso de los encofrados, sus componentes y accesorios, es su reutilización, para lo cual se deben emplear materiales duraderos y de fácil mantenimiento. El encofrado debe montarse y desmontarse de forma eficiente para maximizar la productividad en las obras. El desencofrado depende de factores como la adherencia entre el hormigón y el encofrado, así como de la rigidez y contracción del hormigón. En lo posible, los encofrados deberían permanecer inmóviles durante el curado. Los encofrados deben reutilizarse hasta que empiecen a aparecer deflexiones o distorsiones excesivas o también grietas u otros daños en el hormigón al desencofrar o retirar sus apoyos.

Figura 6.7. Detalle construcción de tablero de puente con encofrado de madera.
Fuente: V. Yepes.

En los procedimientos constructivos que emplean encofrados, los principales objetivos son garantizar la calidad, asegurar la seguridad tanto de los trabajadores como de la estructura de hormigón, y buscar soluciones económicas que cumplan con los requisitos de calidad y seguridad. Para lograrlo, es esencial una buena cooperación y coordinación entre el proyectista y el contratista. La economía es especialmente relevante, pues los costes de los encofrados, junto con las cimbras, pueden representar el 35 % del coste total de la estructura (Tabla 6.1).

Tabla 6.1. Distribución de los costes asignados a cada una de las unidades componentes de la estructura de hormigón (*Fuente:* Concrete Society, 1995).

Concepto	Coste del material	Coste de mano de obra y varios	% del coste total
Hormigón	12 %	8 %	20 %
Armaduras	19 %	6 %	25 %
Encofrados y cimbras	8 %	27 %	35 %
Varios	13 %	7 %	20 %
Total	**52 %**	**48 %**	**100 %**

Por tanto, si se tuviera que reducir el coste del encofrado, se deberían atender a los siguientes aspectos:

1. Planificación para el máximo reuso. Diseñar encofrados para un uso máximo puede implicar una mayor inversión en su resistencia y coste inicial, pero esto puede suponer un ahorro significativo en el coste total del proyecto.

2. Construcción económica del encofrado

   ▸ Utilizar encofrados prefabricados en taller: proporciona la máxima eficiencia en condiciones de trabajo y en el empleo de materiales y herramientas.

   ▸ Establecer un área de taller en la obra: ideal para encofrados de secciones grandes o cuando los costes de transporte son altos.

   ▸ Emplear encofrados construidos en la obra: adecuados para trabajos más pequeños o cuando los encofrados deben adaptarse al terreno.

   ▸ Comprar encofrados prefabricados (para múltiples reutilizaciones).

   ▸ Alquilar encofrados prefabricados (mayor flexibilidad para ajustarse al volumen de trabajo).

3. Colocación y desmontaje

   ▸ Repetir tareas para incrementar la eficiencia del equipo a medida que avanza el trabajo.

   ▸ Utilizar conexiones metálicas con abrazaderas o pasadores especiales que sean seguros y fáciles de montar y desmontar.

   ▸ Incorporar características adicionales que faciliten el manejo, montaje y desmontaje, como asas o puntos de elevación.

4. Grúas y montacargas

   ▸ Limitar el tamaño de las secciones del encofrado a la capacidad de la grúa más grande planificada para el trabajo.

   ▸ Completar las torres de escaleras temprano en el cronograma para utilizarlas en el traslado de personal y materiales.

   ▸ Dejar una bahía abierta para permitir el movimiento de grúas móviles y camiones de hormigón.

5. Montaje de armadura

   ▶ El diseño del encofrado puede permitir que las barras de refuerzo se ensamblen previamente antes de la instalación, lo que crea condiciones más favorables.

6. Colocación del hormigón

   ▶ Los levantamientos altos en la construcción de paredes pueden dificultar la colocación y vibración del hormigón.

   ▶ La tasa de colocación está limitada por el diseño del encofrado.

Implementar estrategias de reducción de costes en estas áreas c ave contribuirá a una construcción más eficiente y rentable, sin comprometer la calidad y seguridad del proyecto.

6.4. Materiales utilizados en los encofrados

Uno de los aspectos clave en la selección del material para un encofrado es la permeabilidad. El constructor puede elegir encofrados metálicos, caracterizados por su prácticamente nula permeabilidad, hasta los llamados encofrados permeables. En cualquier caso, si el encofrado tiene la capacidad de absorber agua, se procederá a un riego ligero previo al vertido. Independientemente del tipo de encofrado seleccionado, este debe proporcionar la textura conforme a las especificaciones detalladas en el proyecto.

En condiciones climáticas adversas, es posible integrar aislamiento térmico en el encofrado para proteger el hormigón de las bajas temperaturas. Esta medida garantiza una adecuada protección térmica, impidiendo la disipación del calor generado durante la hidratación. Se han registrado casos en los que el calor de hidratación ha facilitado procesos acelerados de curado, utilizando moldes bien aislados y herméticos para prevenir la pérdida de humedad.

Además de los materiales básicos de encofrado, es importante mencionar los accesorios necesarios, como los elementos de atado, marcos, anclajes, juntas, espaciadores, entre otros. Estos componentes deben desempeñar su función para garantizar que el encofrado verifique los requisitos de estanqueidad, resistencia, rigidez y forma, cumpliendo así con las tolerancias dimensionales requeridas.

6.4.1. Encofrados de madera

La madera se ha empleado en los encofrados desde tiempos antiguos, siendo uno de los principales materiales que dan forma al hormigón gracias a su notable flexibilidad. Los encofrados de madera destacan por su economía y resistencia, aunque su reutilización se limita por la tendencia de la madera a curvarse, lo que afecta a la forma final del hormigón (Figura 6.8).

Uno de los aspectos interesantes de los encofrados de madera es su capacidad para crear texturas estéticas, gracias a los patrones dejados por las vetas de la madera en el hormigón. La porosidad del material permite que las marcas de los tablones se impriman en la superficie del hormigón, mientras que sus juntas se cierran al humedecerse. Los componentes de un encofrado de madera se cortan a medida en obra. Además, la madera protege al hormigón de los cambios térmicos, como las heladas, y proporciona un curado efectivo gracias al agua retenida por este material. En la Figura 6.9 se observa el detalle de la ejecución del tablero de un puente con encofrado de madera.

Entre los inconvenientes se encuentra el limitado número de usos que puede tener como encofrado. Las tablas deben limpiarse tras el desencofrado, limitando los cortes sucesivos su vida útil. Además, hay que considerar el coste asociado con la adquisición de la madera adicional necesaria para reutilizar el encofrado.

A pesar de sus ventajas, ha aumentado considerablemente la utilización de elementos metálicos, plásticos y otros materiales. Aunque los moldes de madera no son tan duraderos como los metálicos, ofrecen resultados difíciles de igualar con otros materiales, lo que sigue haciendo que sean una opción valiosa en ciertos proyectos.

Figura 6.8. Encofrado de madera en losa de paso superior.
Fuente: V. Yepes.

Figura 6.9. Detalle construcción de tablero de puente con encofrado de madera.
Fuente: V. Yepes.

La madera laminada y los tableros aglomerados y contrachapados son los más empleados en la fabricación de encofrados. Los dos primeros se utilizan para usos generales, paneles, microrrigidización y macrorrigidización. Para mejorar la piel encofrante se puede recurrir al machihembrado de los diferentes paneles. Los contrachapados se emplean principalmente en la elaboración de paneles aglomerados, ya que proporcionan un cuidadoso acabado de la superficie del hormigón.

La madera debe ser resistente a los esfuerzos generados durante el hormigonado y la puesta en obra, rígida para no deformarse frente a la presión del hormigón, estanca para asegurar que el hormigón permanezca dentro del molde, y no adherente para facilitar su extracción. La madera para encofrados será preferiblemente de especies resinosas y de fibra recta. La madera aserrada se ajustará, como mínimo, a la clase I/80, según la norma UNE 56.525. Dependiendo de la calidad requerida para la superficie del hormigón, las tablas pueden ser machihembradas o escuadradas con aristas vivas y llenas, cepilladas y en bruto. Únicamente se emplearán tablas cuya naturaleza, calidad, tratamiento o revestimiento impidan alabeos o hinchamientos que provoquen filtraciones de material fino en el hormigón fresco o generen imperfecciones en los paramentos. Además, las tablas estarán exentas de sustancias perjudiciales para el hormigón en sus estados fresco y endurecido, así como de elementos que manchen o alteren el color de los paramentos. Con frecuencia se utilizan tablillas de 2 cm de grosor y planchas de 2,7 a 4 cm de espesor, que pueden estar cepilladas.

Los tipos de madera más empleados para encofrar son los siguientes:

▸ Madera aserrada. Su uso se reduce a obras de poca envergadura o a elementos con formas o dimensiones especiales. Su tendencia a degradarse en contacto con el hormigón perjudica el acabado final. Se presentan en tres formatos diferentes: tabla (2,5 × 10 cm), tablón (7 × 20 cm) y tabloncillo (5 × 15 cm). La tabla entra en contacto directo con el hormigón, mientras que el tabloncillo y el tablón se colocan para sujetarla.

▸ Madera en rollo. Está conformada por piezas o troncos de diámetro reducido, sin cortezas ni ramas. Actualmente ha caído en desuso como material de encofrado.

▸ Tablero de madera. Consigue mejores acabados gracias a su textura menos rugosa. Los dos tipos principales son los tableros monocapa y tricapa. Los primeros se elaboran con tabla hidrofugada machihembrada o dentada y encolada longitudinalmente; además, se refuerza con los dos cabezales o bordes cortos con un perfil metálico galvanizado en forma de C o T. Los tableros tricapa están formados por listones encolados entre sí, con las fibras de la madera en las capas exteriores dispuestas longitudinalmente y en dirección transversal en la capa interior, todas provenientes de coníferas.

El Artículo 286 del PG-3/75 del Pliego de prescripciones técnicas generales para obras de carreteras y puentes (PG-3/75), aprobado por Orden Ministerial de 6 de febrero de 1976 establece que la madera destinada para entibaciones, apeos, cimbras, andamios, y demás medios auxiliares, así como para la carpintería de armar, debe provenir de troncos sanos que hayan sido apeados en la estación adecuada. Además, debe haber sido desecada al aire, resguardada del sol y la lluvia, durante un período no inferior a dos días. Es esencial que la madera no muestre signos de putrefacción, atronaduras, carcomas o ataques de hongos, y esté exenta de grietas, lupias, verrugas, manchas u otros defectos que comprometan su solidez y resistencia. Se requiere que contenga el menor número posible de nudos, los cuales, en todo caso, deberán tener un espesor inferior a la séptima parte de la menor dimensión de la pieza. Además, la madera debe presentar fibras rectas y no reviradas ni entrelazadas, manteniéndose paralelas a la mayor dimensión de la pieza. Debe exhibir anillos anuales con aproximada regularidad, sin excentricidad de corazón ni entrecorteza, y al ser golpeada, debe producir un sonido claro.

Para las tensiones admisibles de la madera pueden tomarse los valores de la Tabla 6.2 (Jiménez Montoya *et al.*, 2000):

Tabla 6.2. Tensiones admisibles de la madera para cálculo de encofrados
(Jiménez Montoya *et al.*, 2000).

Clase de esfuerzo	Resistencia (N/mm^2)
Compresión paralela a las fibras	7
Compresión perpendicular a las fibras	3
Flexión en las fibras externas	8
Esfuerzo cortante	0,7
Tracción paralela a las fibras	8
Tracción perpendicular a las fibras	0

La capacidad de la madera para absorber agua o desencofrante depende de factores como su densidad y la dirección de las fibras. Por lo tanto, es fundamental asegurar la homogeneidad de todas las tablas y que tengan un número similar de usos. La experiencia revela que las diferencias de tono en la superficie del hormigón, derivadas de las distintas capacidades de succión de las tablas, desaparecen con el tiempo.

Para evitar cambios de tono, la aplicación del desencofrante debe ser uniforme. Sin embargo, en zonas ricas en resinas, como los nudos, se absorberá menos producto, y la concentración mayor en estos puntos puede generar manchas en la superficie del hormigón.

Las tablas nuevas tienen una mayor capacidad de absorción en comparación con las usadas, que, al entrar en contacto con la lechada del hormigón, han experimentado cierta mineralización superficial. Por esta razón, se recomienda impregnar los encofrados nuevos con desencofrante al menos dos veces.

Figura 6.10. Detalle construcción de encofrado de madera.
Fuente: V. Yepes.

Si se quiere reflejar la huella de la tabla en el hormigón, se aconseja el empleo de tablas aserradas sin cepillar. Se debe prestar especial atención al cuidado de las aristas, puntos más susceptibles de sufrir daños. La utilización de berenjenos, ya sean triangulares o trapezoidales, disimula posibles defectos visibles en las juntas de hormigonado. Asimismo, para evitar deformaciones ocasionadas por el peso o la presión del hormigón, se aconsejan tablas con un espesor mínimo de 25 mm. Es relevante extremar el control de planos, niveles y alineaciones de tablas y tablero, así como limpiar exhaustivamente los encofrados y saturarlos con agua o aplicar desencofrante justo antes de verter el hormigón.

Es esencial desencofrar con precaución para evitar desconchones, y en caso de encofrados demasiado secos, conviene humedecerlos antes de proceder al desencofrado. Antes de verter el hormigón, se recomienda humedecer los encofrados para evitar que absorban agua de este. No obstante, el exceso de agua en la madera disminuye su resistencia y rigidez. Además, se debe disponer de las tablas y juntas de manera que permitan su libre hinchamiento, sin generar esfuerzos o deformaciones anormales, y sin permitir la salida de la pasta de cemento.

El consumo por unidad de superficie de encofrado variará en función del número de puestas y la estructura necesaria para resistir el empuje durante el hormigonado. En proyectos repetitivos, la madera en buenas condiciones puede reutilizarse de 10 a 15 veces, mientras que, en obras no repetitivas, el uso se limita a unas 8 veces, con un promedio de 4 o 5 veces debido a pérdidas en recortes y desencofrado.

En la Tabla 6.3 se especifican, de forma orientativa, los usos de la madera, su utilidad y los kilogramos de clavos y ataduras según el tipo de encofrado. En la estimación de costes, se aconseja distinguir entre la madera de tabla y largueros y la de puntales, siendo esta última más económica. El coste de la madera debe incrementarse en un rango del 10 % al 20 % para cubrir pérdidas, recortes y cuñas.

El equipo de trabajo está compuesto por un oficial de primera y un peón especializado encargados de la fabricación, montaje y desmontaje. Se sugiere un aumento del 15 % al 20 % del tiempo empleado por el equipo, que incluye las horas de trabajo del peón ordinario destinadas a la limpieza y almacenamiento de la madera.

Tabla 6.3. Rendimientos de la mano de obra en encofrados de madera y consumos de materiales (Bendicho, 1983).

Tipo de obra		Madera en m³	Clavos y alambre de atar en kg	Tiempo de equipo en horas	Número de usos considerados
Cimientos, muros y paredes, hasta 4 m de altura, de 4 a 10 m	Hasta 4 m de altura	0,006 – 0,010	0,14 – 0,20	0,4 – 0,6	8
	De 4 a 10 m de altura	0,010 – 0,016	0,20 – 0,30	0,6 – 0,8	8
Zapatas, pilares y vigas	Estructuras sencillas	0,009 – 0,015	0,15 – 0,20	0,6 – 0,9	6
	Estructuras complejas	0,015 – 0,020	0,20 – 0,30	0,9 – 1,2	4
Cerchas y forro incluidos pies derechos hasta 2 m de altura	Hasta 4 m de luz	0,010 – 0,015	0,18 – 0,25	0,7 – 1,2	10
	De 4 a 8 m de luz	0,015 – 0,025	0,25 – 0,35	1,2 – 1,5	10

6.4.2. Encofrados de contrachapado fenólico

Los tableros contrachapados están compuestos por la unión de finas chapas de madera reforzada, las cuales se pegan con las fibras dispuestas transversalmente una sobre otra, utilizando resinas sintéticas y aplicando fuerte presión y calor. Esta técnica confiere al tablero una gran estabilidad dimensional y resistencia, logrando un aspecto similar al de la madera maciza. Estos tableros son conocidos con diferentes nombres según la región geográfica, como multilaminado, triplay o madera terciada, y en países de habla inglesa, se les llama *plywood* (Figura 6.11).

En su proceso de fabricación, se disponen un número impar de chapas, que se ensamblan alternando las direcciones de la veta. Es decir, cada chapa se coloca perpendicularmente respecto a la siguiente o la anterior. Esto les confiere ventajas frente a otras clases de paneles. Por lo general, se emplean chapas con espesores de 2 a 3 mm. Dentro de los tableros multicapas hay diferencias, así por poner un ejemplo para un acabado especial, se podría emplear un tablero abedul-abedul de 15 capas y para uno normal, otro abeto-abeto de 8 capas.

Figura 6.11. Contrachapado fenólico
para encofrados.
Fuente: https://www.ulmacons-
truction.es/es-es/encofrados/
vigas-madera-tableros/vigas-tableros-madera/
tableros-contrachapados-fenolicos

Los contrachapados se emplean en la construcción, especialmente para superficies de encofrados en contacto directo con el hormigón. En cuanto al encolado de estos encofrados, las resinas fenólicas soportan tanto el ataque de microorganismos como el contacto con agua fría o caliente.

El contrachapado de superficie lisa es altamente resistente y versátil, permitiendo una mayor cantidad de usos repetidos que los tableros convencionales, además de ofrecer un excelen teacabado para el hormigón visto.

El contrachapado fenólico se emplea cada vez más por sus propiedades mecánicas excepcionales y su notable resistencia a la intemperie. Se usa mucho en la construcción de puentes, muros y techos. Compuesto por múltiples capas de hojas de madera impregnada con resina fenólica, un material sintético extremadamente resistente, el contrachapado fenólico se une mediante un adhesivo robusto y se somete a presión y calor para formar una hoja rígida y duradera. El resultado supera tanto a la madera como al contrachapado en resistencia y durabilidad (Figura 6.12).

Entre las ventajas de estos paneles se encuentran sus dimensiones lo suficientemente grandes, sin juntas, lo que permite una colocación y retirada económicas; su variedad de espesores disponibles; sus propiedades físicas consistentes; la economía que ofrece debido a sus múltiples usos; las superficies lisas, lo que reduce el coste del acabado final de los paramentos; y su bajo coste de fabricación. Como inconveniente se puede indicar que solo permiten leves curvaturas.

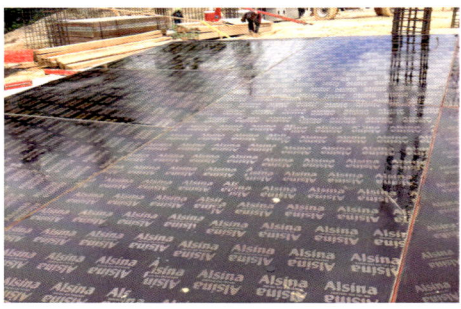

Figura 6.12. Tablero contrachapado fenólico.
Fuente: https://www.alsina.com/
es-la/productos-y-soluciones/
componentes-y-fenolicos/

El éxito del tablero contrachapado para encofrado se debe a varias razones fundamentales:

▶ Ahorro de madera. Gracias a la reducción de medidas, se minimizan las pérdidas de material.

- ▶ Rápido armado. Los operarios están familiarizados con el sistema utilizado en construcciones anteriores, lo que agiliza el montaje.

- ▶ Menos personal especializado. La facilidad de uso permite que personal semiespecializado pueda ensamblar los encofrados estandarizados, reduciendo la necesidad de mano de obra especializada.

- ▶ Prefabricación y estandarización. La fabricación en grandes series y el empleo de grúas ligeras para su manejo permiten un ahorro significativo de tiempo y mano de obra en la construcción.

- ▶ Ventajas en entornos congestionados. La posibilidad de fabricar las unidades del encofrado en la fábrica, en lugar de hacerlo en la obra, es especialmente conveniente en lugares con limitaciones de espacio.

- ▶ Plazos de entrega más cortos. La estandarización, prefabricación y reducción en el trabajo de acabado contribuyen a plazos de entrega más rápidos y menor coste en intereses.

Los contrachapados presentan variaciones según su tipo, que incluyen la especie de madera utilizada, la calidad de las chapas (donde generalmente se especifica la calidad de las caras exteriores, pero no siempre la de las interiores), el espesor tanto de las chapas como del conjunto y el tipo de encolado utilizado. Estos parámetros influyen en las propiedades y usos específicos de cada tipo de contrachapado.

Según su uso o ambiente de utilización, se clasifican según las normas UNE-EN 335-1 y UNE-EN 314-2 para la calidad del encolado en:

- ▶ Interior (encolado 1): fabricados empleando colas y resinas de urea-formaldehído.

- ▶ Exterior cubierto o semiexterior (encolado 2): se utilizan resinas de urea-formaldehído melamínico.

- ▶ Exterior (encolado 3): en este tipo de ambientes, se requiere combinar maderas con buena resistencia natural a la humedad y podredumbre, junto con colas fenólicas.

Otro aspecto importante es la madera utilizada, pues otorga distintas propiedades al contrachapado final. Por ejemplo, un contrachapado de abedul tendrá características diferentes al de okume. Además de la elección de la madera, es relevante considerar su calidad. Las fichas técnicas deben mencionar la calidad de la cara, contracara y chapas interiores.

El contrachapado de encofrado para exteriores se fabrica con una cola impermeable y se destina a lugares expuestos a condiciones climáticas adversas y humedad. Por otro lado, el contrachapado para interiores también resiste la humedad, aunque no es completamente impermeable. Se emplea en situaciones donde la exposición al mal tiempo y la humedad no sea excesiva.

El contrachapado para exteriores se presenta con una o ambas caras revestidas con una capa dura y resistente de resinas fundidas impermeables, lo que garantiza una mayor durabilidad del pulido de las superficies y permite su reutilización en numerosas ocasiones. Los tableros se recubren con una película fenólica, lo que les proporciona una superficie muy fina y también incrementa ligeramente su resistencia. Algunos constructores y fabricantes protegen las esquinas y los cantos con perfiles de metal.

La medida más utilizada en la industria de los tableros es el estándar de 244 cm × 122 cm, aunque también se encuentran tableros de 244 cm × 210 cm, especialmente para la construcción. En cuanto al grosor, varía entre 5 y 50 mm, siendo los espesores más frecuentes los mismos que para otros tableros, como 10, 12, 15, 16, 18 y 19 mm. Los espesores estándar del tablero contrachapado de encofrado son de 12 mm, que se utilizan en construcciones normales. Para construcciones más pesadas, se emplean tableros de 15-18 y 21 mm. Los contrachapados con un grosor menor a 12 mm se reservan para aplicaciones especiales, como revestimientos de encofrados construidos con otros materiales o en superficies curvas, debido a que las láminas delgadas de madera contrachapada tienden a curvarse con relativa facilidad.

El contrachapado permite lograr curvas sencillas de forma fácil, obteniendo excelentes resultados cuando se cuenta con una superficie cont nua con la curvatura precisa para apoyar los paneles. En casos donde existan puntos críticos con curvaturas complicadas, se prefieren dos planchas delgadas superpuestas en lugar de una sola con el mismo grosor total. Además, si es necesario trabajar con radios de curvatura aún más pequeños, es posible lograrlos utilizando contrachapado para exteriores y aplicándoles previamente un tratamiento de humedecimiento y vaporización.

Para facilitar el despegado del encofrado, es necesario impregnar los tableros con una grasa especial o un agente similar. Este tratamiento asegura que el encofrado pueda retirarse sin dañar ni el hormigón ni la superficie del tablero. Es importante limpiar todos los residuos de hormigón y retirar los clavos antes de apilar los tableros para evitar el deterioro normal de la madera. Con un manejo adecuado, es posible reutilizar los tableros un número elevado de veces. Incluso cuando están dañados y no son aptos para encofrar, todavía tienen un alto valor de recuperación para suelos, rampas o techos.

El número de usos de los tableros fenólicos varía dependiendo de las circunstancias. En situaciones normales, pueden soportar hasta 80 puestas, pero si se busca un acabado más cuidado, esta cifra se reduce a 50. En condiciones especiales, el número de usos puede ser de 20 o incluso menos. No obstante, la durabilidad del tablero fenólico depende no solo del espesor de la capa de revestimiento, que puede variar desde 540 hasta 120 g/m², sino también del trato al que se le someta. Si se maneja con relativo cuidado, está bien sellado y se evita clavar en exceso, su vida útil será la adecuada.

Para prolongar la vida útil de los tableros fenólicos, se deben seguir algunas recomendaciones durante su almacenamiento. En primer lugar, es fundamental evitar el contacto directo con agua y la exposición al sol. Al apilar los tableros sobre el suelo, hay que comprobar la ausencia de humedad o barro en la zona de almacenamiento. Además, para evitar deformaciones, no se deben almacenar los tableros en lugares muy secos o con temperaturas elevadas.

6.4.3. Encofrado de acero

Los encofrados de acero están compuestos por piezas que se ensamblan entre sí, presentando una chapa de acero en contacto con el hormigón en lugar de madera (Figura 6.13). Naturalmente, el resto del encofrado suele estar también fabricado de acero. Este tipo de encofrado, de gran rigidez y resistencia, se utiliza preferentemente en obras donde predominan elementos de un mismo tipo, como columnas y vigas. En estas situaciones, la utilización de encofrados de acero resulta más rentable que la opción de made-

Figura 6.13. Encofrado metálico para muros. *Fuente:* https://www.sioinge-nieria.com/portal/novedades/encofrados-metalicos-y-sus-ventajas

ra. Con frecuencia, se combina con madera en la elaboración de losas. Además, son ampliamente utilizados en la fabricación de elementos prefabricados debido a sus ventajas y características. A diferencia de los encofrados de madera, las piezas del encofrado metálico se destinan exclusivamente al tipo de molde para el cual fueron diseñadas, no siendo aprovechables, salvo en casos excepcionales, para otro elemento diferente.

Aunque el coste inicial de adquisición es elevado, su durabilidad promedio de 100 a 500 usos, cuando se mantienen adecuadamente, hace que esta alternativa sea más eficiente. La chapa de acero se sustenta mediante rigidizadores paralelos, ya sean horizontales o verticales, dispuestos a intervalos de 0,25 o 0,30 m. En cuanto al espesor de las chapas, varía entre 4 y 5 mm. En moldes para prefabricados (Figura 6.14), se emplean grosores de 6 a 8 mm, considerando el deterioro de la superficie del encofrado (más de 1000 a 2000 usos).

Figura 6.14. Moldes de acero para prefabricados. *Fuente:* https://www.mesaimalat.com.tr/es/urun/moldes-para-prefabricados/

La principal ventaja radica no solo en la facilidad y rapidez tanto del encofrado como del desencofrado, y en la obtención de superficies lisas y bien cuidadas, sino también en la gran durabilidad de dicho encofrado, pues no sufre deformaciones ni deterioros por el uso. Los acabados del hormigón son regulares, siendo las coqueras su principal defecto. Se requiere atención cuidadosa en el manejo y mantenimiento para evitar abolladuras.

El manejo es sencillo, siendo suficiente la observación del dibujo correspondiente para comprender el montaje. Cabe destacar que, en los extremos y bordes, los tableros llevan machos o vástagos que se introducen en los orificios de otro tablero, lo que permite obtener pilares de diversas secciones con un mismo elemento.

Las operaciones de encofrado, desencofrado y aplomado son rápidas y sencillas, y con el equipo adecuado, todas estas tareas pueden ejecutarse con elementos de gran tamaño. Además, las superficies lisas de hormigón obtenidas son interesantes en determinadas obras, ofreciendo acabados con caras limpias. Se debe realizar una limpieza profunda cada vez que se desencofra para asegurar el ajuste preciso en la siguiente puesta.

Entre las desventajas, se puede mencionar su falta de adaptabilidad a todos los tipos de pilares, a diferencia de la madera, y su mayor peso, que dificulta su transporte y manejo. En el caso de los soportes, uno de sus inconvenientes es la dificultad de aplomarlos cuando la altura supera los 4 m. Por otra parte, a menos que se utilicen muchas veces, resultan costosos y, en ausencia de precauciones, proporcionan escasa protección y aislamiento durante el vertido de hormigón en tiempo frío. Además, hay que considerar el riesgo de oxidación de los elementos de este tipo de encofrados.

6.4.4. El hormigón como material de encofrado

Figura 6.15. Encofrado perdido de hormigón para pilares.
Fuente: https://gilva.com/encofrados-perdidos-pilares/

El empleo del hormigón como encofrado se observa en distintas aplicaciones. Por un lado, se utiliza en prelosas, ya sean armadas o pretensadas, que pueden integrarse en la sección resistente de la pieza de hormigón mediante una conexión adecuada. Por otro lado, se emplea como fondo de molde en situaciones de prefabricación. También se usan encofrados perdidos de hormigón en la ejecución de pilares en obra (Figura 6.15), o entre las vigas prefabricadas de un puente.

6.4.4.1. Prelosas y losas en puentes

El empleo del hormigón como encofrado se utiliza en distintos casos de forma eficiente. En el caso de puentes de vigas, se utiliza en prelosas o losas, ya sean armadas o pretensadas, integrándose en la sección resistente de la pieza de hormigón mediante una conexión adecuada. Estos elementos sirven, cuando se hormigona, como encofrados perdidos de hormigón entre las vigas prefabricadas de un puente. Los encofrados perdidos pueden ser de distintos materiales, pero este apartado se centra en los fabricados con hormigón.

La placa de encofrado perdido es un componente construido con hormigón pretensado, esencial para la conformación de los tableros de vigas. Por un lado, actúan como elementos autoportantes que sirven como encofrado del tablero durante la fase de hormigonado *in situ*, eliminando la necesidad de emplear otros sistemas de encofrado de la estructura. Por otro lado, colaboran en las cargas del puente en servicio. Normalmente, son de sección maciza, aunque también se han llegado a fabricar losas alveoladas.

Estos elementos se ubican entre las alas superiores de las vigas, proporcionando un soporte para instalar la armadura de la losa *in situ*, lo que facilita el vertido de hormigón y actúa como encofrado. De este modo, el elemento queda embebido dentro del hormigón de la losa. Estas prelosas están compuestas por una losa de hormigón con un espesor variable entre 6 y 20 cm, junto con celosías o nervios de acero dispuestos a lo largo de toda su longitud, ya sea de sección constante o variable.

Se pueden dar los siguientes tipos:

a. Losas de encofrado perdido entre vigas. Estos elementos se utilizan para encofrar los espacios entre vigas doble T o vigas artesa, así como los vanos internos en las vigas artesa (Figura 6.16). Sin embargo, no permiten la creación de voladizos en el exterior de las vigas laterales. Normalmente, tienen un espesor de 6 a 7 cm, aunque en casos excepcionales pueden reducirse a 5 cm, o bien emplear otros materiales, como chapas grecadas, que son comunes en tableros de vigas adosadas en T invertida.

Figura 6.16. Encofrado perdido de hormigón entre vigas prefabricadas de puente. *Fuente:* https://victoryepes.blogs.upv.es/2024/01/31/el-hormigon-como-encofrado-prelosas-y-encofrados-perdidos/

b. Prelosas o semilosas entre vigas o con vuelos exteriores. Presentan espesores de hasta 8 cm, tal y como se muestra en la Figura 6.17. Sin embargo,

Figura 6.17. Losas de hormigón pretensado como encofrado colaborante entre vigas de puente.
Fuente: http://www.paolini.com.ar/montaje-vigas-preslosas-del-puente/

valores más altos no resultan económicos y generan acciones en las vigas difíciles de compensar, especialmente al actuar sobre la sección de la viga sola. Además, dificultan la colocación de armaduras *in situ*, especialmente para el anclaje de los pretiles de borde. Para contrarrestar estas dificultades, se emplean disposiciones de armadura en forma de celosía plana (una barra superior y una inferior) o de sección triangular (una barra superior y dos inferiores), hormigonando luego el espesor restante de la losa. En caso necesario, se incorporan conectores de armadura entre ambos hormigones. Este sistema se ha utilizado en tableros con grandes vuelos exteriores y amplias separaciones entre vigas para las losas de tablero pretensadas transversalmente, aunque no es una solución común. Algunos fabricantes ofrecen una variante compleja de prelosas con formas especiales, como nervios rigidizadores o quebradas, que pueden alcanzar anchuras del orden de 15 m. Esta solución es frecuente en estructuras mixtas, con vigas metálicas (Figura 6.18), o en ampliaciones de puentes existentes, donde en lugar de una viga artesa prefabricada se utiliza un zuncho de apoyo y anclaje en la estructura existente.

Figura 6.18. Losas de hormigón pretensado como encofrado colaborante entre vigas entre vigas de puente mixto.
Fuente: http://www.paolini.com.ar/ montaje-vigas-preslosas-del-puente/

c. Losas de espesor completo. Son frecuentes en proyectos de ampliación de trazados, como carreteras a media ladera y estructuras existentes, donde los equipos de construcción pueden circular sobre las losas ya instaladas, agilizando considerablemente el progreso de la obra (Figura 6.19). Por lo general, estas losas cubren la anchura del tablero y se utilizan en tableros que descansan sobre dos vigas en doble T o una monoviga. Se unen entre sí mediante juntas transversales *in situ* y a las vigas mediante ventanas también hormigonadas en obra, lo que permite que los conectores de las vigas se coloquen en áreas localizadas en lugar de distribuirse por toda la viga sin interrupciones. En el caso de que no cubran toda la anchura del tablero, requieren juntas longitudinales, que son más complicadas de realizar, pues afectan a la armadura transversal del tablero, que es más importante y densa que la armadura longitudinal.

Figura 6.19. Losa de espesor completo. *Fuente:* https://www.prenava.com/prelosas-semilosas-losas-vigas-y-jabalcones-prefabricados-para-tableros-de-puente/

6.4.4.2. Sistemas de forjado con prelosas

La prelosa es un elemento prefabricado que consta de una capa inferior de hormigón con un espesor uniforme y nervios dispuestos longitudinalmente (Figura 6.20). Su función es servir como encofrado para el forjado que posteriormente se hormigonará en obra. Una vez que el hormigón ha fraguado, la prelosa se convierte en una placa compuesta junto con el hormigón vertido. Estos elementos representan una evolución industrializada de la vigueta, ya que tienen una sección prefabricada más grande y requieren menos hormigón y armadura durante la instalación en la obra. Es importante destacar que la prelosa actúa como un encofrado y, por lo tanto, debe cimbrarse, por el hecho de que no es un forjado autoportante.

Estos elementos prefabricados no deben confundirse con las prelosas empleadas en los tableros de puentes, que tienen dimensiones considerablemente mayores y una capacidad resistente más elevada.

Las prelosas se diseñan para utilizarse como parte de los forjados en situaciones donde las luces no sean excesivas, hasta unos 8 m. Pueden ser armadas o pretensadas, pueden tener nervios rigidizadores o

Figura 6.20. Prelosa armada empleada en la construcción de forjados de edificación. *Fuente:* https://weckenmann.com/es/infoteca/productos-prefabricados-de-hormig%C3%B3n/prelosas

armaduras básicas electrosoldadas, y pueden ser macizas o aligeradas. Las dimensiones, los refuerzos y las piezas especiales se fabrican según las especificaciones del cliente.

- ▶ Las prelosas armadas son losas de hormigón con armaduras básicas electrosoldadas en celosía, dispuestas longitudinalmente, para lograr una conexión con el hormigón vertido *in situ*, completando así su capacidad resistente (Figura 6.20). El espesor de la losa varía entre 6 y 20 cm, con una anchura normalizada de 120 cm, diseñada para forjados de hasta 50 cm de espesor. Las placas de hormigón que se utilizan como encofrado suelen equiparse con una parrilla que arma la losa de hormigón prefabricado. También se pueden incorporar nervios rigidizadores, especialmente cuando se requiere que la prelosa sea autoportante, evitando la necesidad de sopandas durante el montaje y el vertido de hormigón en la obra. La prelosa presenta una cara superior rugosa con armaduras en celosía salientes para garantizar una buena adherencia del hormigón vertido *in situ*, mientras que la cara inferior es lisa, proporcionando un buen acabado a la vista.

- ▶ Las prelosas pretensadas cuentan con dos o más nervios rigidizadores, dispuestos longitudinalmente para ofrecer resistencia y rigidez durante la ejecución (Figura 6.21). Los anchos típicos varían entre 600 mm y 1200 mm. Estas prelosas llevan armadura transversal de fábrica y, en ocasiones, se complementan con armaduras adicionales en la obra. Para permitir el apoyo, las prelosas cuentan con armaduras salientes, ya que no se ajustan completamente a las vigas, dejando un espacio de solo unos centímetros.

Tanto en las prelosas armadas como en las pretensadas, es posible insertar bloques de poliestireno expandido entre los nervios para reducir el peso del forjado (Figura 6.21), además de proporcionar un aislamiento térmico parcial adicional.

Figura 6.21. Prelosas pretensadas.
Fuente: https://www.hermo.net/producto/prelosa-pretensada-2/

Las prelosas pueden componerse con diversos materiales, como una lámina intermedia de arlita (árido ligero de arcilla expandida) en a losa inferior, diseñada para mejorar la resistencia al fuego y el aislamiento térmico del forjado.

Estos elementos prefabricados se fabrican mediante moldeo, producción en pistas o extrusión. Se utilizan pistas metálicas con cantos biselados en los laterales para proporcionar un buen acabado de la superficie visible del elemento. La cara inferior de los elementos es completamente plana y lisa. Además, es posible integrar elementos como cajas eléctricas, puntos de luz, registros, etc., lo que permite obtener un techo liso sin necesidad de falsos techos.

La prelosa representa un sistema más avanzado que el tradicional método de vigueta y bovedilla, caracterizándose por un nivel medio de industrialización. Entre sus ventajas, destacan su ejecución rápida y sencilla, al menos en lo que respecta a la sección prefabricada, y la eliminación de la necesidad de encofrar la planta en el caso de las prelosas pretensadas. Otras ventajas adicionales son las siguientes:

▶ Simplificación de la construcción al eliminar en gran medida el encofrado y las cimbras (aunque algunas áreas de juntas y transiciones aún pueden requerir trabajo *in situ*). En ocasiones, puede ser necesario mantener un cimbrado parcial.

▶ Incremento de la precisión geométrica gracias a la utilización de procesos industrializados en entornos más controlados, lo que incluye el acabado.

▶ Mejora en la calidad y variedad del hormigón utilizado, gracias a las opciones de mezcla, vertido y curado en un entorno más controlado. Esto incluso puede incluir técnicas de curado al vapor para prevenir la evaporación del agua.

▶ Inclusión de pretensado localizado por zonas, lo que optimiza los recursos y mejora el rendimiento estructural.

▶ Empleo de calidades superiores de hormigón en áreas de alta demanda, tanto en términos de capacidad estructural como de durabilidad. Dado que las prelosas son la parte siempre expuesta a la intemperie, pueden utilizar un hormigón de mayor compactación e impermeabilidad, o con un diseño optimizado para resistir los ciclos de hielo y deshielo, incluso incluyendo aire en los parámetros óptimos de la mezcla.

6.4.5. Otros materiales para encofrados

Además de los encofrados de madera, de acero, e incluso de hormigón, en el mercado aparecen continuamente nuevos materiales que se están aplicando a los encofrados por sus características especiales. A continuación, describimos algunas de las características de estos materiales empleados en la fabricación de los encofrados.

a. Tableros de aglomerado. Los aglomerados, comúnmente utilizados para revestir las superficies internas de los encofrados, se elaboran con fibras de madera aglutinadas con resinas sintéticas mediante una elevada presión y calor en seco hasta alcanzar una densidad media (Figura 6.22). Presenta una estructura uniforme y homogénea y una textura fina que permite que sus caras y cantos tengan un buen acabado. Existen diversos

Figura 6.22. Tablero de aglomerado
en encofrado.
Fuente: https://maderasmedina.com/
maderas-encofrados-construccion/

tipos de tableros aglomerados, siendo los más utilizados en construcción el tablero de aglomerado estándar y el tablero de aglomerado hidrófugo. Estos tableros suelen suministrarse en tamaños grandes y, además de su notable dureza, destacan por proporcionar superficies de hormigón exentas de defectos y marcas de juntas. Cabe mencionar que los tableros de menor espesor pueden curvarse con facilidad utilizando radios reducidos, lo cual constituye una ventaja significativa en la construcción de elementos curvos en el encofrado.

b. Encofrados de aluminio. Los encofrados de aluminio comparten muchas similitudes con los de acero (Figura 6.23). Su principal ventaja es su menor peso específico, lo que los hace más ligeros. Su uso ofrece una mayor velocidad en comparación con otros sistemas, gracias a su ligereza, facilidad de montaje y desmontaje, así como a la posibilidad de transporte manual sin requerir el uso de grúas. Sin embargo, debido a que sus resistencias a la tracción, compresión y transporte son inferiores a las de los encofrados de acero, se requieren secciones mayores en los encofrados de aluminio. En ocasiones, se utiliza el aluminio como elemento de microrrigidización de elementos de madera para reducir el peso de los paneles. Es importante considerar que el aluminio posee un coste superior respecto al acero y se deforma con facilidad. Esta característica podría generar complicaciones en el caso de realizar modificaciones en el proyecto. No obstante, el Código Estructural, en su Artículo 48.3, no permite el uso de encofrados de aluminio, a menos que se proporcione a la dirección facultativa un certificado emitido por una entidad de control y firmado por

Figura 6.23. Encofrado de aluminio.
Fuente: https://tectonica.archi/materials/
encofrado-de-aluminio-para-viviendas-monoliti-
cas-de-hormigon/

una persona física. Este certificado debe confirmar que los paneles han sido previamente sometidos a un tratamiento de protección superficial para prevenir la reacción con los álcalis presentes en el cemento al aluminio, ataque que se produce con desprendimiento de hidrógeno. Esta reacción favorece la formación de una superficie debilitada y, por tanto,

menos resistente a la penetra-
ción de elementos dañinos para
el hormigón o las armaduras en
él embebidos.

c. Tubos de fibra. En los encofrados de las columnas circulares
es común utilizar tubos de fibra
(Figura 6.24). Estos moldes presentan diámetros internos de
hasta 120 cm y longitudes que
alcanzan los 15 m. Existen dos
tipos de impermeabilización utilizados en su fabricación. En el
primero, destinado a elementos que requieren un acabado

Figura 6.24. Encofrado de tubo de f bra
para pilares.
Fuente: https://www.sinis.com.ar/
productos/columnas-encomax-y-ac-
cesorios/columnas-circular-encomax/
columna-circular-encomax-o45cm-ml

minucioso en la superficie del hormigón, se aplica un tratamiento plastifi-
cante que permite la recuperación del encofrado. Por otro lado, el segundo
tipo, tratado con betún, se emplea en encofrados perdidos o donde no es
necesario un acabado extremadamente detallado, siendo su coste inferior
al primero. El proceso de fabricación implica el enrollado sucesivo en espiral de capas de fibra unidas con cola, con el número de capas variando
según el espesor deseado de la pared. Al retirar los moldes, queda impresa una huella en espiral en la superficie del hormigón. Para obtener
superficies lisas sin marcas, se pueden utilizar tubos especiales con un
ligero incremento en el precio. Estos tubos pueden cortarse en la obra o
solicitarse a la fábrica con la longitud requerida.

d. Planchas de fibra. En los últimos años, ha experimentado un notable
avance la incorporación de planchas de fibras en los encofrados, desta-
cando especialmente en la construcción de losas de forjado y cubiertas.
Por lo general, estas planchas se colocan en la obra sobre los paramentos inferiores del hormigón, mejorando significativamente sus propiedades
acústicas y aislantes.

e. Cajas de fibra. Estas cajas, conocidas también como cajas de cartón, han
experimentado recientemente un aumento significativo de su popularidad
en el ámbito de la construcción. Para potenciar su resistencia e impermeabilidad frente al agua, se someten previamente a una impregnación
con asfalto u otro producto impermeabilizante. Para asegurar que soportan el peso y la presión del hormigón, se incorporan capas de refuerzo
de cartón o nervios en las superficies interiores de las cajas. El proceso
de fabricación y montaje de estas cajas permite un desencofrado sencillo y la reutilización posterior de los núcleos o capas de refuerzo. Estos
elementos se utilizan principalmente entre las vigas de cimentación y el
terreno para contrarrestar la presión del suelo sobre ellas. También se

emplean como encofrado en forjados nervados, en forjados planos sin vigas y como encofrados para huecos en forjados con losa y vigas, ya sean construidos *in situ* o prefabricados. Además, se utilizan como tableros de encofrado para losas.

f. Encofrados de yeso. En la arquitectura de edificios, es frecuente diseñar figuras, ornamentos o molduras para su ejecución en hormigón, cuando la elaboración en madera, silicona u otros materiales resulta altamente compleja o difícil de lograr. En estos escenarios, se elige construir las figuras a tamaño real en madera u otro material adecuado, sobre las cuales se modela un molde de yeso con el objetivo de obtener una forma económica, resistente, liviana y con la mínima porosidad, apta para producción en serie. El elemento de yeso resultante se incorpora al encofrado general de la estructura. Una vez que se vierte y fragua el hormigón, el molde de yeso se rompe al desencofrar, cumpliendo su función de dejar impresa la figura deseada. Sin embargo, como es característico en cualquier encofrado perdido, el uso de este tipo de moldes conlleva un aumento significativo de los costes, por lo que su aplicación se restringe a circunstancias específicas y particulares.

g. Encofrado de plástico conformado por extrusión. El sistema está compuesto por láminas elaboradas mediante procesos de extrusión, otorgándoles una notable flexibilidad para adaptarse a las formas requeridas en el proyecto (Figura 6.25). Pueden adoptar curvaturas de radios tanto largos como muy cortos. Además, el método de fabricación genera rollos de plástico, lo que significa que las dimensiones de un encofrado no están determinadas por el material, sino por el elemento a construir. Este tipo de encofrado destaca por su capacidad de reutilización en la construcción de diversas estructuras arquitectónicas. Su naturaleza modular y facilidad de uso lo posicionan como una opción eficiente en comparación con otros sistemas. Excepto los puntales, todas las piezas de este sistema de encofrado son de plástico. Contribuye significativamente a la reducción de costes, pues se puede reutilizar, aunque no cuenta con la misma durabilidad que otros materiales. Además, su ligereza permite desarmarlo en amplias secciones de encofrados, agilizando así el proceso de montaje siguiente. Presenta una excelente resistencia al agua, son fáciles de limpiar y las láminas de plástico dañadas se pueden reciclar

Figura 6.25. Encofrado de plástico.
Fuente: https://industrysurfer.
com/blog-industrial/construccion/
diferentes-materiales-utilizados-para-el-enco-
frado-ventajas-y-desventajas/

para ayudar a crear nuevas láminas. El problema es que el plástico es sensible al calor, es un material caro y, en ocasiones, más pesaco que otros sistemas.

h. Encofrados de polipropileno. Los encofrados realizados en poliprcpileno suelen proceder del reciclado (Figura 6.26). Se utilizan como encofrados perdidos en la realización de soleras ventiladas, cámaras de aire y forjados sanitarios para todo tipo de construcción, como barrera contra la humedad y contra el gas radón. Son fáciles de colocar debido al poco peso de las piezas y se pueden cortar sin problemas. Se trata de piezas individuales que se ensamblan entre sí. Algunos modelos tienen forma de cúpula con planta cuadrada, mientras que otros incluyen una pata central con forma cónica para ofrecer un mejor soporte. Además, están disponibles en diferentes alturas, que pueden ir desde 9,5 cm hasta 70 cm, según el fabricante. Cuando se combinan cuatro módulos, estos forman pequeños pilares, según la altura del módulo, sobre los cuales se apoya la solera armada (capa de compresión de 5 cm mínimo). Cuentan con un sistema de unión entre ellos mediante galces, siguiendo el orden indicado por las flechas ubicadas en la parte superior. Gracias al diseño en forma de bóveda del sistema se consigue la máxima resistencia con el mínimo espesor de hormigón.

Figura 6.26. Encofrado perdido de polipropileno.
Fuente: https://palexiberica.com/producto/encofrado-perdido/

Estas piezas se pueden almacenar tanto en interiores como en exteriores, ya que el material no se ve afectado por las condiciones climáticas adversas. Sin embargo, no se recomienda exponer el material a la intemperie durante períodos prolongados (superiores a dos meses, según las indicaciones del fabricante), puesto que las piezas podrían volverse frágiles y perder parte de su resistencia mecánica.

Para la instalación sobre el terreno, es fundamental colocar siempre una capa de hormigón de limpieza HM-20 (con o sin malla) de al menos 5 cm de espesor. Esta capa tiene como objetivo nivelar la superficie para proporcionar un sólido soporte a las piezas. Es crucial asegurar un adecuado apoyo de las piezas para prevenir la separación del hormigón entre las patas que forman los pilares durante el vertido, y garantizar que, una vez fraguado, todos los pilares del suelo elevado estén correctamente asentados sobre el soporte.

i. Encofrados de plástico reforzado con fibra de vidrio. Debido al creciente uso de formas y diseños complicados en el hormigón, ha surgido la necesidad de encontrar un material de encofrado con propiedades que se aparten de las convenciones de los encofrados tradicionales. Los plásticos reforzados con fibra de vidrio han experimentado un desarrollo notable y se han popularizado en la construcción de elementos de hormigón, uniendo su elevada resistencia a la posibilidad de conformar superficies complejas, dada su capacidad de moldeo. Este material ofrece total libertad en el diseño; ya que permite al constructor realizar simultáneamente el encofrado y el acabado de las superficies; posibilita la creación de dibujos y formas poco convencionales en los encofrados; no hay limitaciones en las dimensiones, ya que los diversos elementos pueden ser montados en obra de manera que se oculten las juntas; puede ser el material más económico entre todas las opciones disponibles, especialmente si se prevé un alto número de usos; es ligero y fácil de desmontar; y, por último, no presenta problemas de herrumbre ni corrosión.

La construcción de encofrados sigue un proceso muy similar al calafateado manual de embarcaciones. Inicialmente, se crea un molde de yeso, madera o acero con la forma y dimensiones requeridas. Luego, se aplica una capa de parafina, se pule y se rocía con un agente desmoldante para evitar que la resina se adhiera al molde principal. Seguidamente, se recubre el molde con una capa de fibra de vidrio y se impregna completamente con resina poliéster mediante pinceladas. Una vez que la resina se ha secado y enfriado, se aplica otra capa de fibra de vidrio y resina poliéster, repitiendo este proceso hasta alcanzar el grosor de pared necesario.

Otro método para construir moldes de fibra de vidrio implica la aplicación de resina con una pistola pulverizadora, sobre la que se colocan cordones de fibra de vidrio como refuerzo. En muchos casos, se emplea una combinación de ambos sistemas mencionados. En la mayoría de las situaciones, se recomienda reforzar la rigidez y resistencia de los encofrados mediante costillas, tirantes de madera, barras de acero o tubos de aluminio.

El grosor de las paredes de los encofrados de fibra de vidrio varía, siendo de 0,32 cm en los destinados a losas sin armaduras o refuerzos, y aumentando hasta 1,59 cm en los utilizados para pilares que cuentan con tablas de refuerzo de 7,62 a 10,16 cm.

Con cualquiera de los encofrados previamente mencionados, es posible eliminar las juntas y marcas que suelen presentarse en los construidos con materiales convencionales. Esto se logra mediante la posibilidad de construir encofrados por elementos que luego se ensamblan en el lugar de trabajo. Además, a través de un tratamiento adicional con resina y fibra de vidrio, se eliminan las rebabas. Cabe destacar que la fabricación de este material requiere un control preciso de la temperatura y la humedad a lo largo de todo el proceso de producción.

j. Encofrados de cartón. Este material suele utilizarse para el encofrado de columnas monolíticas, pilotes y otros elementos redondeados (Figura 6.27). Este encofrado tiene una base polimérica y un cartón que cubre una base en varias capas. La laminación del cartón contribuye a mejorar la resistencia a la humedad y la robustez de la estructura. En el exterior, los tubos de cartón están recubiertos con una capa de composición polimérica compuesta, que mejora las propiedades repelentes de la humedad.

Se presenta como un molde multicapa que incorpora un sistema de apertura fácil, facilitando el desmoldado con un simple tirón. Además de ser impermeable y resistente, su montaje resulta sencillo debido a su ligereza, manipulándolo una sola persona sin necesidad de grúas. No obstante, se presenta como desventaja el hecho de ser desechable, limitándose a una sola aplicación, aspecto que debe considerarse desde la perspectiva de la sostenibilidad ambiental. Sin embargo, es relevante destacar que en su fabricación suelen emplearse fibras recicladas. En algunas ocasiones, puede dejar una forma espiral característica del cartón en su acabado. También hay que tener en cuenta que se debe almacenar este encofrado en un lugar seco y ventilado.

k. Encofrado de poliestireno expandido. El poliestireno expandido (EPS) se utiliza en ocasiones como un sistema de encofrado perdido en la construcción de forjados, pilares, muros y en molduras decorativas para las cornisas de hormigón visto. Este encofrado permanece en la estructura aportando un excelente aislamiento térmico y acústico, lo que contribuye significativamente al confort.

En la Figura 6.28 se observa un sistema de encofrado perdido diseñado para la construcción de losas que emplean

Figura 6.27. Encofrado de cartón.
Fuente: https://www.alsina.com/es-es/4-conceptos-fundamentales-a-la-hora-de-encofrar-columnas-o-pilares/

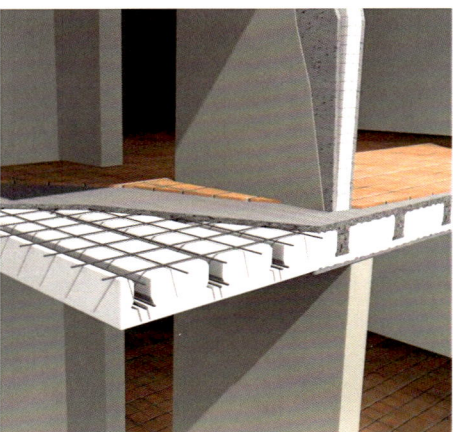

Figura 6.28. Encofrado de poliestireno expandido en forjado.
Fuente: https://www.archiexpo.es/prod/nidyon-costruzioni/product-60391-1802743.html

viguetas unidireccionales y bidireccionales de hormigón armado vertido en obra. Consiste en una placa de EPS, perfilada para formar viguetas T con espesores y anchuras variables según la luz de cálculo requerida. Esta versatilidad permite la construcción de losas en edificios destinados a diversos usos. La colocación de estos paneles se lleva a cabo de manera que se logre una continuidad estructural y de aislamiento total entre los elementos, eliminando los puentes térmicos y mejorando los rendimientos termoacústicos. Los materiales deben garantizar una respuesta óptima ante problemas de deterioro y oxidación, asegurando estabilidad y durabilidad a lo largo del tiempo.

En la Figura 6.29 se observan módulos de EPS empleados en la construcción de muros o pilares como encofrado perdido relleno de hormigón. Su diseño especial permite la colocación de los sucesivos bloques sin desalinearse. La amplia gama de piezas fabricadas permite resolver diversos tipos de construcciones, ya sean muros rectos, curvos, en ángulo, pilares de diferentes medidas, encofrados perimetrales, huecos en muros, cargaderos, forjados, entre otros. Son muy ligeros y pueden cortarse fácilmente con sierra. Gracias a su bajo peso, facilitan un montaje rápido del encofrado del muro, agilizando la ejecución y minimizando las operaciones en obra, como el sellado con siliconas especiales en el encuentro con la zapata corrida o la losa de cimentación, así como la disposición de armaduras y el vertido del hormigón.

Figura 6.29. Encofrado de poliestireno expandido en muros.
Fuente: https://www.archiexpo.es/prod/pontarolo-engineering/product-54951-430188.html

En cualquier caso, una de las precauciones a tener en cuenta con este tipo de material es evitar que se claven las armaduras y sus separadores en el EPS para no perder recubrimiento en estas barras de refuerzo.

6.5. Clasificación de los sistemas de encofrado

Clasificar los encofrados no es una tarea sencilla debido a la diversidad de elementos requeridos y a la amplia gama de aplicaciones, generalmente determinadas por una variedad de factores técnicos y económicos. En este sentido, resulta más apropiado organizarlos en grupos y subgrupos según las aplicaciones actuales.

Los encofrados se suelen agrupar en función de la posición del elemento que se va a encofrar: sistemas horizontales y sistemas verticales. Ejemplo del primer tipo son los forjados utilizados en edificación; en cuanto a los segundos, podrían ser aquellos utilizados en pilares o muros (Figura 6.30). No obstante, también se podrían clasificar atendiendo al material con el que están elaborados, al sistema de transmisión de cargas, al sistema de ejecución, etc.

Figura 6.30. Encofrados verticales.
Fuente: Farina Destil, vía Wikimedia Commons

En cuanto a los materiales, el uso tradicional de la madera ha dado paso a nuevos materiales, como el aluminio o el plástico, que han permitido estandarizar e industrializar más los procedimientos constructivos. La industrialización reduce los tiempos de montaje y desmontaje, y con ello el periodo de ejecución de estas tareas.

Por tanto, para seleccionar un sistema de encofrado se deberían considerar, entre otros factores, el plazo de desencofrado, la presión de hormigonado estimada, los estándares de la superficie de hormigón y su nivel de acabado, la capacidad de la grúa disponible, la mano de obra especializada, las condiciones climatológicas locales, el coste de los elementos auxiliares y de la mano de obra necesaria, la colocación y desencofrado, los equipos necesarios, el número de usos que se le dé a los materiales y el coste del acabado de las superficies de hormigón.

A continuación, se presenta un mapa conceptual (Figura 6.31) para clarificar la clasificación de los sistemas de encofrado. Como se puede ver, además de la posición del elemento a encofrar, se ha considerado la transmisión de cargas y la ejecución del elemento para establecer un esquema que simplifique la comprensión de los sistemas.

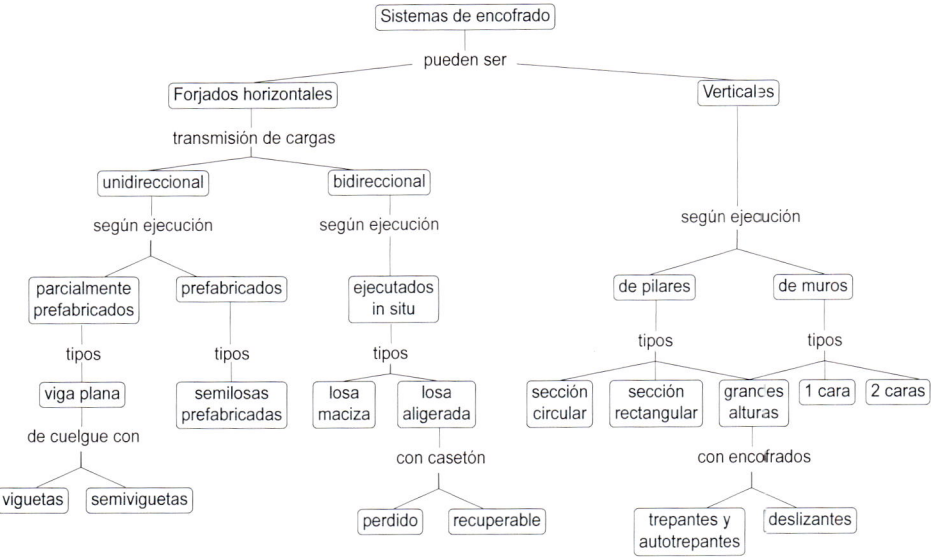

Figura 6.31. Mapa conceptual de los sistemas de encofrado.
Elaboración: V. Yepes.

6.6. Encofrados verticales

Los sistemas de encofrado verticales, típicos en la ejecución de pilares y muros, son estructuras provisionales compuestas por componentes prefabricados metálicos y de madera. Estos elementos, solidariamente unidos, sostienen y dan forma al hormigón fresco hasta adquirir la resistencia necesaria. En la actualidad, el encofrado de madera ha dado paso a los encofrados mediante módulos recuperables prefabricados, preparados para armarse y disponerse según las necesidades y geometría de la obra. Pueden presentar configuraciones rectas o circulares y ejecutarse en una o dos caras.

En el caso de los encofrados verticales, la presión de la masa de hormigón predomina sobre cualquier otra acción sobre las paredes laterales. Es importante destacar que la presión del hormigón fresco no se relaciona con su volumen, sino que guarda una proporción directa con la altura y la velocidad de llenado. Los pilares, por ejemplo, requieren encofrados de mayor resistencia debido a su sección reducida y a su rápido llenado, generando una presión elevada en poco tiempo.

Los encofrados verticales se clasifican en dos tipos principales: los encofrados unidos por tirantes (a dos caras), diseñados para adaptarse al grosor de la pared y utilizados en voladizos de edificios, pilares de puentes, muros, silos, embalses, estructuras industriales, entre otros; y los encofrados no unidos por

tirantes (a una cara), empleados en vertidos de hormigón con espesores nota-
bles. Estos últimos son encofrados donde los tirantes no atraviesan el hormigón,
situación que ocurre ocasionalmente debido a la densidad del material o a ciertas condiciones de construcción, como en presas, algunas esclusas, y muros de
estacionamientos subterráneos adosados al terreno.

Los sistemas de encofrados diseñados para paramentos verticales rectos se
dividen en dos categorías: los encofrados de marco y los encofrados de vigas y
correas.

Los encofrados de marco constan
de un bastidor construido con perfiles metálicos, formando una retícula
(Figura 6.32). Estos perfiles cuentan
con secciones transversales diseñadas para combinar resistencia, con
aspectos funcionales como puntos y
zonas de fijación de los elementos de
conexión, ubicación de ménsulas de
trabajo, fijación de puntales de aplomado y sujeción, fijación del forro,
aseguramiento de la estanqueidad,
facilitación del desencofrado, apoyo
de anclajes, entre otros. Los forros se
fabrican con chapas metálicas y con-

Figura 6.32. Encofrado de marco.
Fuente: V. Yepes.

trachapados de madera recubiertos con resinas fenólicas, aunque hoy también
pueden ser plásticos. Cuando el paramento queda rodeado de tierras y, por
tanto, no es visto, los forros son de plancha metálica, como es el caso de los
soportes de un estribo abierto (Figuras 6.33 y 6.34).

Suelen existir dos tipos de encofrados de marco. El encofrado pesado, con
elementos de hasta 8 m² de superficie, se maneja con grúas y soporta presiones
del hormigón fresco entre 60 y 80 kN/m². El encofrado ligero es más pequeño y
puede manejarse manualmente, soportando presiones de unos 40 kN/m². Una
ventaja de este tipo de encofrados de marco es que sus componentes se pueden alquilar en su totalidad.

Los encofrados de vigas y correas, también conocidos como encofrados de
rieles, se componen normalmente de correas horizontales de acero, vigas verticales de madera fijadas a estas correas, y un forro encofrante que se clava
o atornilla a las vigas (Figura 6.35). La mayoría de los rieles de acero constan
de un perfil doble UPN en forma de cajón invertido][, adaptando este perfil con
taladros y chapas soldadas como puntos y áreas de fijación de elementos de
conexión, apoyo de anclajes, fijación de puntales de aplomado y aseguramiento
de la estanqueidad, entre otros.

Figura 6.33. Puntales empleados en el encofrado de un estribo de puente.
Fuente: V. Yepes.

Las vigas de madera, ya sea con alma llena o en celosía, sirven como puntos de anclaje para las plataformas de hormigonado y los accesorios de enganche de las grúas. Estos encofrados admiten cualquier forro que pueda fijarse a las vigas, desde tableros de madera tricapa hasta contrachapados revestidos con resinas fenólicas. Según el acabado superficial, se pueden emplear tablas machihembradas o cepilladas, así como tableros con diseños especiales.

A pesar de la versatilidad que ofrecen los encofrados de vigas y correas, su utilización no está tan extendida como la de los encofrados de marco, principalmente debido al requerimiento de un montaje previo que involucra a operarios especializados. Aunque el montaje se puede realizar en taller, la limitación del tamaño durante el transporte impide montar paneles de gran superficie. Además, los encofrados de vigas implican la adquisición del forro de encofrado, pues rara vez está disponible para alquiler. Es necesario taladrar los forros para permitir el paso de anclajes y, en ocasiones, realizar cortes para ajustarse a las dimensiones de los elementos.

Figura 6.34. Encofrado de marco de un estribo de puente.
Fuente: V. Yepes.

El coste de alquiler por unidad de superficie del resto del sistema de correas, vigas y accesorios suele ser inferior al del encofrado de marco. Por lo tanto, el encofrado de vigas se presenta como una elección rentable en proyectos con un número significativo de puestas repetitivas y de larga duración, donde el coste de los forros y la mano de obra se distribuye a lo largo de un período extenso de uso. En estas condiciones, el ahorro en comparación con el uso de encofrados de marco puede ser considerable.

A pesar de ello, la utilización del encofrado de vigas y correas es indispensable para los elementos verticales en diversas circunstancias:

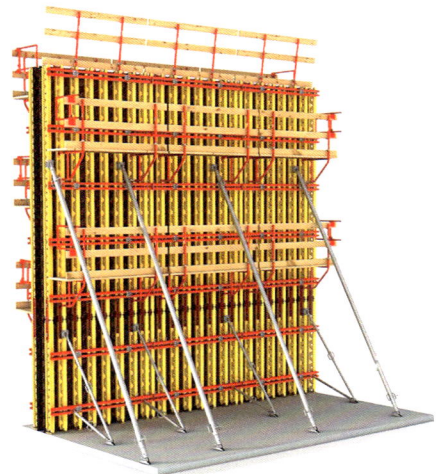

Figura 6.35. Encofrado para muros con vigas. *Fuente:* https://www.peri.cl/products/formwork/wall-formwork/vario-gt-24-girder-wall-formwork.html

▸ En ciertos proyectos, se busca una disposición particular de anclajes por motivos estéticos, lo que implica una distribución específica de piezas de forro en términos de tamaño y posición. A diferencia de los encofrados de marco con dimensiones fijas y puntos de anclaje predefinidos, los encofrados de vigas y correas permiten adaptar vigas, rieles, forro y orificios de anclaje a diversas geometrías.

▸ En proyectos que buscan minimizar el resalte de la huella de las juntas, los encofrados de vigas permiten ejecutar juntas a testa entre tableros de forro, logrando una huella casi inapreciable en el paramento. A diferencia de los encofrados de marco, donde el bastidor deja su marca en el hormigón, los encofrados de vigas permiten atornillar el forro desde la viga, eliminando del paramento las huellas de las cabezas de los clavos.

▸ En proyectos con requerimientos específicos para el uso de ciertos forros, los encofrados de marco pueden dañarse al clavar los forros sobre ellos. En cambio, los encofrados de vigas y correas permiten utilizar varios tipos de forros, como tablas o tablillas, machihembradas o no, cepilladas o no, etc.

▸ En proyectos con presiones de hormigón fresco superiores a las toleradas en elementos de marco, los encofrados de vigas y correas reparten las vigas, las correas y los orificios de anclaje según la presión. Si se emplean encofrados de marco con presiones más elevadas, es necesario prescindir de los elementos de mayor superficie y utilizar barras de anclaje más robustas que las convencionales, determinando el tamaño máximo del elemento posible en función de la presión máxima.

6.6.1. Encofrados de muros

A diferencia de los pilares y las vigas, que se caracterizan por su estrechez y longitud, los encofrados de muros y paredes requieren tableros de gran tamaño acordes con las dimensiones de este tipo de obra.

Los encofrados de muros se componen por paneles recuperables de encofrado, cuya superficie encofrante generalmente es de madera, y en algunos casos, metálicos. Estos paneles se soportan por bastidores de acero o vigas de madera o acero interconectadas, exigiéndose en muchos casos acabados vistos. Además de los modelos tradicionales, existe la posibilidad de utilizar módulos prefabricados con dimensiones predeterminadas por el fabricante o encofrados a medida.

Así pues, los encofrados de muros se pueden clasificar en tres grandes grupos:

▶ Los construidos en la misma obra a base de un entablado de contrachapado o de tablas, costillas y carreras.

▶ Los prefabricados y montados en obra, consistentes en entablados de contrachapado o de tablas que se unen a elementos de madera.

▶ Los paneles de encofrado prefabricados y patentados, que emplean paramentos de contrachapado unidos y protegidos.

La Figura 6.36 ilustra el encofrado tradicional de madera, el cual ha caído en desuso, salvo para proyectos de menor escala o para abordar secciones de muro que presenten dificultades para encofrar con los sistemas modulares actuales.

Para contrarrestar la presión ejercida por el hormigón fresco y garantizar la alineación entre las dos caras del encofrado, se emplean tirantes de acero o latiguillos (generalmente una barra corrugada de unos 6 a 8 mm de diámetro) que atraviesan el muro. Estos se aseguran al encofrado mediante cuñas metálicas o llaves excéntricas dentadas conocidas como perrillos o ranas. Al retirar el encofrado, los tirantes quedan incrustados en el hormigón, sobresaliendo en ambas caras, lo que requiere su corte a nivel de la superficie. Este proceso constituye un punto susceptible a la oxidación y deterioro del muro. Cuando la altura de los muros supera los 3 m, se recomiendan ejecutar ventanas de hormigonado. No es aconsejable verter el hormigón desde una altura elevada, pues puede provocar la disgregación de los materiales.

Entre las dos caras internas del encofrado se disponen codales de madera para contener la presión de los tirantes y mantener el ancho previsto del muro. Estos codales se van retirando progresivamente conforme avanza el vertido del hormigón.

Cuando se trata de muros a dos caras, ya sean circulares o rectos, los esfuerzos del hormigonado a través del panel se transmiten a tirantes internos que atan las dos caras encofrantes. En el caso de muros a una cara, se precisa el respaldo de estructuras metálicas para transferir la carga del encofrado a una

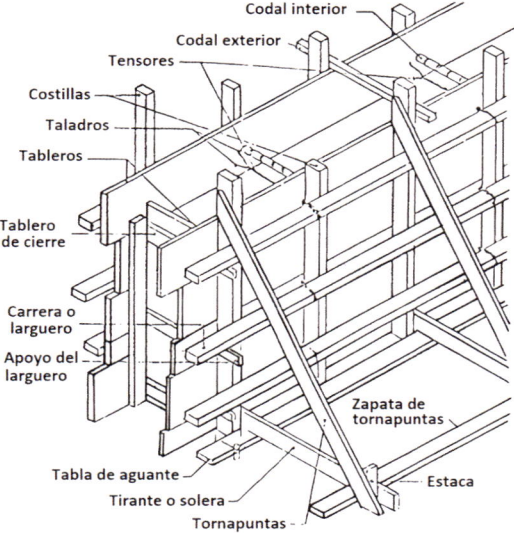

Figura 6.36. Encofrado de muro a dos caras por el sistema tradicional de madera.
Fuente: https://www.elconstructorcivil.com/2011/

cimentación previamente preparada con anclajes perdidos. Estos encofrados verticales presentan agrupaciones de elementos:

▸ El sistema encofrante, que da textura y soporta la presión del hormigón fresco.

▸ La estructura de soporte, constituida por un marco exterior y unas costillas interiores de refuerzo.

Los encofrados tipo marco operan estructuralmente como un emparrillado plano, apoyándose en los anclajes. En la fase inicial, el encofrado recibe las cargas generadas durante el hormigonado y las distribuye hacia los perfiles que conforman el marco. A su vez, este marco transfiere las cargas desde el forro a los anclajes, especialmente en el caso de los encofrados de

Figura 6.37. Disposición en obra de un encofrado vertical de muro.
Fuente: V. Yepes.

Figura 6.38. Encofrado para muros con vigas.
Fuente: https://www.peri.es/productos/
encofrados/encofrados-para-muros/vario-gt-24-
girder-wall-formwork.html#&gid=1&pid=1

doble cara. Los anclajes trabajan principalmente en tracción para sostener el marco.

En los encofrados de una sola cara, los elementos tipo marco transfieren estas cargas hacia una estructura de soporte. En un encofrado de vigas, el forro recibe la presión del hormigón fresco y la distribuye a las vigas, asumiendo la forma de una carga distribuida. Cada viga desempeña la función de una viga continua, con tantos puntos de apoyo como correas tenga el componente. A su vez, cada correa funciona como una viga continua con tantos puntos de apoyo como anclajes estén posicionados sobre él, en el caso de muros encofrados a dos caras, o como estructuras de soporte en el caso de muros encofrados a una cara. Los anclajes soportan las correas, resistiendo todas las cargas transmitidas a través de ellos en forma de tracción.

Los anclajes se componen de barras de acero de alto límite elástico con rosca autolimpiante. Estos elementos se denominan espadas o espadines. El diámetro más común es de Ø15 mm, aunque en situaciones de elevadas presiones de hormigón fresco se recurre a diámetros mayores, como Ø20 mm. Las propiedades de las barras de anclaje comerciales están reguladas por la norma DIN 18.216, que establece los coeficientes de seguridad para el cálculo de estas barras (γ_F = 2 para las acciones). Según lo establecido en dicha norma, el valor característico de la tracción máxima admisible es de 90 kN para barras de Ø15 mm y de 150 kN para barras de Ø20 mm.

La transmisión de la carga desde el elemento encofrante hacia la barra, en forma de tracción, se logra a través de una placa de reparto y una tuerca. En muchos casos, los fabricantes integran estos dos componentes en una única pieza.

La barra atraviesa el elemento que será hormigonado, y el conjunto se mantiene en equilibrio debido a que la presión de hormigonado y, por consiguiente, la tracción ejercida sobre la barra, es igual en ambas caras. Para recuperar la barra de anclaje después de que el hormigón ha fraguado, se coloca dentro de un tubo pasamuros que cuenta con conos o trompetas en ambos extremos, generalmente fabricados en PVC. Suelen tener un diámetro de 22 y 26 mm.

En la actualidad, los elevados costes de mano de obra en el sector de la construcción demandan encofrados cada vez más simples y eficientes. La mayoría de las empresas optan por sistemas prefabricados de uso universal. Estos sistemas permiten modular paneles con pocas piezas diferentes, abordando de manera sencilla, segura y económica las necesidades específicas de la obra. Además, el diseño de los paneles planos facilita un almacenamiento y transporte óptimos.

La resistencia y versatilidad de los paneles modulares hacen de este sistema un producto capaz de abordar con sus elementos estándar la mayoría de situaciones que surgen tanto en edificación como en obra civil. Ya sea para muros de hormigón rectos, circulares, irregulares o para las intersecciones entre estos. Este sistema también permite definir la textura del hormigón al posibilitar la colocación de elementos fácilmente adheribles al panel. De esta manera, se logran texturas de acabado y estética exigidas para el hormigón visto.

6.6.2. Encofrados de pilares

Los encofrados para la ejecución de pilares pueden ser los tradicionales de madera y los prefabricados, normalmente metálicos y de madera, aunque también se pueden utilizar otros materiales como el plástico o el cartón plastificado. Los encofrados tradicionales de madera prácticamente no se utilizan, salvo casos especiales donde no sea posible el uso de los sistemas modulares modernos. Es el caso de pilares de medianera en edificios colindantes, donde no es posible encofrar una de las caras.

En este método, se utilizan cuatro piezas de madera cortadas a medida, las cuales están rodeadas por barrotes, crucetas o abrazaderas de madera o metal, cuya finalidad es resistir la presión ejercida por el hormigón (Figura 6.39). Aunque es una opción económica, su productividad es inferior en comparación con otras modalidades de encofrado.

Si el pilar va a quedar visto, es habitual achaflanar las esquinas disponiendo una moldura de sección triangular, conocida como berenjeno, fabricada en madera o plástico. Estos listones tienen como objetivo biselar las esquinas del pilar para evitar la rotura de las esquinas y la aparición de árido sin recubrimiento o coqueras. Además, en el caso de una tipología estructural singular, como un pilar con capitel o con una sección especial, los encofrados de madera se adaptan sin problema.

Durante la colocación de los tableros, se debe garantizar la verticalidad de los pilares, mediante el proceso de aplomado. Esta tarea es esencial, pues un pilar desplomado refleja falta de precisión y cuidado, además de las excentricidades que pueden adquirir las cargas sobre ellos.

Para mantener la verticalidad deseada y asegurar que el pilar esté correctamente alineado durante el hormigonado, se pueden emplear tornapuntas para fijar su posición con precisión. Es fundamental verificar que ambos lados estén en la debida posición, pues de lo contrario, el pilar podría desviarse. Donde no se

Figura 6.39. Encofrado de madera para pilares.
Fuente: A. J. Sánchez Garrido.

tengan pilares aislados, es más conveniente disponer arriostramientos en forma de cruces de San Andrés que tornapuntas. Estas cruces se clavan entre los pilares, ya sea mediante castilletes, que también facilitan la puesta en obra del hormigón, o mediante el uso de tornapuntas y encofrados de vigas.

Sin embargo, lo habitual es el uso de encofrados industrializados. Este tipo de encofrado consiste en paneles diseñados para ser reutilizados con el fin de soportar diversas cargas, optimizar la productividad en la obra y lograr un acabado de alta calidad y uniforme (Figura 6.40). Estos encofrados se montan rápidamente en la obra, al tiempo que disminuye la necesidad de mano de obra y el tiempo de utilización de grúas. Suelen suministrarse por empresas especializadas, siendo importante elegir el sistema que más se adapte a las necesidades o a los procesos de trabajo previstos.

6.6.2.1. *Encofrados metálicos prefabricados para columnas y pilares*

En el caso de pilares o columnas, el sistema más utilizado es el encofrado marco. Está formado por un bastidor metálico con cara encofrante de chapa de acero o de tablero contrachapado. Estos paneles se encuentran normalizados, con dimensiones habituales entre los 50 y 100 cm de anchura y unos 3 m de altura, para permitir el manejo por los operarios y pensados para secciones cuadradas y rectangulares.

El bastidor o marco puede ser de acero o de aluminio. En el caso del aluminio, su manejo puede realizarse manualmente sin requerir el uso de grúas. Aunque los paneles son similares a los utilizados en el encofrado de muros, se distinguen por su sistema de montaje, lo que impide su intercambio entre sí.

Figura 6.40. Encofrado prefabricado para pilares.
Fuente: https://www.alcogrupo.es/maquinaria-construccion/producto/encofrados-y-entibaciones/
encofrado-para-pilares/

Los paneles para pilares se ensamblan entre sí perpendicularmente mediante tornillos de montaje insertados en agujeros preparados en el encofrado
(Figura 6.41). Estos agujeros están espaciados cada 5 cm para ajustarse a los
distintos anchos de los pilares, ya sean de sección cuadrada o rectangular (con
un lado mínimo de 25 cm y aumentando de 5 en 5 cm).

Se colocan tapones de plástico en los agujeros no utilizados para prevenir
la fuga de lechada de cemento. Como resultado, la línea de tapones queda impresa en el hormigón, lo que desaconseja dejar el pilar visto. Para evitar este
problema, los paneles también pueden unirse mediante escuadras metálicas
colocadas en el exterior del encofrado. En este caso, los paneles no requieren
agujeros, lo que permite un acabado liso del hormigón, sin marcas visibles.

Es posible realizar numerosas
puestas (2-20, según el sistema) así
como recuperar el sistema para sucesivos ciclos. Para reducir los tiempos
de montaje, se simplifica la sujeción
mediante cuña y chaveta, efectuando
la unión por disposición a tope de sus
planos. La mayor ventaja es que su rigidez evita el uso de puntales a modo
de tornapuntas, aunque en el caso de
superar los 4 m de altura, o con el fin
de facilitar su aplomado, puede ser
conveniente utilizarlos.

Figura 6.41. Regulación de las posibles dimensiones del pilar.
Fuente: A. J. Sánchez Garrido.

Figura 6.42. Encofrado metálico para pilares.
Fuente: http://www.metalma-
chine.com.ec/seccion/105/
encofrado_metalico_para_columnas

La secuencia básica de construcción utilizando este tipo de encofrado
es la siguiente:

1. Los encofrados para columnas
   se ensamblan y posicionan sobre o alrededor de la armadura.
2. Los encofrados se aseguran
   y refuerzan adecuadamente
   mediante puntales.
3. Se vierte el hormigón en el interior del encofraco.
4. Una vez que el hormigón ha
   endurecido lo suficiente, se
   retiran los encofrados y se trasladan a la siguiente posición,
   ya sea de forma manual o mediante el empleo de una grúa.

Hay que recordar la importancia de dejar una abertura o ventana de limpieza en
la parte inferior del encofrado, en contacto con el suelo, para realizar una limpieza exhaustiva de la base de hormigón sobre la cual se levantará el pilar, justo
antes del vertido del hormigón. Efectivamente, durante el proceso de encofrado,
es inevitable que caigan desechos de madera, clavos, entre otros materiales.

En el caso de que el pilar tenga una altura considerable, es prudente prevenir
que el hormigón caiga desde tan alto, lo que podría causar una segregación de
los materiales, con los gruesos asentándose primero y los finos después. Para
evitar esta situación, se recomienda dejar una ventana a mitad de la altura del
pilar. Esta ventana permitirá verter el hormigón a su través, cerrarla adecuadamente y luego continuar llenando el encofrado desde su parte superior.

6.6.2.2. Encofrados desechables de cartón para columnas y pilares

Los encofrados desechables de cartón plastificado son la elección ideal para la
construcción de columnas y pilares, especialmente cuando tienen forma redon-
da, aunque también sirven para formas cuadradas o rectangulares (Figura 6.43).
Están disponibles en una amplia variedad de diámetros, que van desde 150 hasta 1300 mm, y alturas que oscilan entre 3 y 12 m, presentando un espesor de
9 mm.

Su creciente popularidad en el ámbito de la construcción se debe a la excelente calidad del acabado que proporcionan. Existen dos tipos de acabado interior:
el estándar, que muestra una espiral inherente a la fabricación del encofrado, y el
liso, donde el interior está revestido con bandas de K.A.P. (papel kraft, aluminio y

polietileno) para evitar juntas, logrando así una superficie completamente lisa en el pilar (Figura 6.44).

El desencofrado es un proceso rápido, con un tiempo promedio de un minuto, y permite realizar ajustes mediante simples cortes y adiciones con un serrucho y cinta adhesiva. Además, su ligereza facilita su manipulación, pudiendo manejarse el molde por una persona y sin ayuda de grúas. Los encofrados desechables pueden dejarse en su lugar durante un período prolongado para facilitar el curado y el aumento de la resistencia del hormigón antes de retirarlos.

En cuanto a las opciones disponibles, destacan:

1. Gran diámetro: una serie de encofrados circulares desechables diseñados para diámetros de 650 a 1500 mm.

2. Cuadrado: un sistema para pilares con secciones cuadradas o rectangulares, obtenido mediante la combinación de un contramolde exterior cilíndrico y un molde interior de poliestireno expandido. La altura estándar es de 3 o 4 m, y las secciones pueden ser de cualquier combinación, desde 200 hasta 1000 mm. El aislamiento térmico del encofrado permite que el hormigón fragüe con su propia humedad.

Figura 6.43. Encofrado desechable de sección cuadrada y rectangular.
Fuente: https://www.grupovalero.com/productos/soluciones-constructivas/encofrados/cuadrado/

Figura 6.44. Encofrado de cartón para columnas y pilares.
Fuente: https://www.grupovalero.com/productos/soluciones-constructivas/encofrados/cuadrado/

Una de las cualidades más destacables es el acabado pulido de las superficies y la ausencia de uniones, lo que garantiza resultados estéticos muy atractivos y de alta calidad. No obstante, uno de los inconvenientes es que, en ciertos casos donde el soporte quedará visible, puede dejar una línea en espiral marcada en la superficie.

Para garantizar la calidad del hormigonado, hay que retirar cuidadosamente el encofrado rompiendo el molde a lo largo de su generatriz, para así detectar defectos en el hormigón. Tras esta comprobación, se recomienda volver a fijar el encofrado con alambre o cinta de embalar para prevenir cualquier daño durante la ejecución de la obra.

Entre los fallos que pueden surgir al utilizar este tipo de encofrados, se destacan los siguientes:

1. Si el acabado interior es de plástico, cualquier corte en la lámina puede provocar que el hormigón se filtre entre la lámina y el revestimiento exterior. Por tanto, es fundamental evitar dañar el interior al insertar el molde entre las armaduras.

2. En el caso de los revestimientos interiores hechos de cartón plastificado, el problema suele ser su adherencia puntual al hormigón. Ocasionalmente, el molde puede deformarse si se golpea durante el almacenamiento en obra, lo que se reflejará en el soporte hormigonado.

3. Es imprescindible asegurarse de que los moldes estén limpios en su interior, sin restos de ningún tipo.

En conclusión, los encofrados de cartón son una opción habitual en la construcción de columnas y pilares debido a su excelente acabado. Sin embargo, es importante tomar precauciones para evitar posibles problemas durante el proceso de hormigonado. Con un manejo adecuado y verificaciones oportunas, se pueden obtener resultados sobresalientes.

6.6.3. Encofrados deslizantes

Los encofrados deslizantes (*slip form*, en inglés) consisten en un molde de poca altura, con la misma forma que las paredes que se van a construir, capaz de configurar una sección de hormigón vertida en él de forma constante y a la misma velocidad a la que se eleva dicho molde (Figura 6.45). Este se cuelga por medio de unos marcos o caballetes de madera o metal a unos dispositivos de elevación soportados por barras metálicas o por otros elementos que se apoyan sobre los cimientos o sobre el hormigón endurecido. El hormigón se vierte en el encofrado, y a medida que se endurece se levanta progresivamente el encofrado, que es arrastrado por los dispositivos de elevación de los que está colgado. Se trata de un sistema de encofrado independiente que requiere poco tiempo de grúa durante la construcción.

Los encofrados deslizantes se utilizan preferentemente en obras de gran altura, sección constante o que varía levemente con la altura y espesores también ligeramente variables, como ascensores, escaleras, torres, entre otros. Hoy día es posible realizar variaciones importantes en el espesor de la sección, aunque ello supone cierta dificultad añadida. En silos y estructuras que así lo permitan, se suele hormigonar con grúa torre. Su utilización se ha extendido hasta complicadas estructuras inclinadas y combinables con elementos prefabricados en estructuras compuestas.

La puesta en obra del hormigón, el montaje de las armaduras, de los marcos de puertas y ventanas, de los moldes para crear aberturas, etc., se realiza conforme se eleva el encofrado, a partir de una plataforma de trabajo que se encuentra al nivel de su borde superior. Desde esta plataforma se cuelga, 3 o 4 m por debajo, una o dos plataformas inferiores, desde donde se vigila la calidad del vertido del hormigón. El encofrado deslizante se eleva continuamente a una velocidad de 5 a 30 cm/h, según el endurecimiento del hormigón.

Figura 6.45. Ejemplo de encofrado deslizante. Gothia East Tower, noviembre de 2012. *Fuente:* https://es.wikipedia.org/wiki/ Encofrado_deslizante

El sistema es rápido, al estar industrializado, pero tiene un fuerte coste de primera instalación, por lo que solo es rentable con alturas muy importantes (en pilas se prefieren alturas por encima de 70 m) o con alturas menores si el número de piezas a deslizar en la misma obra es muy significativo. El encofrado se puede retirar a las 4-12 horas después de puesto en obra el hormigón. El trabajo no se debe interrumpir —aunque son posibles, adoptando las medidas apropiadas—, por lo que se necesitan 2 o 3 turnos. Ello significa que la construcción se puede elevar entre 1,5 y 6 m al día.

Por tanto, cuando se usa un encofrado deslizante, los procesos de armado, encofrado, hormigonado y desencofrado se ejecutan de forma simultánea y continua. La forma de elevar el molde, que en sus inicios fue manual, ahora se efectúa de forma mecánica mediante sistemas hidráulicos, con un ascenso automático y a la velocidad deseada. Se pueden distinguir fundamentalmente dos tipos de encofrados deslizantes, los empleados para obras en vertical (silos, pozos, chimeneas, pilas, etc.) y los destinados a obras en horizontal (canales, etc.).

Normalmente, el sistema de encofrado cuenta con tres plataformas. La plataforma superior actúa como área de almacenamiento y distribución, mientras que la plataforma intermedia, que se encuentra en la parte superior del nivel del hormigón vertido, es la principal área de trabajo. Por su parte, la plataforma inferior brinda acceso para el acabado del hormigón.

La secuencia básica de construcción utilizando este encofrado es la siguiente:

1. Se ensamblan el encofrado y la plataforma de acceso en el suelo.
2. El ensamblaje se eleva mediante gatos hidráulicos.
3. A medida que el encofrado se eleva continuamente, se requiere un suministro constante de hormigón y armaduras hasta que la operación esté finalizada.
4. Al culminar la operación, el encofrado se retira con una grúa.

Este sistema se empezó a emplear en Estados Unidos en 1903 y en 1924 en Europa, en la construcción de silos. Sin embargo, pronto se empezaron a construir otro tipo de obras como pilas de puente, depósitos elevados de agua o faros. En España las primeras realizaciones son de finales de los años cuarenta del siglo pasado, también en silos de grano.

En España destaca la realización con este método de la chimenea de la central térmica de Puentes de García Rodríguez (propiedad de Endesa) que cuenta con una altura de 356 m y un diámetro de 36 m en la base (espesor de 1,25 m) y de 18 m en coronación (espesor de 0,25 m). Esta chimenea (Endesa Termic), que comenzó a construirse en 1972 y cuyo funcionamiento empezó en 1976, fue realizada por Entrecanales y Távora S.A., fue en su momento la más alta de Europa y la tercera del mundo (Figura 6.46).

A continuación, se resumen algunas ventajas del sistema.

Figura 6.46. Endesa Termic, chimenea de la central térmica de Puentes de García Rodríguez.
Fuente: Wikipedia.

a. Se realizan de forma simultánea varias operaciones, que en otros métodos deben hacerse de forma sucesiva, lo que supone una reducción del plazo de ejecución.

b. Se suprimen tiempos muertos y cuellos de botella en las operaciones.

c. Se consigue una gran velocidad de ejecución (hasta 6 m/día), con una muy buena calidad de obra.

d. Se logra un gran número de reutilizaciones de los paneles.

e. Es posible la construcción de obras de gran altura sin andamiajes, aplicando sistemas de elevación para personal y materiales.

f. Se obtienen economías significativas de mano de obra, al mecanizarse gran parte de las operaciones.

g. Continuidad en la ejecución, incluso en tiempo frío, tomando las medidas que garanticen el endurecimiento del hormigón.

h. Muy buen acabado de obra, debido al monolitismo, sin juntas frías, y a la uniformidad.

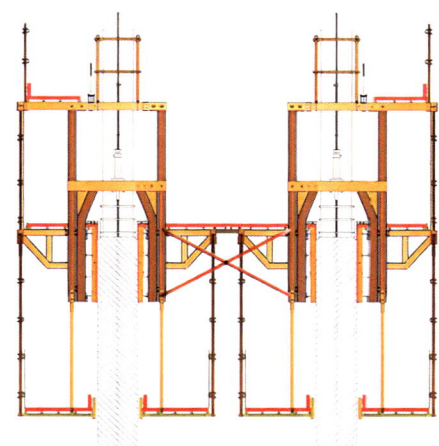

Figura 6.47. Esquema de encofrado deslizante. *Fuente:* http://www.larsson.com.ar/web/index. php/es/encofrados-deslizantes

En contrapartida a las ventajas anteriores, el sistema exige las siguientes condiciones para su uso:

a. Estudio y redacción de todo un proyecto de encofrado mecanizado por técnicos competentes.

b. La ejecución de las obras debería estar a cargo de técnicos que hayan aplicado ya el método.

c. Organización perfecta de la ejecución, con personal muy especializado, que asegure el trabajo las 24 horas.

d. Fabricación y montaje de encofrados con gran exactitud, con tolerancias muy estrictas.

La unidad fundamental del equipo son los gatos de trepa. Son huecos y a su través pasa un tubo de acero que es la barra de trepa, que se apoya en la cimentación. El gato dispone de dos juegos de cuñas dentadas que se clavan en la barra alternativamente y hacen que ascienda a lo largo de la misma. Del gato cuelgan dos vigas de acero por medio de una transversal que forman lo que normalmente se denomina yugo o caballete (Figura 6.49). Desde los yugos se suspende el

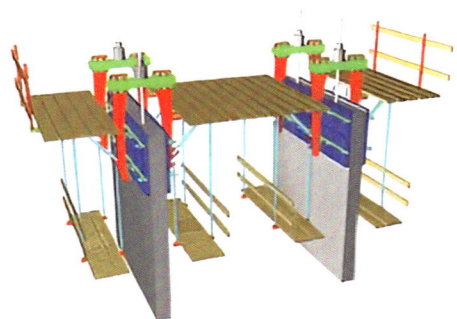

Figura 6.48. Esquema de encofrado deslizante. *Fuente:* http://www.larsson.com.ar/web/index. php/es/encofrados-deslizantes

Figura 6.49. Imagen del yugo en el encofrado deslizante.
Fuente: https://victoryepes.blogs.upv.
es/2016/11/11/encofrados-deslizantes/

encofrado y el resto de estructuras, andamios y plataformas necesarias para las tareas de ferralla, colocación del hormigón, etc., as´ como los mecanismos de reducción de diámetro y espesor. Los procedimientos de hormigonado varían dependiendo del tipo de estructura. Lo usual en estructuras muy altas como chimeneas o torres de comunicación, es colocar un ascensor en el centro suspendido de unas estructuras radiales y guiado mediante unos cables tensados. En él sube una tolva de hormigón y, retirada esta, sirve también para el ascenso de ferralla y del personal. La vibración se realiza normalmente con aguja.

Los elementos de un sistema de encofrado deslizante vertical son los siguientes (Figura 6.50):

a. Paneles: son los tableros del encofrado propiamente dicho.

b. Caballetes: para arrastrar los paneles, a los que se anclan.

c. Barras de apoyo: sobre las que se transmite el esfuerzo de elevación.

d. Dispositivo de elevación: normalmente gatos o crics, actúan sobre los caballetes para elevar los paneles apoyándose en las barras.

e. Plataformas de trabajo: permiten acceder a los diversos puntos de trabajo y control.

f. Redes de las diferentes instalaciones: necesarias para el funcionamiento del encofrado.

Los encofrados deslizantes son una técnica de construcción de gran interés, especialmente ante el desafío de estructuras altamente esbeltas, como pilares de puentes, chimeneas industriales, silos o torres solares. Este procedimiento se basa en el uso de un encofrado rígido que se desplaza verticalmente a un ritmo controlado de 5 a 20 cm/h. El proceso comienza con la colocación del hormigón en el encofrado en capas sucesivas. A medida que el hormigón se endurece, el encofrado se eleva gradualmente mediante dispositivos de elevación, como gatos hidráulicos, impulsado por un sistema hidráulico. A continuación, se dan unas recomendaciones relacionadas con los aspectos constructivos de la técnica.

Se lleva a cabo un deslizamiento continuo durante las 24 horas del día para evitar la formación de juntas frías. Por tanto, es crucial garantizar un suministro constante de materiales como hormigón y acero, así como electricidad y acceso

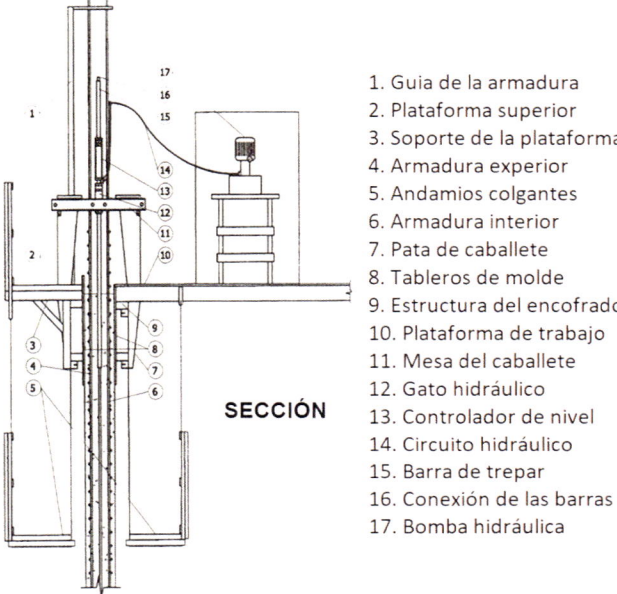

1. Guia de la armadura
2. Plataforma superior
3. Soporte de la plataforma
4. Armadura experior
5. Andamios colgantes
6. Armadura interior
7. Pata de caballete
8. Tableros de molde
9. Estructura del encofrado
10. Plataforma de trabajo
11. Mesa del caballete
12. Gato hidráulico
13. Controlador de nivel
14. Circuito hidráulico
15. Barra de trepar
16. Conexión de las barras
17. Bomba hidráulica

SECCIÓN

Figura 6.50. Sección y elementos de un encofrado deslizante.
Fuente: https://victoryepes.blogs.upv.es/2016/11/11/encofrados-deslizantes/

a la obra. Es de vital importancia garantizar que el hormigón presente características uniformes, pues cualquier variación en su dosificación puede ocasionar arrastres en la superficie y defectos que requerirán reparación. Además, los cambios en las condiciones climáticas pueden afectar al tiempo de fraguado, por lo que es necesario controlar la consistencia y dosificación del hormigón, junto con el control de la resistencia. Otro factor relevante es asegurar un suministro continuo de hormigón, ajustado a la frecuencia y cantidad necesarias de acuerdo con el ritmo de elevación del encofrado.

En cuanto al proceso constructivo, se recomienda llevar a cabo el hormigonado, la colocación de armaduras y el montaje de puertas, ventanas y placas de manera progresiva a medida que el encofrado se eleva desde una plataforma de trabajo ubicada al nivel del borde superior en ambas caras. Se emplean plataformas adicionales para el control y revisión de la superficie. El peso de estas plataformas y del encofrado deslizante se carga mediante los gatos en los tubos de trepa, los cuales permanecen en el hormigón hasta que se complete el deslizamiento. Luego, se retiran junto con la camisa exterior elevada con el encofrado, creando un espacio fraguado debajo donde se alojan los tubos a lo largo de toda la altura.

Con el fin de prevenir posibles accidentes por caídas de objetos, es necesario delimitar una zona alrededor del área de construcción, a una distancia equivalente a una cuarta parte de la altura de los trabajos, medida desde el borde exterior de la obra. Se recomienda contar con un especialista en encofrado deslizante en la obra para garantizar un manejo adecuado y una respuesta eficiente ante situaciones complejas.

Dadas las condiciones particulares de cada obra y la necesidad de trabajar de forma continua durante 24 horas, se deben implementar medidas adicionales de seguridad, como señalización de advertencia, iluminación nocturna y redes de protección. Asimismo, resulta fundamental prestar especial atención a la nivelación de la superficie de apoyo del encofrado durante el montaje y llevar a cabo un replanteo inicial preciso. Para lograr un rendimiento óptimo, se requiere un equipo con experiencia en el sistema para minimizar los tiempos de inactividad entre las distintas actividades.

En cuanto al control de la verticalidad, es importante realizar un seguimiento periódico de la nivelación de los gatos y realizar los ajustes necesarios de forma manual. Esto contribuirá significativamente a prevenir desplomes. Además, se debe verificar la verticalidad de la obra una vez finalizada, utilizando plomadas de gravedad, plomadas ópticas o plomadas láser. Asimismo, se debe evitar la rotación en planta de la sección transversal mediante la disposición de perfiles longitudinales lo suficientemente rígidos.

6.6.4. Encofrados trepantes

Un encofrado trepante (*jump form*, en inglés) es una estructura que, mediante soluciones hidráulicas y mecánicas, se eleva sin necesidad alguna de grúa, levantando consigo el encofrado (Figura 6.51). La gran ventaja de este sistema es que no necesita apoyarse en el suelo. Los sistemas trepantes, mediante anclajes instalados en cada fase de hormigonado, se apoyan en la tongada del hormigón ya fraguado de la fase anterior y sirven para conformar una plataforma de trabajo en altura. Este sistema se basa en guías de acero fijadas a la propia estructura con anclajes recuperables que sustentan plataformas de trabajo donde se sitúan a su vez los encofrados verticales.

El encofrado trepante consta de un elemento vertical que incluye una plataforma de trabajo en voladizo en su parte superior. Bajo esta plataforma, se encuentran alojados los gatos o tornillos sin fin utilizados para ajustar el encofrado. Esta estructura se monta sobre las vigas de la consola de trepado (elemento trepador), debajo de las cuales se ubica una tercera plataforma de trabajo destinada a la recuperación de los anclajes y al repaso.

El sistema de encofrado trepante es ideal para construir elementos verticales de hormigón en estructuras de gran altura, núcleos de edificios, ascensores, escaleras y pilotes de puentes. Estos elementos se construyen en un proceso escalonado y se caracterizan por su alta productividad, aumentando la velocidad y eficiencia mientras se minimiza el tiempo de trabajo y el uso de grúas.

En los primeros encofrados trepantes no existía conexión entre el encofrado y el andamio. Ello implicaba bajar el encofrado al suelo en cada trepada, lo que consumía tiempo de

Figura 6.51. Imagen del yugo en el encofrado deslizante.
Fuente: Farina Destil, vía Wikimedia Commons.

grúa y varios días en la ejecución de cada tongada. Hoy en día, el encofrado y el andamio forman un conjunto fuertemente estandarizado, de forma que se consigue una trepa diaria.

La presión del hormigón en los encofrados trepantes a dos caras se absorbe mediante los anclajes pasantes que atan los encofrados de las caras opuestas del elemento a hormigonar. Este no es el caso de los encofrados trepantes a una cara (caso de un pozo contra el terreno), y tampoco cuando la distancia entre caras opuestas sea tan grande que haga inviable la utilización de anclajes pasantes (por ejemplo, un bloque de presa).

Los factores cruciales que influyen en la resistencia del anclaje son los siguientes:

- ▶ Profundidad del anclaje: la profundidad a la que se inserta el anclaje en el material influye directamente en su resistencia y estabilidad.
- ▶ Resistencia efectiva del hormigón: la capacidad de carga del anclaje depende en gran medida de la calidad y resistencia del hormigón que lo rodea.
- ▶ Distancia al borde del anclaje: la distancia desde el anclaje hasta el borde de la superficie también juega un papel esencial en la resistencia y durabilidad del sistema de anclaje.
- ▶ Capacidad de carga del anclaje: la capacidad intrínseca del anclaje para soportar cargas determina su eficacia en aplicaciones específicas.

En el mercado, predominan dos sistemas principales de anclajes. El primero consiste en barras roscadas de diversos tamaños y clases de acero. El segundo incluye tornillos de cabeza hexagonal fabricados con la calidad de acero adecuada. Además, se encuentran conos metálicos con tirante, los cuales quedan empotrados en la masa de hormigón, ofreciendo opciones variadas y adaptadas a diferentes necesidades.

Estos encofrados se utilizan cuando la altura de la estructura es considerable. Con ello se consiguen distintos objetivos:

▸ Evita las altas presiones que se producen al colocar el hormigón.

▸ Reutiliza y amortiza el material del encofrado.

▸ Adapta el ritmo de hormigonado de la estructura al proceso constructivo general (ferrallado, etc.).

▸ Trabajar con seguridad en altura.

Los sistemas de encofrado trepante son modulares y pueden unirse para formar longitudes largas que se adapten a diversas geometrías de construcción. Se pueden clasificar según el movimiento que realizan, el tipo de encofrado (a una o dos caras) y el tipo de consola de trepado (consola fija o móvil). En cuanto al movimiento, existen aquellos en los que la plataforma de trabajo y el encofrado se mueven por separado con grúa de una fase a otra, y aquellos en los que ambos se desplazan conjuntamente a la siguiente fase.

Cuando se traslada simultáneamente la plataforma de trabajo y el encofrado, se pueden identificar tres tipos principales:

1. Encofrado trepante convencional: las unidades se levantan individualmente de la estructura y se trasladan en el siguiente nivel de construcción mediante una grúa (Figura 6.52).

2. Encofrado trepante guiado: también emplea una grúa, pero proporciona mayor seguridad y control durante el levantamiento, pues las unidades permanecen ancladas o guiadas por la estructura.

3. Encofrado autotrepante: no requiere grúa sino que utiliza equipos propios del sistema, pues asciende por rieles en el edificio mediante gatos hidráulicos o mediante el desenganche de las plataformas de recesos internos en la estructura. Es posible conectar los gatos hidráulicos y elevar múltiples unidades en una sola operación.

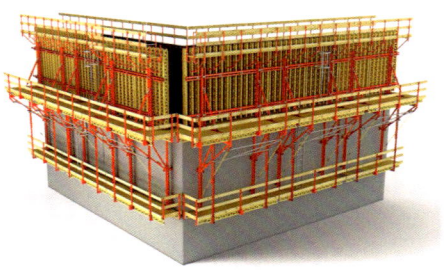

Figura 6.52. Encofrado trepante con grúa.
Fuente: https://www.peri.es/productos/
encofrados/soluciones-para-obra-civil/siste-
mas-de-trepado/cb-climbing-formwork.html

La secuencia básica de construcción utilizando este tipo de encofrado es la siguiente:

1. Se ensamblan el encofrado y la plataforma de acceso en el suelo.

2. Esta combinación de encofrado y plataforma de acceso se eleva mediante una grúa y se fija a anclajes o rieles incorporados (soportes de escalada) atornillados a los elementos de pared inferiores.

3. Una vez que el hormigón vertido ha alcanzado suficiente resistencia, se retira el ensamblaje y se eleva mediante grúa a la siguiente posición. Los sistemas de auto ascenso emplean gatos hidráulicos.

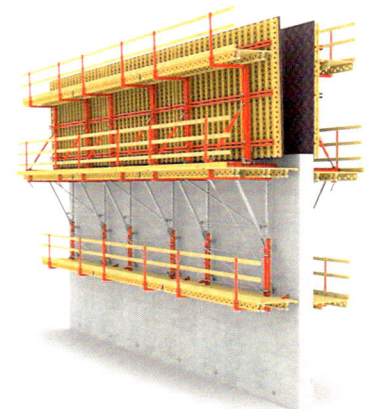

Figura 6.53. Construcción de un muro con encofrado trepante.
Fuente: https://www.archiexpo.com/prod/pe-ri-sas/product-3627-1354809.html

Este ciclo completo puede completarse en poco tiempo, y su duración varía según el tamaño y la complejidad de la construcción.

6.6.4.1. Encofrados trepantes para presas

En el ámbito de las construcciones como presas, galerías, esclusas, diques o edificaciones que enfrentan considerables cargas procedentes del hormigonado, se emplean encofrados trepantes específicos configurados a medida para adaptarse a cambios de inclinación vertical hacia adelante y hacia atrás según el proyecto. Este encofrado es un sistema trepante de una sola cara, en el cual las fuerzas generadas durante la colocación del hormigón se descargan sin la necesidad de anclajes tradicionales (Figura 6.54). En su lugar, se utilizan consolas equipadas con correas y tornapuntas de alta capacidad, transmitiendo las fuerzas hacia el anclaje a través de la consola. Se pueden ejecutar muros con grandes desplomes, con las plataformas de trabajo siempre horizontales.

Figura 6.54. Ejecución de muros de presa con inclinación variable.
Fuente: https://www.ulmaconstruction.com/es/encofrados/encofrados-trepantes/sbd-170-consola-de-trepado-para-presas

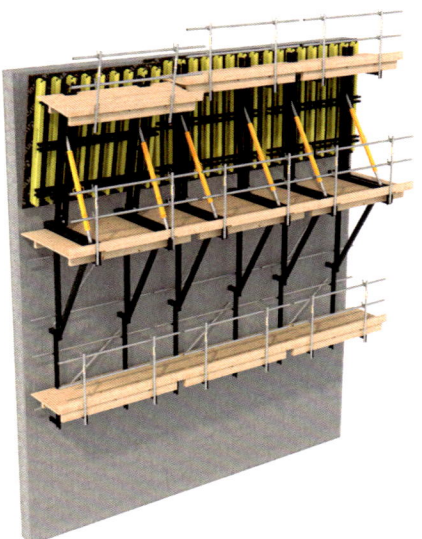

Figura 6.55. Consola de trepado para presas.
Fuente: https://www.ulmaconstruction.
com/es/encofrados/encofrados-trepantes/
sbd-170-consola-de-trepado-para-presas

Estos encofrados son robustos y rentables, eliminando la necesidad de costosos trabajos de terminación al prescindir de anclajes de encofrado que requieran sellado individual. Además, el sistema se desplaza sobre el carro sin necesidad de grúa, facilitando el ferrallado, el montaje de consolas y encofrados, así como el desencofrado de vanos mediante el basculamiento del encofrado.

En el mercado existen soluciones estándar para alturas de bloques de hasta 5 m. Estos medios incorporan plataformas de trabajo amplias, con anchuras de hasta 2,80 m, y garantizan subidas y bajadas seguras entre las plataformas gracias a un sistema de acceso integrado (Figura 6.55).

Los sistemas trepantes empleados en las presas son robustos y rentables para cargas pesadas. Las distancias entre consolas permiten trabajar con módulos de encofrado de gran tamaño, optimizando la capacidad de carga y logrando soluciones económicas.

Además, se emplean anclajes diseñados específicamente para este tipo de consolas. Los conos de trepado descargan los esfuerzos de tracción y transversales en el hormigón, con conos de protección anticorrosiva que se recuperan y reutilizan, dejando únicamente la barra y la contraplaca de forma permanente en el hormigón.

Este sistema permite hormigonar superficies inclinadas, tanto hacia adelante como hacia atrás, incluso en construcciones circulares. La capacidad de montar lateralmente consolas adicionales facilita el encofrado de superficies inclinadas, facilitando la inclinación que indique el fabricante en su manual de producto y posibilitando la instalación de accesos prácticamente horizontales.

6.6.4.2. Encofrado autotrepante variable para pilas de puente inclinadas

Cuando se trata de ejecutar las pilas de puente que sean inclinadas, existen sistemas de encofrado autotrepante que son variables y regulables (Figura 6.56). Las distintas plataformas que componen este sistema pueden ser reguladas en su inclinación, creando así una zona de trabajo horizontal que facilita la realización segura y cómoda de tareas como la colocación de armaduras, el encofrado, el hormigonado y la terminación.

Este sistema permite elevar cuatro niveles de trabajo de una puesta a otra sin necesidad de grúa. Estos niveles incluyen la plataforma de hormigonado, el nivel de encofrado y desencofrado, la plataforma que alberga el sistema hidráulico y los controles, y la plataforma de terminación destinada a desmontar soportes de trepado y conos de anclaje.

Con respecto a los encofrados trepantes inclinados utilizados en los pilonos de puentes y otros paramentos inclinados, como los vistos previamente en una presa, se destaca la importancia de anclar la consola, ya que este

Figura 6.56. Sistema autotrepante para pilas inclinadas.
Fuente: https://www.peri.es/productos/encofrados/soluciones-para-obra-civil/sistemas-de-trepado/acs-self-climbing-system.html

factor condiciona la resistencia del hormigón. Esta limitación no se presenta al trepar elementos verticales, dado que, en ese caso, el hormigón no experimenta flexiones, lo que implica que las resistencias necesarias para el ascenso son considerablemente menores. Es crucial que el proveedor del sistema de anclaje establezca claramente cuál es este límite para asegurar la eficacia del anclaje en situaciones que involucren elementos inclinados.

6.7. Encofrados horizontales

Los encofrados horizontales se configuran como estructuras provisionales auxiliares compuestas por elementos prefabricados metálicos y de madera. Estos componentes se ensamblan para sostener y dar forma al hormigón fresco hasta que adquiera la resistencia adecuada. Los esfuerzos fundamentales que deben soportar corresponden al peso propio del hormigón. Se utilizan para la ejecución de estructuras horizontales, tales como forjados de edificación o losas de puentes. Presentan tres grupos de elementos constituyentes (Figura 6.57):

- ▶ Una superficie encofrante, que proporciona la textura y que permite la transmisión de las cargas.
- ▶ Una estructura horizontal formada por vigas, sopandas o correas, que traslada las cargas de la superficie encofrante a la estructura vertical.

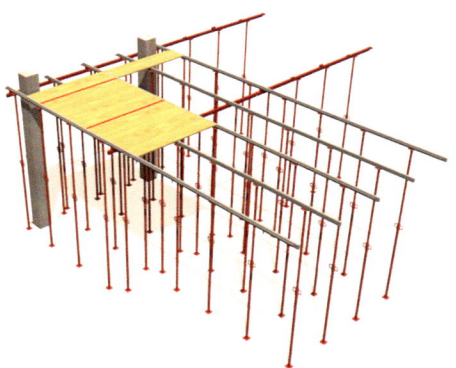

Figura 6.57. Encofrado de forjado.
Fuente: https://www.grupomaq.es/
encofrado-de-forjado/

▶ Una estructura vertical, formada por puntales, que transmite las cargas a los forjados inferiores o al terreno.

Es importante comprobar la disposición correcta del armado del forjado o de la losa, así como la propia preparación del encofrado, el vertido del hormigón, el control de la temperatura y la humedad relativa, así como el empleo de desencofrantes, entre otros factores.

Según la forma de ejecución, los forjados se clasifican en los siguientes tipos:

▶ Forjados *in situ*: empleados en la construcción de losas y forjados bidireccionales, ya sean macizos o aligerados. Requieren la instalación de un encofrado y un apuntalado o cimbrado integral. Además, el aligeramiento, como en el caso de los casetones, puede ser recuperable o perdido.

▶ Forjados parcialmente prefabricados: utilizados en los forjados unidireccionales mediante viguetas o semiviguetas. Este sistema implica la necesidad de un encofrado y apuntalamiento completos de la superficie. Aquí se incluye el forjado con chapa colaborante como encofrado perdido (chapa grecada), donde solo se requiere el apuntalamiento o cimbrado (Figura 6.59).

▶ Forjados completamente prefabricados: construidos con prelosas nervadas o aligeradas, generalmente unidireccionales. Solo es necesario el encofrado y el apuntalamiento o cimbrado en algunas zonas específicas.

Figura 6.58. Aspecto de la superficie de un encofrado para forjado.
Fuente: A. J. Sánchez Garrido.

El encofrado horizontal está formado por la superficie encofrante, la estructura resistente y los elementos sustentantes que transfieren las cargas al suelo. Se pueden distinguir, entre otros, los siguientes elementos (Figura 6.61):

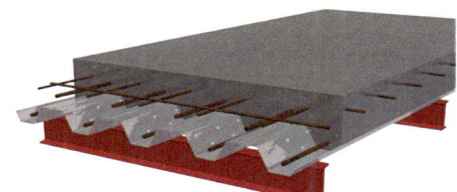

Figura 6.59. Chapa grecada como encofrado perdido.
Fuente: https://mundopa-nelpalma.com/productos/mg-60-220-encofrado-perdido-y-colaborante/

▶ Las correas reticulares, longitudinales o sopandas soportan el peso del forjado y la carga de trabajo, distribuyéndola a los puntales. Sus extremos presentan enganches que facilitan su ensamblaje. En la parte inferior del perfil, se disponen pivotes para ubicar los puntales y repartir las cargas.

▶ El portacorreas reticular, transversal o portasopanda posiciona las correas a distancias predefinidas y permite nivelarlas. Al igual que las correas, los portacorreas pueden ser perfiles de acero laminado o vigas de madera.

▶ El cabezal recuperable o basculante se localiza sobre la correa longitudinal y sirve para la recuperación parcial del encofrado. Incluye un pasador que facilita su montaje y desmontaje al retirar los tableros de apoyo. Cuenta con un seguro o soporte de seguridad para prevenir desmontajes involuntarios.

▶ El cabezal de carga, con forma de horquilla o en U, actúa como elemento de sustentación.

▶ El cabezal de caída posibilita la retirada del encofrado recuperable, mediante un giro de cuña, sin dejar caer los elementos al suelo.

▶ Los tableros, comúnmente de madera, se emplean para cubrir el área donde se vierte el hormigón. Sus dimensiones y geometría varían según las características del forjado o losa. Existen distintos tipos de tableros que permiten acabados y texturas específicas, incluyendo versiones reforzadas que mejoran la resistencia y reducen la deformación bajo las cargas.

Figura 6.60. Tareas de aproximación y fijación de la losa alveolar por parte del operario con sistema de protección anticaídas.
Fuente: https://equiposdetrabajoenaltura.lineaprevencion.com/equipos-de-trabajo/enco-frados/descripcion-general-y-aplicaciones-2/encofrados-horizontales

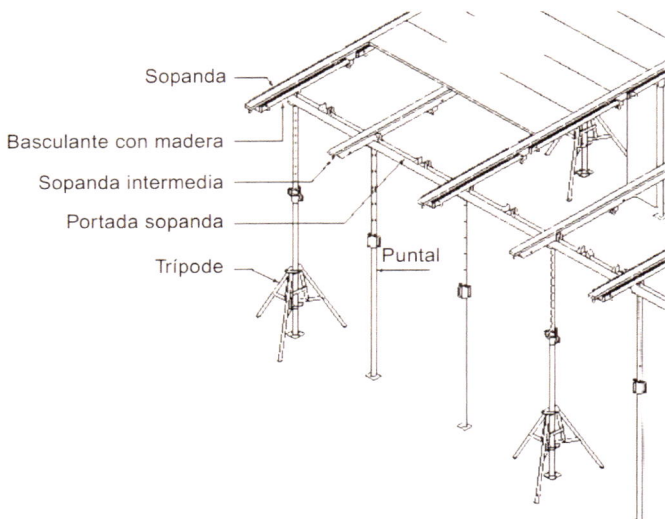

Figura 6.61. Elementos de encofrado continuo para forjados.
Fuente: https://www.insst.es/documents/94886/327401/803+web.
pdf/356bca10-5a29-40a7-8a5d-9ff161913d1f

▶ El puntal, esencial para el apeo del forjado o losa de hormigón, suele ser telescópico de acero. Consisten en dos tubos que pueden desplazarse uno dentro del otro, y se eligen en función de su protección contra la corrosión, de su resistencia y su longitud de extensión máxima.

También destaca el encofrado apoyado en vigas de madera, idóneo para la ejecución de forjados, incluyendo losas macizas, aligeradas, inclinadas, voladizos, remates, vigas de cuelgue, entre otros (Figura 6.62). Este sistema de encofrado destaca por su versatilidad gracias a las vigas independientes, lo que permite una mayor flexibilidad durante el proceso constructivo y garantiza acabados de hormigón vistos de alta calidad.

Además, las vigas de encofrado se complementan de manera efectiva con otros sistemas, como el encofrado de aluminio o premontado. Esta combinación resulta óptima para la edificación de estructuras con características especiales, como superficies irregulares o voladizos, ofreciendo soluciones versátiles y de calidad para un buen número de obras.

Figura 6.62. Vigas de madera como soporte de encofrado.
Fuente: E. Valiente.

6.7.1. Encofrados para forjados de viguetas y losas de edificación

Los tramos de forjados, ubicados entre vigas o muros, pueden encofrarse con madera según el sistema tradicional, lo que genera una plataforma plana sobre la que se pueden disponer todos los elementos constitutivos del forjado, permitiendo trabajar con total seguridad y evitar caídas.

Figura 6.63. Encofrado de viga plana. *Fuente:* https://enriquealario.com/ejecucion-de-forjados-unidireccionales/

Los forjados se hormigonan simultáneamente con las vigas que los sostienen. Dado que el proceso de encofrado de ambos componentes es laborioso, en las estructuras de edificación en España, donde las luces de vigas no son muy amplias (entre 4 y 6 m), se ha optado por el uso de vigas planas de hormigón. Estas vigas tienen el mismo espesor que el forjado, poseen más armadura y son más anchas que las vigas de cuelgue, pero el ahorro que supone prescindir de costeros compensa estas diferencias. De esta manera, la plataforma proporciona el soporte para las vigas y el forjado. En el caso de las losas macizas de hormigón, el encofrado también conforma una plataforma plana.

Las vigas maestras son aquellas que se apoyan en otros elementos de la estructura, como pilares, muros de fábrica o de hormigón. Por otro lado, las vigas que descansan sobre las vigas maestras suelen denominarse brochales o viguetas.

Si el forjado consiste en viguetas prefabricadas y bovedillas, es posible encofrar únicamente las vigas (Figura 6.63). Posteriormente, se instalan las viguetas (apoyadas en sus dos extremos sobre los encofrados de las vigas), las bovedillas y las armaduras, y luego se procede a hormigonar todo el conjunto simultáneamente.

Figura 6.64. Sistema de red de seguridad bajo forjado. *Fuente:* https://proteccionescolectivas.lineaprevencion.com/protecciones-colectivas/sistemas-de-redes-de-seguridad/red-bajo-forjado-sistema-a

Figura 6.65. Sistema de encofrado continuo para forjados.
Fuente: https://www.construmatica.com/construpedia/Archivo:Puntal_A3_Alsina.jpg

Las viguetas, que tienen cierta capacidad portante, pueden requerir una o dos sopandas intermedias, dependiendo de la luz que se deba cubrir, para soportar el peso del hormigón fresco y demás cargas constructivas sobre ellas.

Para prevenir la posibilidad de que los operarios caigan accidentalmente al pisar una bovedilla y esta se rompa, es necesario colocar redes horizontales entre los encofrados de las vigas, las cuales se anclan a los puntales (Figura 6.64).

Se está abandonando este método debido a los costes asociados con la instalación de las redes entre los puntales ya que los modernos sistemas de encofrado para forjados y losas ofrecen un montaje rápido y una plataforma de trabajo más segura y cómoda. Estos sistemas incluyen puntales metálicos telescópicos, portasopandas y sopandas metálicas, así como tableros. Permiten encofrar grandes áreas horizontales de manera rápida y completa, evitando huecos, por lo que a menudo se les conoce como encofrados completos, continuos o cuajados (Figura 6.65). Estos sistemas continuos varían dependiendo de si se trata de encofrar forjados con viguetas prefabricadas, losas macizas o forjados reticulares.

El montaje del sistema empieza junto a un muro o un pilar ya hormigonados, los cuales proporcionan la estabilidad lateral requerida. Se instalan las portasopandas sobre puntales, aproximadamente cada 2 m. Entre los puntales y las sopandas, se colocan las portasopandas en dirección transversal, como se muestra en la Figura 6.66. Estas portasopandas están diseñadas para delimitar la separación entre las sopandas, disponiendo de guías en su cara superior a diferentes distancias para encajarlas correctamente.

Figura 6.66. Montaje del sistema de encofrado continuo para forjados.
Fuente: https://www.construmatica.com/construpedia/Archivo:Alumecano2.jpg

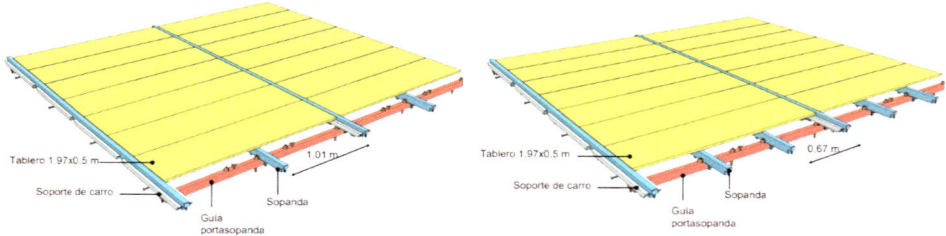

Figura 6.67. Separación entre sopandas.
Fuente: http://www.baygar.com/pdf/1392056978_kSAX.pdf

La separación entre las sopandas puede ser cada metro si se utilizan tableros de 1 o 2 m de longitud (si se coloca una sopanda en el centro). Es la separación habitual para encofrar losas macizas de menos de 25 cm de canto y forjados unidireccionales. La separación es cada 66 cm si se utilizan tableros de 2 m y se colocan dos sopandas intermedias. Es la distancia necesaria para encofrar losas macizas de más de 25 cm de canto por su considerable peso propio.

La separación entre las sopandas puede ser de un metro si se emplean tableros de 1 m de longitud, o bien de 2 m si se posiciona una sopanda en el centro. Es la distancia usual para encofrar losas macizas con un espesor de menos de 25 cm y forjados unidireccionales. Por otro lado, la separación es de 67 cm con tableros de 2 m, instalando dos sopandas intermedias. Este caso es habitual para losas macizas con un espesor superior a 25 cm. En la Figura 6.67 se pueden observar ambos casos.

Las sopandas pueden ser de tres tipos:

▸ Principales: se disponen a intervalos de 1 o 2 m, perpendiculares a las vigas. Suelen tener una sección en T invertida, para que los extremos de los tableros descansen sobre las alas laterales, alineadas con la parte central de la sopanda, que entra en contacto con el hormigón para servir de apoyo a las vigas o a la losa.

▸ Intermedias: se sitúan entre las sopandas principales, debajo de los tableros de 2 m, con el objetivo de dividir su extensión entre los apoyos a la mitad o a la tercera parte.

▸ Transversales: se utilizan en el encofrado de un forjado unidireccional, colocándolas entre los tableros y en dirección perpendicular a las viguetas, para reforzarlas en uno o varios puntos a lo largo de su vano.

Los sistemas de encofrado difieren entre fabricantes. Es importante examinar el diseño de las piezas para recuperar la mayor cantidad de material de encofrado lo más pronto posible sin comprometer la estabilidad del forjado, la losa o las vigas prematuramente. A partir del tercer día tras la colocación del hormigón, se pueden retirar los tableros. Esto se logra recuperando las portasopandas, las sopandas intermedias y sus respectivos puntales.

Para encofrar losas de hormigón visto y evitar las marcas de las juntas entre los elementos en la cara inferior, es común utilizar tableros fenólicos dispuestos de forma contigua y sujetados sobre sopandas de madera, vigas trianguladas o de doble T. Este método también requiere el uso de portasopandas.

Cuando la altura para apuntalar el encofrado supera la que alcanzan los puntales telescópicos (5 o 6 m), se recurre a cimbras. Por razones de seguridad, ya no se emplean dos o tres niveles de puntales arriostrados horizontalmente con tablones intercalados entre ellos, práctica conocida como contra-andamio. La prohibición de los contraandamios o el doble apuntalamiento se menciona explícitamente en la NTP 719. Aunque esta norma no es obligatoria, proviene de una institución de gran prestigio.

6.7.2. Encofrados para forjados reticulares

En las estructuras de edificación resulta interesante emplear forjados de losas planas por las ventajas funcionales, constructivas y económicas que presentan. Dentro de las soluciones de techo plano encontramos los forjados reticulares con casetones recuperables de aligeramiento o bien perdidos de hormigón o poliestireno (Figura 6.68). Estos forjados tienen cada vez mayor presencia en el mercado como consecuencia de su adaptabilidad a geometrías en planta irregulares o complicadas, la facilidad que permiten en su replanteo de las perforaciones requeridas por las cada vez más numerosas instalaciones y su versatilidad para adecuarse a las exigencias de resistencia al fuego.

Un forjado reticular es un tipo de forjado constituido por una cápsula de nervios de hormigón armado, de pequeña anchura y a corta distancia unos de otros.

Este sistema permite suprimir las vigas, macizando únicamente las zonas cercanas a los apoyos. Dichos macizados se llaman ábacos o capiteles y son los encargados de recibir las cargas del forjado y distribuirlas por los pilares.

Los casetones o bañeras empleados para el encofrado son de plástico y se encajan directamente entre las sopandas metálicas. Los tableros de madera se reservan únicamente para la zona de los ábacos macizos

Figura 6.68. Forjado reticular con aligeramiento de poliestireno.
Fuente: V. Yepes.

alrededor de los pilares, vigas y zunchos. Cuando los casetones no son recuperables, quedan embebidos en el forjado como elementos de aligeramiento. En tales casos, suelen ser de bloque de cemento o poliestireno expandido, y se disponen sobre el sistema de encofrado, el cual debe entablarse completamente.

Los casetones resisten el peso de los operarios. Sin embargo, representan una dificultad en cuanto a la circulación durante el proceso de puesta en obra de las armaduras y durante los trabajos de hormigonado.

Para garantizar que se ha realizado un buen montaje de este tipo de encofrado, hay que revisar una serie de puntos clave antes de la colocación del hormigón:

1. Verticalidad de los puntales. Ello garantizará que los puntales trabajen a compresión, tal y como se diseñaron.

2. La palanca del puntal debe estar hacia abajo, de esta forma se garantiza la máxima fricción entre las planchuelas y la caña del puntal, impidiendo que la caña descienda.

Figura 6.69. Cubetas de plástico recuperable.
Fuente: https://www.ulmaconstruction.
es/es-es/encofrados/encofrados-losas/
encofrado-recuperable-forjado-reticular-recub

3. El encofrado debe arriostrarse a todos los pilares para evitar desplazamientos horizontales.

4. Refuerzo del apuntalamiento en las áreas macizadas.

Los encofrados plásticos, como las cubetas o bañeras, son elementos de uso frecuente en forjados bidireccionales (Figura 6.69). Se presentan en dimensiones habituales de 80/80 – 90/90 y un espesor de 25/40 cm. Estos moldes, fabricados en plástico, ofrecen diversas ventajas, como su ligereza, resistencia al impacto, inmunidad al óxido y capacidad para generar superficies de hormigón lisas.

Figura 6.70. Forjado reticular de
casetones recuperables.
Fuente: Enrique Alario https://twitter.com/
EnriqueAlario/status/1027113674455048192

Es importante realizar una limpieza minuciosa después de cada uso, eliminando los residuos de hormigón con espátulas y aplicando agua a presión para garantizar una limpieza completa. La mayoría de estas cubetas incorpora una válvula que permite inyectar aire a presión en caso de que queden adheridas al hormigón, facilitando así su desencofrado.

Su vida útil puede variar, siendo de alrededor de dos años con un trato normal, un año con un trato descuidado y hasta cuatro años con una manipulación cuidadosa.

Figura 6.71. Encofrado para losas con sistema de cabezal de caída.
Fuente: https://www.peri.es/productos/encofrados/encofrados-para-losas/skydeck-slab-formwork.html

Cabe destacar que, en caso de rotura, estas piezas pueden ser reparadas mediante soldadura, aunque la decisión de reparar o reemplazar dependerá principalmente de criterios económicos, ya que el coste de la reparación podría superar el de fabricación de una nueva pieza.

Para prolongar la vida útil de las cubetas, es fundamental evitar ciertas prácticas. Se debe impedir tirar las piezas durante el desencofrado, instalarlas sin limpieza previa o sin aplicar desencofrantes, arrojar piezas del encofrado metálico sobre ellas, desplazarlas arrastrándolas sobre el forjado y apilarlas al aire libre sin protección. La exposición a la lluvia y al frío puede deformarlas.

Asimismo, en el mercado existen sistemas innovadores con piezas modulares plásticas que permiten un montaje rápido y ordenado desde la superficie de apoyo, gracias a su ligereza. También hay disponibles cubetas no recuperables (perdidas) diseñadas específicamente para forjados sanitarios, capaces de soportar sobrecargas de hasta 1000 kg/m².

Figura 6.72. Componentes ligeros, de unos 15 kg.
Fuente: https://www.peri.es/productos/encofrados/encofrados-para-losas/skydeck-slab-formwork.html

Figura 6.73. Golpe de martillo para desbloquear el cabezal de caída.
Fuente: https://www.peri.es/productos/encofrados/encofrados-para-losas/skydeck-slab-formwork.html

6.7.3. Encofrado con cabezal de caída

Un encofrado con sistema de desencofrado con cabezal de caída es un encofrado ligero y manejable, conformado por paneles enmarcados en aluminio (Figura 6.71). Este sistema está diseñado para la ejecución de forjados de losa maciza de gran superficie, con espesores de losas de hasta 95 cm. El desencofrado se realiza a través de los cabezales de caída quedando únicamente estos elementos como material portante.

El encofrado se monta sin la necesidad de grúas u otros dispositivos ce elevación, otorgando a los operarios un entorno de trabajo seguro y ergonómico. El montaje es sistemático con piezas ligeras, lo que reduce los plazos de ejecución (Figura 6.72). Los tableros de encofrado pueden integrarse en el emparrillado o colocarlos después de haber instalado dicho entramado, sirviendo como plataforma para su instalación.

La presencia de una viga longitudinal posibilita la utilización de un menor número de puntales, generando ahorros de tiempo y facilitando el transporte horizontal del material de encofrado (uno por cada 3,45 m^2 de superficie para

Figura 6.74. Protección de hueco existente en forjado.
Fuente: A. J. Sánchez Garrido.

losas de hasta 40 cm de espesor). Además, se logra una ampliación del espacio disponible tanto para el encofrado como para el transporte, lo que contribuye a reducir los riesgos asociados.

Este sistema permite un desencofrado sencillo y seguro en pocos días, dependiendo del espesor de la losa, de las condiciones climáticas y de la resistencia del hormigón. Los paneles se desprenden con facilidad del hormigón y pueden reutilizarse de inmediato en la siguiente etapa, reduciendo así la cantidad de material necesaria en obra, pues las vigas y los paneles se liberan para la siguiente fase.

El desbloqueo del cabezal de caída se logra con un simple golpe de martillo, dando lugar a un descenso de 6 cm en el encofrado (Figura 6.73). Este movimiento facilita la bajada de los paneles y las vigas longitudinales, mientras que los puntales con cabezal de caída y los cubrejuntas permanecen firmemente en su lugar.

Durante el montaje, los paneles se suspenden desde abajo y se inclinan hacia arriba, siguiendo una secuencia sistemática que garantiza la seguridad. El emparrillado crea una superficie transitable, proporcionando seguridad para la colocación del panel de encofrado por parte de los operarios. Es esencial incorporar sistemas provisionales de protección de borde en todos los lados en voladizo del encofrado horizontal y en los huecos existentes para evitar caídas en altura (Figura 6.74).

Como ventajas de este sistema, se pueden apuntar las siguientes:

Figura 6.75. Mecano reticular.
Fuente: http://www.dercons2000.com/es/
productos/mecano-reticular

► La mayor parte del encofrado puede desmontarse y reutilizarse a partir del tercer día, quedando el cabezal de caída junto con su puntal como los únicos elementos portantes del sistema. La incidencia de puntales es mínima, con 0,4 puntales/m² durante el hormigonado y 0,2 puntales/m² después del desencofrado.

► Se logra un ahorro notable de hasta el 50 % en material en comparación con los sistemas tradicionales de vigas de madera, gracias al desencofrado temprano, tanto en términos de vigas como de tableros. Además, se reducen los costes de envío debido a la menor necesidad de material en la obra, liberando así más tiempo para otras actividades de la grúa.

▶ El sistema garantiza un proceso eficiente una vez desencofrado mediante el desmontaje temprano del cabezal de caída, permitiendo que el material se transfiera directamente del techo al palé sin caer al suelo. El equipamiento demuestra durabilidad gracias a sus robustos elementos de acero galvanizado de alta resistencia, diseñados para resistir impactos y proteger contra daños.

▶ La integridad del tablero se mantiene gracias a la protección de sus bordes por parte del sistema, eliminando la necesidad de utilizar clavos y reduciendo así los posibles daños. Asimismo, se evitan los costes adicionales asociados con la reposición de vigas de madera inutilizables en comparación con los sistemas tradicionales de vigas de madera.

6.7.4. Encofrado tipo mecano

El encofrado tipo mecano se compone de una estructura principal de acero, madera o aluminio, fácil de ensamblar y adaptable a diversas superficies (Figura 6.75). Este sistema forma una base plana y robusta que facilita la construcción de forjados de hormigón armado, ya sean macizos o aligerados. Es especialmente útil en la edificación de estructuras de varias plantas o plantas de grandes dimensiones.

En ciertos casos, se puede diseñar con sistemas de cimbra como soporte estructural o mediante el uso de puntales. Este enfoque se emplea en la ejecución de edificios de múltiples niveles y plantas extensas, permitiendo el hormigonado en fases sucesivas para un máximo aprovechamiento de los recursos. Solo se requiere el material de encofrado para una planta y el apuntalado correspondiente, ya sea para una, dos o tres plantas adicionales.

El montaje se realiza de manera rápida, cómoda y sencilla, ofreciendo una flexibilidad adicional al permitir la instalación previa de la retícula metálica antes de colocar los tableros. La recuperación del material se lleva a cabo retirando solo los elementos esenciales en ambas direcciones del forjado y sin necesidad de personal especializado. Este sistema es compatible con el uso de cubetas en forjados unidireccionales o bidireccionales, asegurando nervios más rectos y evitando pérdidas de hormigón para lograr un acabado superior. Aporta seguridad mediante una estabilidad máxima y comodidad con una distancia de 2 m entre puntales. Además, resulta económico, con una tasa de 1,50 puntales/m². Únicamente se requiere un martillo para el proceso de montaje.

La estructura portante del sistema se forma mediante vigas longitudinales y puntales o cimbras, eliminando la necesidad de reapuntalamiento o desplazamiento de puntales desde el inicio del montaje hasta la retirada completa del encofrado. Los elementos recuperables, como cubetas, tableros, transversales y cabezales, se retiran varios días después de la puesta en obra del hormigón para ser reutilizado en una nueva instalación.

Este sistema destaca por sus calles amplias, lo que agiliza el proceso de montaje y facilita la introducción de carros de montaje entre ellas. Además, ofrece la flexibilidad de ejecutar diversas geometrías al variar las dimensiones de las calles y de los elementos longitudinales. Su adaptabilidad se extiende a zonas macizadas y aligeradas mediante el uso de tableros, cubetas y semicubetas.

La seguridad es una característica integral de este sistema, permitiendo una fácil integración de protecciones perimetrales y sistemas de protección de bordes en los huecos existentes. Las redes bajo el forjado ofrecen una protección colectiva, añadiendo un nivel adicional de seguridad al sistema.

6.7.5. Mesas encofrantes o sistemas premontados

Los sistemas de encofrados premontados para forjados, denominados encofrados de mesas o mesas encofrantes, son sistemas que permiten construir cualquier tipo de forjado, aunque están especialmente diseñados para la ejecución de losas macizas y forjados aligerados planos de gran dimensión (más de 10 000 m^2) y geometrías regulares y repetitivas (Figura 6.76). Las mesas encofrantes se componen de una estructura metálica, un tablero o bandeja y unas patas con ruedas orientables que soportan el conjunto. Además, al tratarse de un sistema industrializado, las mesas disponen de todos los elementos de seguridad integrados: barandillas, ganchos, cadenas de fijación, rodapiés, etc. No obstante, el sistema no es recomendable para encofrados reticulares debido a que las patas pueden perforar la capa de compresión debido a la gran carga que transmiten.

Cada mesa está compuesta por cuatro o seis puntales telescópicos que sostienen dos largueros longitudinales metálicos, equivalentes a las portasopandas. Estos largueros distribuyen las vigas costero, que suelen ser vigas de madera sobre las cuales se fija normalmente un tablero fenólico. Las mesas están disponibles en diferentes tamaños, desde 4 × 2 m hasta 5 × 2,5 m. Se disponen en línea con la ayuda de una grúa o un carro de desplazamiento, una al lado de la otra, con los tableros fenólicos ajustados firmemente entre sí. Las bandas de los pilares se encofran con chapas de acero que descansan sobre las mesas.

Figura 6.76. Encofrado de losa premontado Mesa VR de Ulma.
Fuente: https://www.ulmaconstruction.es/es-es/encofrados/encofrados-losas

El uso de materiales como aluminio, acero de alta resistencia, fibra de vidrio, plásticos especiales, entre otros, para diferentes componentes, ha permitido desarrollar unidades livianas que pueden manipularse de manera segura. El diseño de los encofrados ligeros proporciona soluciones robustas y manejables, capaces de adaptarse a cualquier geometría. La reducción del número de componentes diferentes en un encofrado permite una mayor movilidad y una rápida instalación, además de que muchos de estos componentes tienen usos múltiples.

Se trata de una estructura que se monta al inicio de la obra y que se traslada, sin desmontar, de una zona otra. Sirve de apoyo al encofrado montado sobre un carro que dispone de un mecanismo hidráulico que facilita el desencofrado y el traslado sin necesidad de grúa (Figura 6.77). Esta disposición evita el montaje y desmontaje de puntales. El sistema de mesa optimiza los tiempos de ejecución al ser su montaje y desencofrado sistemático, rápido y seguro, empleando pocas piezas sueltas y reduciendo la necesidad de mano de obra especializada. Su montaje es sencillo y el desencofrado rápido, al contar con sopandas entre las hileras de las mesas que soportan cada vano. Es habitual su uso en grandes edificios como centros comerciales, hoteles, hospitales, rascacielos, etc.

Estos equipos pesan entre 500 y 600 kg, por lo que se pueden manejar con grúas convencionales. Es usual un rendimiento para las mesas, referido al metro cuadrado de encofrado y operario, de 10 a 15 minutos, lo cual contrasta con las 3-4 horas necesarias cuando el apuntamiento es vertical con puntales de madera, las 1,5-3 horas con puntales telescópicos o 0,5-1 horas con puntales regulables arriostrados.

Los componentes de un encofrado premontado se pueden ver en la Figura 6.78. Se trata del despiece de componentes del encofrado de losa premontado Mesa VR de ULMA.

La secuencia básica de construcción utilizando este tipo de encofrado es la siguiente:

Figura 6.77. Carro de desencofrado y desplazamiento de mesas.
Fuente: https://www.peri.es/productos/encofrados/accesorios/table-striking-and-transporation-trolley.html

1. Se ensamblan el apeo y los paneles de entablado en el suelo o sobre una losa existente para formar el piso que se va a verter; las juntas en el entablado se sellan.
2. Se coloca el refuerzo.
3. Se vierte y cura el hormigón.

COMPONENTES

1 Vigas VM 20 primera tramada

2 Vigas VM 20 segunda tramada

3 Cabezal doble VR

4 Cabezal simple VR

5 Barandilla seguridad

6 Puntal

7 Trípode

8 Tablero

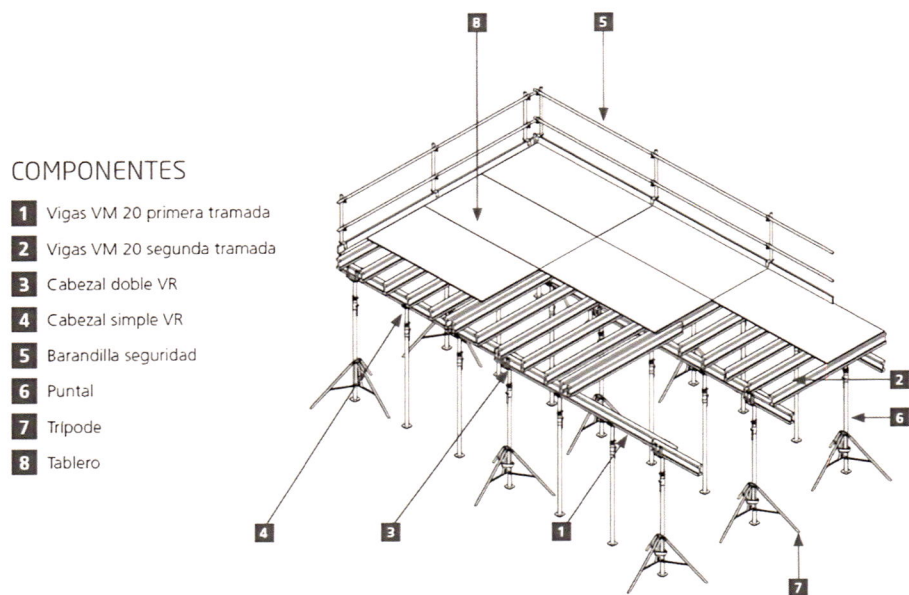

Figura 6.78. Componentes de un encofrado de losa premontado Mesa VR, de ULMA.
Fuente: https://www.ulmaconstruction.es/es-es/encofrados/encofrados-losas/
encofrado-losa-premontado-mesa-vr

4. Una vez retirado el encofrado, el sistema se desmonta en componentes individuales.

5. Los componentes se trasladan manualmente y se vuelven a ensamblar en el siguiente nivel o posición, lo que facilita la eficiencia y la agilidad en el proceso constructivo.

6.8. Encofrado de cimentaciones

Generalmente, las cimentaciones se hormigonan directamente contra el terreno, sin necesidad de encofrarlas. Sin embargo, cuando el terreno es blando y las paredes de las zanjas o pozos tienden a desmoronarse, formando taludes naturales de hasta 45°, es necesario encofrar para mantener la geometría de la cimentación y evitar un desperdicio excesivo de hormigón. Aunque el coste del encofrado pueda parecer elevado, puede compensarse con el ahorro en la cantidad de hormigón utilizado.

Por lo general, los cimientos permanecen ocultos, enterrados bajo el suelo y debajo de la fábrica a la vista. Por esta razón, los encofrados suelen ser más toscos y se cuida menos el aspecto, además de ser menos completos. Esto se debe a que parte del terreno se utiliza como encofrado, siempre y cuando se haya excavado con las dimensiones adecuadas para los de hormigón previstos.

Los materiales más empleados en la construcción de los encofrados incluyen madera (Figura 6.79), contrachapados, aglomerados, acero, tubos de fibra y cajas de cartón. En el caso de paramentos verticales de altura moderada, se suelen utilizar tablas simples para su confección. Para alturas mayores, es común emplear elementos montados en obra o paneles prefabricados. Los tubos de fibra ofrecen un resultado excelente y económico para zapatas circulares de hasta diámetros de unos 122 cm.

En el terreno es lo suficientemente firme como para mantener una excavación con paredes verticales, pero la cimentación queda ligeramente elevada sobre el nivel del terreno, será necesario utilizar tableros para compensar esta diferencia de altura. En este tipo de encofrado, los tableros se colocarán junto con sus barras de

Figura 6.79. Encofrado de madera para zapata. *Fuente:* https://fotos.habitissimo.es/foto/encofrado-cimentacion_176457

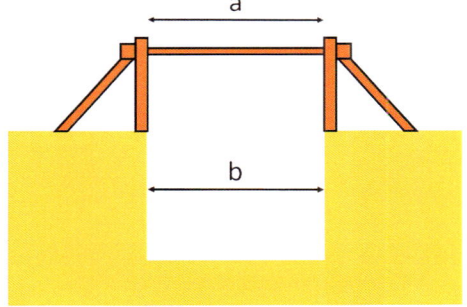

Figura 6.80. Encofrado para cimentación elevada sobre el terreno.

hinca para fijarlos al terreno. Además, para compensar el desplazamiento del encofrado ante la presión del hormigón, la distancia "a" debe ser ligeramente inferior a la "b", según la Figura 6.80.

En terreno rocoso, a veces resulta más económico utilizar encofrado para la cimentación. En estos casos, suele ser rentable vaciar hasta la cota de asiento de la cimentación (ya sea mediante voladuras o con martillos hidráulicos) y luego encofrar sobre este nivel, en lugar de verter solo hasta la cota superior de la cimentación y posteriormente excavar en la roca cada una de ellas.

En la mayoría de los casos, se recurre al encofrado tradicional realizado completamente en madera. Inicialmente, se construye el entablado para contener el hormigón, fijando tablas a las costillas, llamadas costales o costeros. La alineación longitudinal del tablero se asegura mediante las carreras, ya que las tablas carecen de la rigidez necesaria. Los encofrados de ambas caras de la zapata continua, comúnmente conocidos como costeros, se nivelan utilizando tornapuntas.

Figura 6.81. Encofrado de cimentaciones por el sistema tradicional en madera.
Fuente: https://esn-d.techinfus.com/fundament/opalubka/

Figura 6.82. Colocación de rana o perrillo por el exterior y con la varilla haciendo de tope y totalmente recuperable.
Fuente: https://construirconjorge.com/rana-tensora/

Figura 6.83. Encofrado metálico para zapata corrida.
Fuente: https://www.urbipedia.org/w/index.php?curid=36621

En la actualidad, la superficie enta-blada que entra en contacto con el hormigón se compone de tableros de madera monocapa o tricapa de di-mensiones estándar de 1,00 × 0,50 m y 2,00 × 0,50 m, en lugar de tablas individuales, cuya colocación resulta laboriosa. Los elementos restantes, como costillas y carreras, continúan fa-bricándose con tablones y tabloncillos.

Para contrarrestar la presión del hormigón fresco, se instalan tirantes o latiguillos que unen los dos costeros. Dado que la altura del encofrado es li-mitada y, por ende, la presión también lo es, es suficiente utilizar alambres tensados por torsión para atirantar. La separación entre los costeros se man-tiene mediante codales, los cuales se ajustan a medida que se vierten las sucesivas capas de hormigón. Para sujetar los tableros enfrentados frente a la presión del hormigón, se utilizan unos latiguillos. Se trata de una varilla corrugada de 6 a 8 mm de diámetro que atraviesa todo el encofrado, co-locando en los extremos una rana o perrillo haciendo de tope. Las ranas se fijan a la varilla mediante unos dientes que imposibilitan su desplazamiento. Para recuperar la varilla, esta puede alojarse en un tubo plástico o bien colocarse por el exterior y con la varilla haciendo de tope (Figura 6.82).

Como alternativas adicionales al encofrado de madera, existen cimentaciones encofradas que emplean paneles de chapa o encofrado tipo marco (Figuras 6.83 y 6.84).

Una alternativa es la utilización de un encofrado perdido de polipropileno alveolar o bien mallazos con barras de diferentes diámetros y una lámina de polietileno. En este caso es muy fácil de instalar, debido a su peso reducido y no es necesario desencofrar ni limpiar el encofrado para un nuevo uso. Además, no existen fugas de lechada de cemento y el elemento plástico sirve de protección al hormigón en caso de aguas subterráneas agresivas.

Cuando la altura del cimiento sea pequeña, es posible encofrar con un murete de ladrillo o bien de bloques de hormigón, que queda perdido, tal y como se muestra en la Figura 6.86. Hay que tener mucha precaución con este tipo de encofrado, pues la altura hace que el empuje del hormigón fresco sea alto y es fácil que se rompa.

6.9. Encofrado de vigas

Una vez retirados los encofrados de los pilares y los muros, se procede con el encofrado de las vigas. En edificación, estas vigas pueden ser planas o colgadas, en función de si el canto es el mismo o mayor que el del forjado correspondiente, o vigas de borde del forjado. En la Figura 6.87 se

Figura 6.84. Encofrado metálico para zapata. *Fuente:* Ignacio Serrano (desdeelmurete.com).

Figura 6.85. Encofrado perdido para cimentación de lámina de polipropileno. *Fuente:* https://morcon.co.uk/ new-foundation-domestic-dwelling/

Figura 6.86. Encofrado de pared de ladrillo. *Fuente:* https://www.facebook.com/ photo/?fbid=678200360980000&set=p-cb.678200414313328

Figura 6.87. Encofrado tradicional de madera de una viga de cuelgue.
Fuente: https://issuu.com/alessandra13791379/docs/
revista.._proyecto_de_estructura_alessandra_capo/s/13739704

presenta el encofrado tradicional de madera de una viga de cuelgue. Durante muchos años se ha utilizado este sistema y todavía hoy se emplea en obras pequeñas o cuando la geometría de la estructura impide el uso de sistemas más modernos. No obstante, se describen a continuación sus características y procedimiento constructivo.

El proceso constructivo empieza instalando los puntales o pies derechos que sustentarán el encofrado. Estos se ajustan a nivel con el suelo mediante cuñas de madera. No se deben usar piedras, cartones u otros materiales débiles que pudieran ceder bajo la carga que deben soportar. La distancia entre estos apoyos suele ser de 90 cm como máximo, aunque la separación depende de la resistencia a la flexión y la fecha admisible de las tablas que constituyen los fondos o por la capacidad de carga de los puntales. Estos puntales también pueden arriostrarse. No se aconseja que estos apoyos estén formados por la unión de piezas de madera.

Las sopandas que soportan el fondo se colocan de forma horizontal para garantizar la estabilidad de los puntales, aunque si estuvieran de canto mejorarían su resistencia a flexión. Además, los tableros se clavan y se apoyan mejor sobre los tablones planos. Si se supera la resistencia a flexión, basta con añadir más puntales.

El fondo de la viga se forma con tablas cepilladas de unos 5 cm de espesor y con el ancho que requiera la viga. Este fondo se recorta entre los dos largueros para facilitar su desmontaje, el cual se realiza en dos etapas. En la primera fase, al día siguiente del vertido del hormigón, se eliminan los largueros, riostras, tablones de apoyo y travesaños, manteniendo los puntales, caballetes y fondos, que se retiran en una segunda fase cuando el hormigón adquiere la resistencia necesaria para soportar las cargas previstas.

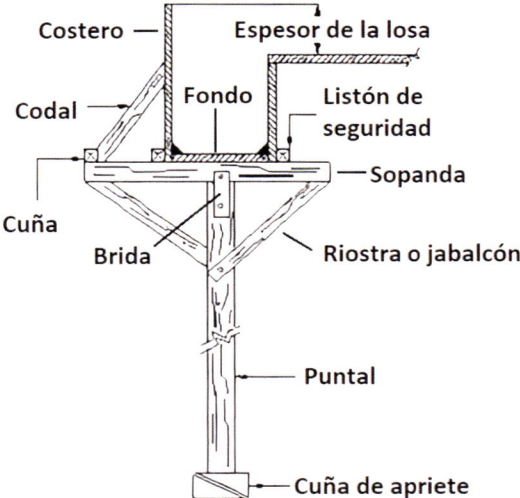

Figura 6.88. Encofrado de viga de borde.
Fuente: https://www.ingecivil.net/2020/12/28/elementos-de-hormigon-armado-construccion/
encofrado-viga-de-borde/

Los tablones o tableros de los costados, que dan forma a la sección de a viga, cuentan con espaciadores de madera y pasadores de alambre para garantizar que el ancho se mantiene durante el hormigonado.

Las cabezas de los pilares se rodean con un collarín compuesto por cuatro tablas, para igualar el nivel final de la viga o el forjado. Ello se debe a que se deja un espacio de unos 5 cm debajo del hormigón del pilar para evitar interferencias con la colocación de la ferralla.

En la Figura 6.88 se muestra el encofrado de madera de una viga de borde. Las vigas y el forjado se hormigonan simultáneamente. Sobre los largueros de las vigas se disponen unos tablones horizontales que sirven de soporte para los extremos de las viguetas, a menudo denominados "barberos", ya que también actúan como parte del fondo del encofrado para el hormigón que rodea dichos extremos de vigueta.

Los tableros de madera monocapa han empezado a sustituir a los tablones para los fondos del encofrado. Para esto, en lugar de cabeceros, se deben colocar dos sopandas (tablones de madera utilizados como vigas y sosten dos por una fila de puntales) a lo largo de la viga. Sobre estas sopandas se fijan los tableros en fila, que sobresalen por los laterales, y luego se montan los costeros encima. Sin embargo, esta disposición dificulta el desmontaje de los costeros. Es esencial recuperar los tableros y la mayor parte de la madera lo más pronto posible para su reutilización.

Figura 6.89. Encofrado de madera para viga de cuelgue.
Fuente: https://www.maquiobras.com/htm/es/prod2/control?zone=pub&sec=prod2&pag=-ver&loc=es&idSec=1&id=9

Figura 6.90. Encofrado para viga de cuelgue modular.
Fuente: https://www.alsina.com/es/sistema-de-viga-de-cuelgue-modular-de-alsina/

Una solución simple consiste en intercalar tablas entre cada dos o tres tableros. De este modo, al desmontar el encofrado, se recupera todo el material, excepto las tablas intercaladas, que se dejan para apuntalar la viga. Se utiliza un puntal que se reposiciona en el centro de cada tabla hasta que el hormigón alcance la resistencia adecuada.

Los sistemas actuales reemplazan los tablones por sopandas metálicas o tubos de acero de sección cuadrada o rectangular. Estos suelen incluir una tira de madera en su parte superior para clavar los tableros. Otros modelos presentan guías metálicas que aseguran los tableros para evitar desplazamientos. Este sistema de encofrado, conformado por tableros, sopandas metálicas y puntales, no solo se utilizan en vigas, sino también en forjados completos.

El encofrado metálico para vigas de cuelgue ofrece un montaje sencillo y resuelve los inconvenientes asociados al uso de madera y encofrados no recuperables para vigas (Figura 6.90). Está compuesto por elementos fabricados con un marco de acero reforzado y un panel fenólico. Con este sistema, se facilita un proceso de encofrado de vigas organizado, seguro y rentable, diseñado específicamente para reducir el tiempo y mejorar la calidad del trabajo de encofrado y desencofrado de las vigas.

Estos encofrados modulares se manipulan fácilmente por los operarios (peso más grande del panel es de 18 kg), soportando hasta 25 kN/m^2. Además, el sistema contempla el apuntalamiento necesario para realizar desencofrados parciales sin afectar los puntales que sostienen la estructura hasta que alcance su resistencia total. Esto permite no solo recuperar los laterales y parte de los fondos de las vigas, sino también incluye consolas para el vaciado de la estructura. Esto facilita que los operarios trabajen cómoda y seguramente, sin la necesidad de agacharse o colgarse, manteniendo una postura ergonómica adecuada.

6.10. Moldes para hormigón prefabricado

El molde es el elemento que contiene al hormigón fresco, respondiendo su diseño a las exigencias de las piezas que se van a prefabricar (Figura 6.91). La pieza fabricada se transporta al lugar de la obra y se coloca en su posición definitiva. Se exige que los moldes presenten la máxima calidad posible para garantizar la precisión dimensional, la estabilidad, la versatilidad para adaptarse a otras formas, que sean fáciles de usar y durables. Por tanto, los moldes deben mantener su integridad durante el vertido del hormigón y en la aplicación del pretensado, si lo hubiese.

Se pueden dividir estos moldes en tres grupos principales: (a) Moldes horizontales destinados a losas prefabricadas, caracterizados por grandes extensiones planas. En este caso, la resistencia del encofrado al peso o a la presión del hormigón es secundaria, empleándose tablas horizontales para las losas prefabricadas. (b) Moldes verticales diseñados para paredes delgadas, donde se produce una flexión importante que domina la presión del hormigón, utilizándose placas verticales para las paredes delgadas. (c) Moldes especiales diseñados para formas específicas, como vigas de hormigón pretensado, viguetas de viviendas, bovedillas, escaleras, tetrápodos, entre otros (Figura 6.92).

Figura 6.91. Moldes para hormigón prefabricado. *Fuente:* ANDECE.

Para elementos lineales como vigas y pilares se usan moldes estáticos, ligeramente elevados del suelo, con gran flexibilidad en cuanto a cantos, ménsulas, longitud, etc. En el caso de paneles de hormigón arquitectónico, lo usual son moldes horizontales, con un sistema de vibración adaptado al molde. En el caso de paneles no vistos, lo

Figura 6.92. Molde para cubípodo. *Fuente:* https://www.facebook.com/Cubipod/

más económico son moldes verticales de caras paralelas, pues ocupan menos espacio en la fábrica, aceleran el curado y permiten mayor precisión. Para placas alveolares, se fabrican grandes longitudes de placa, bien por extrusión o por moldeadoras continuas.

Los moldes deben reutilizarse el máximo número de veces posible, sin que ello suponga una merma en la calidad, por la repercusión económica que presenta en el producto final. La reutilización se puede realizar con piezas diferentes, aunque es deseable que se mantenga la tipología, cambiando en este caso únicamente la longitud o la altura con pequeñas modificaciones. Suelen disponerse en horizontal y de forma continua, aunque también es posible disponerlos en algunos casos en vertical (en batería).

Los moldes suelen ser de acero, pues permiten alargar su número de usos y adaptarse a la geometría necesaria. Estos moldes son fáciles de transportar y reubicar dentro de la planta. De hecho, los moldes suelen llenar las plantas de fabricación y a veces es un verdadero problema ubicarlos para facilitar las maniobras y el resto de actividades sin que molesten. El problema que pueden presentar es la corrosión del acero, que puede atenuarse con aditivos inhibidores de la corrosión y con un buen agente desencofrante.

Por lo general, los moldes utilizados para las viguetas prefabricadas son metálicos y están compuestos por dos o más piezas que se ensamblan mediante una charnela. Esto permite que una vez que la pieza se ha hormigonado y ha fraguado, el desencofrado y la extracción de la pieza se puedan realizar de manera cómoda y eficiente.

Con todo, también existen moldes de otros materiales como el polietileno expandido, que son desechables. Este material es ligero, barato y permite ahorrar tiempo, aunque su uso está muy centrado en piezas ornamentales. También es cierto que este tipo de materiales, junto con otros como el poliéster o la fibra de vidrio, reducen la disipación del calor interno durante el fraguado, lo que acelera el curado.

Figura 6.93. Apertura de caras laterales antes de retirar la viga prefabricada. Escaleras de acceso a la plataforma lateral para el control del proceso.
Fuente: ANDECE.

Por tanto, una forma de acelerar el curado es usar moldes de acero calefactados. En ellos se aporta la energía que garantice una temperatura fija o una curva de temperatura de curado adecuada para la reacción química interna del hormigón. Los moldes de acero también pueden ser "autorresistentes" en el caso de piezas pretensadas, donde el propio molde

contiene los elementos de anclaje de las armaduras activas, sirviendo de banca-
da de pretensado. Otra forma de disminuir el tiempo de desencofrado es utilizar
aceleradores como aditivos en el hormigón que adelanten el fraguado, el endurecimiento o ambos.

Los moldes pueden disponer de vibradores laterales o internos que eliminen
las burbujas de aire y mejoren la distribución de los áridos. Sin embargo, estos vibradores no se utilizan en el caso de emplear hormigón autocompactante.
Además, los moldes suelen presentar unas plataformas y accesos laterales para
facilitar el acceso seguro de los operarios.

El uso repetido de los moldes hace que se deformen, pierdan sección y co-
jan holguras en sus fijaciones. Todo
ello perjudica la calidad de las piezas,
por lo que resulta de gran importancia
disponer de un plan de control y mantenimiento de estos moldes, cuidando
la limpieza tras el uso. En el caso de
elementos de gran longitud, se debe
asegurar la alineación del conjunto del
molde y su inmovilización para mantener la pieza dentro de las tolerancias
exigidas.

Figura 6.94. Mesa basculante para
paneles prefabricados.
Fuente: http://moldtechsl.es

Un tipo de molde empleado para la
fabricación de paneles son las mesas
basculantes. Los paneles de hormigón
prefabricado se han usado en las fachadas de los edificios desde los años 50 del
siglo XX bajo el impulso de importantes arquitectos como Le Corbusier, Ropius,
Aalto y otros. Desde ese momento, los paneles prefabricados de fachada han
evolucionado fuertemente, con tendencia hacia unidades cada vez de mayor
tamaño y peso. Hoy día se incorporan a dichas piezas el aislamiento y los acabados interiores y exteriores.

Las mesas basculantes facilitan la prefabricación de los paneles de hormigón
al extraer las piezas por basculamiento (Figura 6.94). Este movimiento se realiza
mediante cilindros hidráulicos telescópicos. Estas mesas están equipadas con
una o dos bandas laterales, que pueden ser fijas, abatibles o ajustables en altura, dependiendo del tipo de panel que se esté fabricando. Además, incorporan
un sistema de vibración, eléctrico o neumático, para la compactación del hormigón. Una característica adicional de estas mesas basculantes es la posibilidad
de integrar sistemas de tuberías de calefacción, diseñados para acelerar el proceso de curado del hormigón. Este añadido optimiza los tiempos de producción
y garantiza la calidad del producto final.

Figura 6.95. Encofrado a medida en tres dimensiones.
Fuente: https://www.peri.es/productos/encofrados/soluciones-para-obra-civil/encofrado-especial/
freeform-formwork.html

6.11. Encofrados especiales

En este apartado se incluyen aquellos encofrados no incluidos anteriormente, y que se denominan encofrados especiales. Algunas características de estos encofrados especiales serían las siguientes:

▸ Geometrías complejas. Se trata de formas que no pueden lograrse mediante encofrados estándar o tradicionales. Suelen ser construcciones con diversas curvaturas, que requieren modelos tridimensionales (Figura 6.95).

▸ Altas presiones o cargas. Requieren encofrados con un mayor refuerzo.

▸ Acabados singulares. Son encofrados que buscan una terminación de una calidad especial.

▸ Condiciones especiales de obra. En el caso de que la obra no permita usar encofrados convencionales. En estos casos se diseñan encofrados a medida o se instalan estructuras auxiliares o de apoyo, siendo comunes en obras marítimas (Figura 6.96).

Para aumentar la rentabilidad y la reutilización de los elementos, los encofrados especiales aprovechan al máximo las piezas normalizadas de las estructuras auxiliares existentes en el mercado. La madera es el material que más se adapta a cualquier tipología, siendo reforzada con correas metálicas. Otras veces los encofrados son de acero o incluso de aluminio, lo que permite unas 1000 puestas. Es habitual su uso en proyectos con

Figura 6.96. Contradique de obras de abrigo de Valencia.
Fuente: https://rubricaingenieria.com/es/rubrica-proyecto/contradique-obras-de-abrigo-valencia/

unidades repetitivas, como es el caso de las viviendas sociales en países en desarrollo.

6.11.1. Construcción mediante encofrados túnel

Un encofrado tipo túnel, también llamado sistema de muros portantes, sirve para la construcción rápida e industrializada de estructuras de hormigón armado mediante placas verticales (muros) y placas horizontales (losas) que permiten estructuras de gran resistencia y rigidez lateral (Figura 6.97). Este sistema mejora

Figura 6.97. Encofrado tipo túnel.
Fuente: http://soda.ustadistancia.edu.co/
enlinea/leonardomartinez-sist%20industrializa-
dos-2/momento_2.html

significativamente la productividad en la construcción de edificaciones celulares como hoteles, viviendas de baja y alta altura, albergues, residencias estudiantiles y alojamientos militares.

Las dimensiones normales de las unidades de encofrado tipo túnel son de 8 a 11 m de largo y de 2,5 a 7,0 m de ancho. Las unidades individuales pueden unirse para formar túneles de mayor longitud. Los espesores de las pantallas y losas varían entre 12 y 25 cm, dependiendo de la cantidad de pisos, las cargas y la luz de la losa. Entre las ventajas de este sistema se pueden señalar la normalización del diseño estructural, la rapidez en la construcción y su relativa economía, con encofrados de acero en forma de U invertida; aunque en viviendas, la distribución de espacios, instalaciones, etc., deben planificarse con cierto detalle.

Se distinguen dos tipologías de encofrado túnel. La primera se forma con paneles independientes, donde los diedros se montan y desmontan para formar el túnel. La segunda la forman diedros unidos mediante una pieza móvil o clave. En este segundo sistema, el encofrado túnel se compone de dos medios cuerpos que, juntos, forman una célula

Figura 6.98. Encofrados túnel con dos medios cuerpos.
Fuente: http://spanish.
formworkscaffoldingsystems.com

(Figura 6.98). Juntando varias células, se puede construir el edificio. Una vez se coloca la ferralla y las instalaciones, se hormigonan las paredes y las losas en una sola operación.

El encofrado tipo túnel es una forma rápida de construcción cuando la tipología estructural lo permite, siendo en este caso muy rentable. Gracias a su diseño, se logra una alta precisión dimensional en la estructura terminada y acabados superficiales de alta calidad. Asimismo, este método requiere menos trabajadores, aunque más especializados. La naturaleza repetitiva del trabajo facilita la planificación de las actividades y la familiarización de los operarios con la seguridad en su trabajo.

Los sistemas de encofrado tipo túnel incluyen características normalizadas de seguridad, como protecciones de borde y barandillas de protección. La mayoría de estos encofrados se suministran en obra parcialmente ensamblados, lo que reduce la manipulación manual. El montaje se completa a nivel del suelo. La estructura completa del encofrado proporciona una plataforma de trabajo robusta y estable. Los proveedores de encofrados a menudo proporcionan materiales y recursos para formar a los operarios. Además, el uso de herramientas eléctricas para el montaje es moderado. Por otra parte, estos encofrados son fáciles de limpiar y reutilizar, lo que genera menos desperdicio en comparación con los encofrados tradicionales.

El encofrado tipo túnel es económico para proyectos con 100 o más unidades celulares, pero también existen ejemplos donde se utilizan para viviendas de baja altura y construcciones con bastidores celulares mucho más pequeños. Se requiere un espacio suficiente para permitir el desencofrado. Una buena planificación asegura el espacio suficiente en obra para el transporte, almacenamiento, ensamblaje y desmontaje.

6.11.2. Encofrados para hormigón autocompactante

El hormigón autocompactante (HCA) es aquel que se vierte en encofrados y se compacta únicamente por la acción de la gravedad, gracias a su capacidad innata de fluir. Esta técnica, lograda mediante una dosificación cuidadosa y el uso de aditivos superplastificantes específicos, permite que el hormigón se compacte uniformemente, eliminando huecos sin necesidad de vibración u otros métodos de compactación adicionales. Este enfoque mejora de manera notable la calidad, la durabilidad y la vida útil de las estructuras construidas con este material.

Sin embargo, es importante destacar que, para lograr los resultados deseados, se requiere un encofrado robusto y perfectamente sellado para garantizar la estanqueidad del hormigón. Además, el encofrado debe estar dimensionado de acuerdo con las características del producto final, pues el hormigón ejerce una presión hidrostática, considerando un peso específico de 24 kN/m^3.

El hormigón autocompactante fue concebido por Okamura en 1986 en Japón. Surgió con el objetivo de aumentar la productividad al reducir los tiempos de trabajo, mejorar las condiciones ambientales en obra y superar desafíos estructurales emergentes, como la creación de formas y estructuras donde la densidad de las armaduras dificulta el uso de métodos convencionales de compactación. Además, se buscaba mejorar las propiedades del producto final en términos de resistencia y durabilidad. Estas investigaciones condujeron al desarrollo del primer diseño de hormigón autocompactante en 1988.

Figura 6.99. Conexión de la tubería de hormigonado por la parte inferior del encofrado.
Fuente: https://www.proyectosyobrasmetrocubico.com/hormigon-autocompactante/

En la actualidad, los fabricantes de encofrados han desarrollado elementos especiales para el hormigón autocompactante, que incluyen una conexión para el conducto de la bomba y una trampilla de cierre. Estos elementos pueden instalarse tanto en el muro como en la parte frontal del elemento de encofrado, asegurando un encofrado seguro en la parte inferior (Figura 6.99). Este procedimiento, en elementos de altura importante, previene la formación de burbujas de aire atrapadas entre la pared del encofrado y la masa de hormigón. Aunque, en todo caso, la formación de estas burbujas es mínima al emplear el desencofrante adecuado, es aún más reducida que en el caso del hormigón convencional. Se recomienda utilizar encofrados con cara metálica o superficies plastificadas no absorbentes para lograr texturas superficiales uniformes y minimizar la retención de burbujas de aire.

Dado que el hormigón se bombea al encofrado desde la parte inferior, se requieren pocos andamios, principalmente para controlar el proceso. Esta técnica de vertido garantiza que el encofrado permanezca limpio, tanto en su exterior como en las áreas no hormigonadas, lo que permite verter el hormigón incluso cuando la armadura es densa. Al bombear el hormigón desde abajo, no hay necesidad de preocuparse por la altura de caída libre del material. Sin embargo, si se optara por verter el hormigón directamente, es crucial evitar que caiga desde alturas superiores a los 2 m.

6.11.3. Encofrados flexibles textiles

En los encofrados flexibles, el hormigón se confina mediante una combinación de elementos rígidos de soporte y una membrana que únicamente resiste tracciones. Mediante la fijación de un material textil sobre un soporte de madera, el hormigón vertido adopta la forma preestablecida por el material. Así, al recibir el hormigón fresco, la membrana la contiene y adopta una forma gravitacional.

En este contexto, lo particular de esta tecnología radica en el uso de una tela que puede resistir el hormigón hasta que este complete su curado. En la actualidad, en el mercado de la construcción, se encuentran disponibles los geotextiles, los cuales poseen alta resistencia y coste competitivo, convirtiéndolos en una opción para emplearse como encofrados flexibles. Estos textiles se distinguen además por su ligereza y su reducido volumen, lo que los hace adecuados para proyectos que requieran largos desplazamientos.

Al reemplazar los tradicionales encofrados prismáticos por un material flexible compuesto por láminas textiles de alta resistencia y bajo coste, es posible aprovechar la fluidez del hormigón para construir formas altamente optimizadas y de interés arquitectónico.

A partir de finales de la década de 1960, Miguel Fisac empleó los encofrados flexibles sujetos con elementos que alteran su superficie, moldea el hormigón, el cual al fraguar adquiere una apariencia lisa con una textura singular (Figura 6.100). Esta técnica encuentra aplicación especialmente en las fachadas de numerosos edificios. El material, que evoluciona en formas y acabados con el tiempo, se convierte desde entonces en un elemento distintivo y destacado que define su identidad arquitectónica. Este tipo de encofrado proporciona al hormigón una apariencia redondeada y suave, evocando la sensación de un material aún fluido.

Los encofrados textiles permiten obtener estructuras que requieren hasta un 40 % menos de hormigón que una sección prismática equivalente, lo que representa un ahorro notable en términos de sostenibilidad. Existen áreas

Figura 6.100. Casa Pascual de Juan en La Moraleja, (Madrid), obra de Miguel Fisac.
Fuente: https://arquitecturaviva.com/obras/casa-pascual-de-juan-en-la-moraleja-madrid

prometedoras para futuros desarrollos, tales como modelos informáticos de cálculo, el uso de textiles avanzados como encofrados colaborativos, el pretensado y la implementación de estructuras aligeradas con huecos.

6.11.4. Encofrados flexibles modulares

En la actualidad, se demanda un mayor nivel de exigencia en las formas del hormigón. En este contexto, el encofrado con curvaturas suele plantear un fuerte desafío. La utilización de sistemas de encofrado convencionales para estas tareas resulta laboriosa, costosa y poco adaptable. La manipulación de los voluminosos y pesados tableros de madera consume tiempo y obstaculiza el progreso de los trabajos. Por otro lado, el empleo de encofrados especiales implica un coste elevado.

El sistema de encofrado modular flexible ofrece una solución de manejo sencillo, ya que su peso equivale solo a un tercio del de un encofrado de madera similar. Además, se puede montar en poco tiempo y sin necesidad de equipos elevadores. Este sistema permite encofrar rectas, curvaturas y ángulos con un esfuerzo mínimo, y además es reutilizable en múltiples ocasiones (Figura 6.101).

El sistema de encofrados flexibles y modulares se diseña para estructuras de hormigón con formas curvas u orgánicas (Figura 6.102). Estos encofrados se componen de paneles de un textil plástico que incluye filamentos de policloruro de vinilo (PVC) y poliéster o fibra de vidrio, junto con una estructura interna articulada de PVC. El proceso de instalación y uso es sencillo: solo se necesitan insertar los puntos de anclaje o "puntos guía" en los paneles siguiendo la geometría deseada. Son soluciones prácticas, pues son resistentes y reutilizables. Además, contribuye a reducir el desperdicio de materiales generado por la creación de encofrados personalizados para estructuras de hormigón especiales.

Figura 6.102. Encofrado flexible.
Fuente: https://www.isoplam.es/es/encofrado-flexible.php

Figura 6.101 Encofrado flexible para muros.
Fuente: https://www.infoconstruccion.es/productos/20141103/syflex-el-encofrado-flexible-para-muros-rectos-y-curvos

Figura 6.103. Proceso de presurización de la membrana de PVC.
Fuente: http://www.tectonica-online.com/productos/1704/hormigon_cupulas/

Figura 6.104. Molde hinchable para alcantarillas.
Fuente: http://spanish.marinerubberairbag.com/sale-10479955-black-color-inflatable-rubber-balloon-environmental-friendly-tunnel-formwork.html

Figura 6.105. Construcción de la bóveda de hormigón del Centro Cultural Óscar Niemeyer en Avilés.
Fuente: http://www.tectonica-online.com/productos/1704/hormigon_cupulas/

6.11.5. Cimbras y encofrados hinchables

Las estructuras hinchables pueden utilizarse como cimbra y encofrado a la hora de construir cúpulas, canales de regadío, depósitos, tubos u otro tipo de estructuras de hormigón. Son estructuras neumáticas que permiten colocar el hormigón de una forma geométricamente eficiente para reducir los costes de ejecución. Se trata de utilizar como molde un material flexible, fuerte e impermeabilizado, con formas variadas, que son estancos y presentan válvulas para el hinchado y vaciado (Figura 6.103). El proceso constructivo consiste en inflar el encofrado en su emplazamiento. Tras el hormigonado y posterior endurecimiento, el encofrado se deshincha y se extrae para un uso posterior.

Estos medios neumáticos presentan ventajas como su rápida disponibilidad, su buen acabado y pocas juntas de hormigonado, su economía y bajo coste de mantenimiento, poco peso, fácil reparación y poco coste de transporte. Además, no necesita mano de obra especializada y son estructuras provisionales que resisten bien los esfuerzos de tracción y compresión. Sin embargo, hay que tener presente la limitación que supone el empuje del hormigón fresco, lo cual implica una preferencia de uso con elementos de pequeño espesor.

Existen distintas patentes de este procedimiento constructivo. Así, en 1960 Dante Bini ideó el denominado "método Binishell". Este método consiste en colocar a nivel de suelo la

ferralla y se extiende el hormigón con retardadores de fraguado, posteriormente se insufla aire (con una presión entre 2 y 6 kN/m²) y se eleva la membrana
junto con el hormigón fresco y las armaduras hasta alcanzar la geometría
preestablecida.

Otra patente es el "domo de espuma", donde se rigidiza la forma neumática
con espuma de poliuretano o mortero de arcilla expandida antes de colocar el
hormigón y el acero. La espuma garantiza la forma adquirida por el elemento
hinchable y sirve como superficie para recibir el hormigón proyectado. El proceso constructivo comienza fijando la membrana de PVC sobre una cimentación
y se procede a su presurización. Sobre la membrana se proyecta interiormente
la espuma, que rigidiza la membrana, aumenta el aislamiento térmico y disminuye la posibilidad de condensaciones en el interior. A continuación, se ferralla
y se proyecta hormigón. Este proceso de armado y proyectado se repite en
sucesivas capas de 3-4 cm (lo que disminuye las retracciones), hasta la total
construcción de la estructura. La membrana queda como acabado exterior,
con lo que se garantiza la impermeabilidad. Son estructuras monolíticas ce-
rradas que permiten el depósito de materias primas, agua o gases. Se pueden
alcanzar luces de hasta 100 m sin apoyos, por lo que se pueden constituir
edificios como auditorios o polideportivos (Figura 6.105).

6.11.6. Carros de encofrado para túnel

Los encofrados para túneles suelen construirse en tramos de 12 a 15 m. Dada
la necesidad de repetir y desplazar estas estructuras varias veces, se incorpora un carro de transporte auxiliar (Figura 6.106). Conocidos como carros
de encofrado o encofrados automotores para túneles, están equipados con
accionamiento mecánico o hidráulico para facilitar el desplazamiento en cada
una de sus puestas. Estos carros son de tipo telescópico y autoportante, lo
que permite que el carro no sea solidario con el encofrado. Esta característica

posibilita, una vez que el módulo de
encofrado está posicionado, retirar el
carro para utilizarlo en otras tareas,
como el transporte y desencofrado de
otros módulos.

El carro combina la estructura de
apeo con el encofrado que da forma
a la bóveda del túnel. Las geometrías
más comunes para encofrados de
este tipo suelen adoptar formas de
sección en cajón, recta o curva. Sin
embargo, ocasionalmente se presentan estructuras mixtas, caracterizadas

Figura 6.106. Carro de túnel en mina.
Fuente: E. Valiente.

por arranques rectos seguidos de zonas curvas. Estos sistemas se componen de una subestructura interior y paneles metálicos que cubren y se conectan de forma solidaria a dicha subestructura. De este modo, se configura un carro de encofrado que se adapta a la geometría de la sección del túnel, desplazándose a lo largo de carriles o raíles. Suelen disponer de sistemas hidráulicos para el avance, encofrado, desencofrado, centrado transversal y plegado de los hastiales, aunque también existen sistemas de accionamiento manual.

El encofrado puede constar de dos paneles hastiales y un panel clave, siendo esta la disposición más común en la mayoría de los túneles. Si la sección es próxima a circular, se añade un faldón inferior a los hastiales laterales. Los hastiales presentan ventanas de hormigonado e inspección, así como con soportes para vibradores de superficie e instalaciones neumáticas para alimentar dichos vibradores. Los paneles clave están provistos de aberturas para verter el hormigón.

Figura 6.107. Carro falso túnel.
Fuente: http://www.ulmaconstruction.es/

Se pueden distinguir dos tipos diferentes de carros, los destinados a túneles en mina o los empleados para la construcción de falsos túneles. Los primeros se diseñan para espacios confinados y los segundos, para espacios abiertos. Las características de cada túnel difieren (secciones, desarrollo en planta, tipo y espesor del hormigón, etc.) por lo que es necesario redactar un proyecto específico para la utilización del sistema.

El procedimiento constructivo más frecuentemente empleado para estos encofrados consiste en revestir los túneles en mina una vez completada la excavación. En este caso, se utiliza únicamente un encofrado interior que debe soportar todos los esfuerzos durante el hormigonado. En los falsos túneles, además del encofrado interior y los carros de transporte, se requiere un encofrado exterior, pues no existe una excavación sobre la cual verter el hormigón.

Las operaciones de montaje, desmontaje, la fase de trabajo y el traslado deben ser supervisadas y coordinadas por un técnico competente con conocimientos especializados en túneles y elementos auxiliares. Este profesional debe estar integrado en la empresa propietaria del elemento auxiliar, garantizando así una gestión experta y segura de la maquinaria.

En consecuencia, estos medios auxiliares automotores deben cumplir con una serie de requisitos documentales:

- ▶ Proyecto específico visado. Se requiere la redacción de un proyecto específico visado que incluya las condiciones particulares exigidas por la obra.

- ▶ Manual de instrucciones de montaje. Debe proporcionarse un manual de instrucciones de montaje para asegurar la correcta instalación del equipo suministrado.

- ▶ Marcado CE y cumplimiento normativo. Dado que el equipo de trabajo opera mediante accionamientos hidráulicos y tiene la condición de máquina, debe llevar el marcado CE, conforme a la reglamentación de puesta en servicio y comercialización de máquinas.

- ▶ Modificación del plan de seguridad y salud. En cumplimiento del Real Decreto 1627/1997, de 24 de octubre, por el que se establecen disposiciones mínimas de seguridad y de salud en las obras de construcción, es necesario modificar el plan de seguridad y salud de la obra mediante la redacción de un anexo al plan. Todas las empresas afectadas por estas actividades deben recibir una copia del mismo.

- ▶ Designación del jefe de maniobras. De acuerdo con el Real Decreto 837/2003, de 27 de junio, referente a grúas móviles autopropulsadas, se debe designar un jefe de maniobras.

- ▶ Persona competente para la vigilancia y control. Siguiendo lo establecido en el Anexo IV, parte C del Real Decreto 1627/1997, se requiere una persona competente para la vigilancia, control y dirección de los trabajos.

- ▶ Acta de inspección inicial y certificado de correcto montaje. Tras la puesta en servicio del carro, el técnico de montaje, de acuerdo con la normativa vigente, elaborará tanto el acta de inspección inicial del carro como el certificado de correcto montaje del carro.

6.11.7. Carros de encofrado para la construcción de puentes por avance en voladizo

La técnica de construcción en avance en voladizo con dovelas de hormigón *in situ* surgió como respuesta a la reconstrucción de numerosos puentes devastados durante la Segunda Guerra Mundial. En este método, el tablero se divide en dovelas que se ejecutan sucesivamente, avanzando en voladizos de mayor longitud. Unas cimbras metálicas apoyadas en el tramo del tablero ya completado soportan las dovelas. Gracias a este proceso, se han logrado superar vanos cada vez más amplios, desplazando así a los puentes-viga metálicos en luces que oscilan entre los 60 y 200 m. Un ejemplo destacado de esta técnica es el puente de la Unión, ubicado en Zaragoza, que cuenta con vanos de luces de 93+145+93 m (Figura 6.108). Asimismo, el puente Gateway en Brisbane,

Figura 6.108. Puente de la Unión (Zaragoza).
Fuente: http://zaragozamilenaria.blogspot.com.
es/2010/03/el-puente-de-la-union.html

Australia, es otro ejemplo destacable, con una luz de 260 m. El récord mundial de esta tipología lo ostenta el puente Stolma, en Noruega, con un vano central de 301 m de luz.

Por lo general, se requieren alrededor de tres días para ejecutar una sección de entre 3 y 5 m sobre un encofrado que contiene tanto las armaduras activas como las pasivas. Los cables se colocan en la losa superior, se enfilan y se tensan en la junta de hormigonado para absorber el momento del voladizo. Estas dovelas se apoyan en las dovelas anteriores y se montan de manera simétrica, avanzando en forma de T desde las pilas hacia el centro del vano. Ambos lados se conectan mediante una dovela clave.

Las dovelas se hormigonan a sección completa o en dos fases. En este último caso, la primera fase deja la viga como si fuera una artesa, para después completarse en la segunda fase con el hormigonado de la losa superior (Figura 6.109).

La dovela en ejecución se apoya sobre un carro de avance soportado por el tablero terminado (Figura 6.110). Sin embargo, existen otros sistemas como el uso de andamiajes apoyados sobre el terreno, vigas metálicas auxiliares apoyadas sobre las pilas del puente en construcción e incluso mediante atirantamiento provisional.

En las primeras realizaciones se empleaban barras de pretensado de acero de alta resistencia. Posteriormente, se comenzaron a utilizar alambres y en la actualidad prevalece el uso del cordón compuesto por 7 alambres. Existen tres tipos principales de cables de pretensado: cables de voladizo, cables de vano y cables de continuidad. Los cables de voladizo pueden anclarse en las almas de las vigas o en las uniones entre estas y la losa superior. En algunos casos, se dejan algunos conductos vacíos como medida preventiva. En términos del esquema estático, en los primeros diseños, los voladizos se unían en el centro

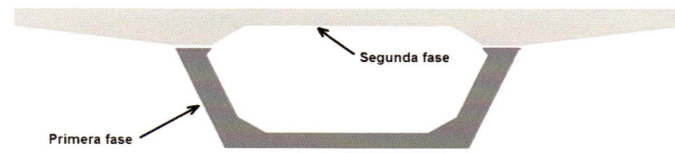

Figura 6.109. Proceso de hormigonado de la sección en cajón en dos fases.

de los vanos utilizando rótulas o articulaciones deslizantes. Sin embargo, en la actualidad se les da continuidad, es decir, se evita la presencia de juntas o separaciones en el centro de los vanos.

Se emplean diferentes métodos para sostener las dovelas durante el hormigonado *in situ*. Estos métodos dependen de cómo se soportan las dovelas durante la construcción del puente. Uno de ellos consiste en utilizar una viga provisional que descansa sobre los apoyos del puente durante la construcción. Otro método implica el uso de un andamiaje que se desplaza sobre el suelo. Sin embargo, el método más utilizado es un sistema de atirantado provisional o a un carro móvil que se apoya en el propio tablero.

En puentes con múltiples tramos idénticos, una solución económica es utilizar una viga auxiliar apoyada sobre el tablero. Los encofrados se suspenden de esta viga metálica y se desplazan después de cada construcción de dovela. Las dovelas pueden tener una longitud de hasta 10 m, lo que permite un avance promedio de 3,3 m por día. Se pueden realizar dos dovelas por viga en un ciclo de 6 días.

Figura 6.110. Construcción por voladizos sucesivos.
Foto: Störfix.
Fuente: Störfix, CC BY-SA 3.0 <http://creativecommons.org/licenses/by-sa/3.0/>, vía Wikimedia Commons

Figura 6.111. Carros antiguos con contrapesos para equilibrar.
Fuente: Dragados Obras y Proyectos.

Es poco habitual construir mediante un andamiaje que se desplaza sobre el suelo, pues requiere una baja altura y un terreno accesible y horizontal. En este caso, se pueden utilizar dovelas más largas, de 6 a 8 m. Sin embargo, surge el inconveniente de los movimientos relativos entre el tablero ya construido y la dovela en ejecución debidos a deformaciones térmicas, retracción, entre otros factores.

La construcción por voladizo con atirantamiento provisional se utiliza en puentes de vigas cuando no se puede lograr un avance simétrico desde cada pila, sino de un extremo al otro del tablero. Para esto, se emplea un mástil provisional

Figura 6.112. Carro de avance moderno.
Fuente: Dragados Obras y Proyectos.

de acero que se coloca sucesivamente en la última pila donde el tablero se apoya. Este sistema también puede emplearse con dovelas prefabricadas.

El carro móvil de hormigonado, soportado por el propio tablero (Figuras 6.112 y 6.113), desempeña dos funciones principales. En primer lugar, asegura la posición geométrica de las dovelas durante el fraguado del hormigón y su conexión mediante pretensado con la dovela precedente. Además, soporta el peso de las dovelas antes de que el hormigón fragüe. Existen dos tipos de carros móviles: los tradicionales y los autoportantes. En los primeros, el peso de la dovela se transmite al tablero mediante vigas longitudinales que están fijadas firmemente en voladizo en el extremo de la ménsula.

▶ Carros móviles con vigas principales superiores: constan de vigas longitudinales ubicadas en la vertical de las almas. Unas vigas transversales arriostran las vigas longitudinales y sostienen el encofrado, la plataforma de trabajo y las pasarelas de inspección. Los encofrados internos y de las almas se apoyan sobre vigas o un carretón móvil, desplazándose colgados tanto del tablero como del carro. El carro se ancla a la penúltima dovela y se equilibra mediante contrapesos traseros o mediante un anclaje móvil a la vía de rodadura. Sin embargo, el problema principal es la aparición de fisuras en la cara superior de la losa inferior debido a la deformación de las vigas principales durante la colocación del hormigón. Para reducir este efecto, se hormigona el voladizo en dirección opuesta. Otra opción sería utilizar carros más rígidos y pesados, que tengan el doble de peso que los carros ligeros. Sin embargo, esto conlleva un aumento en la cantidad de pretensado necesario y en los dispositivos de anclaje o contrapesos.

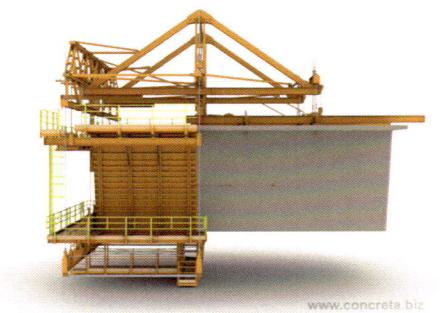

Figura 6.113. Carro de avance moderno, anclado al tablero.
Fuente: http://www.sten.es/encofrados/viaductos/

▶ Carros móviles con vigas principales inferiores: se utilizan para despejar la superficie de trabajo y permitir el acceso a la parte superior de la dovela en construcción. Estos carros cuentan con vigas ubicadas debajo de las almas exteriores de las dovelas. Esta configuración facilita la prefabricación de las armaduras y las vainas con los cables de pretensado, lo que agiliza el proceso de construcción.

▶ Carros móviles autoportantes: se trata de carros en los que el encofrado forma parte de la estructura resistente, lo que reduce las deformaciones durante el hormigonado de la dovela. Esta configuración mejora el control y la corrección geométrica del tablero, disminuye la aparición de fisuras en las juntas entre las dovelas y evita obstrucciones en las superficies de trabajo. Los carros se anclan al tablero mediante pretensado y se posicionan con husillos. Estos carros se desplazan sobre perfiles ubicados en voladizo, justo encima de las almas de las dovelas. Además, es posible construir secciones variables e incluso secciones en forma de cajón con múltiples almas. El encofrado interno del cajón se apoya en la viga maestra anterior y se cuelga en la parte trasera de la dovela precedente.

6.12. Productos desencofrantes de desmoldeo

El desencofrante es un producto químico diseñado para evitar que el hormigón o el mortero se adhieran al retirar el encofrado. Su uso permite un desencofrado rápido y eficaz, sin ser tóxico ni dañar el medioambiente. Además, no mancha el hormigón y contribuye a prolongar la vida útil del encofrado, al reducir el desgaste de la madera. Este producto no debe atacar ni afectar a los moldes metálicos ni a las partes de goma que conforman cualquier tipo de encofrado. El empleo de desencofrantes ahorra tiempo y mano de obra en la limpieza posterior de los encofrados.

Es fundamental emplear exclusivamente productos de fabricación industrial, con información detallada sobre su marca, tipo y composición. Estos desencofrantes deben asegurar que no afecten la calidad ni el aspecto del hormigón, y su aplicación debe evitar cualquier contacto con las armaduras activas o pasivas.

El empleo de estos desmoldantes evita la adherencia entre el hormigón y el encofrado, creando una película hidrófuga sobre su superficie. No obstante, en ningún caso deben entrar en contacto con las armaduras, pues perjudicaría la adherencia con el hormigón. Para mitigar cualquier riesgo asociado, se deben usar separadores que garanticen una correcta distancia y eviten cualquier posibilidad de contacto no deseado entre el producto desencofrante y las armaduras. Al seguir estas precauciones, se asegura un acabado óptimo y duradero en las estructuras de hormigón.

Los productos desencofrantes deben permitir una aplicación sencilla en capas continuas y uniformemente delgadas, sin provocar coqueras, variaciones de color u otros defectos en la superficie del hormigón (Figura 6.114). Es esencial que no se mezclen con el agua para evitar que penetren en el hormigón y alteren

Figura 6.114. Aplicación de un producto desencofrante.
Fuente: https://www.libreriaingeniero.com/2019/06/desencofrantes-tipos-usos-y-ventajas.html

el fraguado. Asimismo, es importante que no reaccionen ni con el hormigón ni con el encofrado. Además, se espera que proporcionen una mayor durabilidad al encofrado, permitiendo un aumento en el número de usos. Su aplicación no debe generar efectos nocivos como dermatitis o alergias en los operarios que los manipulan. Por último, deben facilitar la limpieza de los moldes, garantizando así un proceso más eficiente y efectivo en su utilización.

No obstante, la acción aislante de estos productos se ve limitada por la baja resistencia de la película a los efectos de la temperatura y la abrasión. Los desmoldantes basados en procesos químicos forman películas que ofrecen una mayor resistencia, pues la reacción entre la pasta de cemento y el producto crea una capa jabonosa que garantiza una clara separación entre el hormigón y el encofrado.

Existen distintos tipos de desmoldantes, entre ellos:

1. Aceites. Los desmoldantes de aceites minerales puros tienden a dejar residuos en el hormigón y su efecto separador es pequeño, basándose principalmente en procesos físicos. Se recomiendan para tareas simples de desencofrado con poca exigencia en la calidad del acabado superficial del hormigón. Algunos productos de aceite mineral incorporan aditivos para mejorar su efecto separador mediante la combinación de procesos físicos y químicos.

2. Emulsiones. Las emulsiones se dividen en dos tipos: agua en aceite y aceite en agua, siendo estas últimas más estables. Las emulsiones de aceite en agua se suministran como concentrados de aceite a los cuales se les agrega agua *in situ*. El efecto separador de estas emulsiones depende del índice de concentración. Al agregar agua a los desencofrantes más comunes del mercado, se observa que en ninguno de los casos es fácil eliminarlos con agua, pues el líquido resbala sobre la película formada.

La aplicación más sencilla de estos productos es mediante nebulización a presión, aunque en muchas ocasiones también se utilizan métodos convencionales como brocha o rodillo, siempre buscando obtener una capa delgada y uniforme.

Es imprescindible que la superficie de los encofrados sobre los que se aplicará el producto esté completamente limpia y preparada. En el caso de encofrados de madera, es necesario saturarlos con agua antes de aplicar el desencofrante. Si se trata de hormigones vistos, se recomienda realizar ensayos previos antes de seleccionar los productos adecuados. La elección cuidadosa y la correcta aplicación son fundamentales para obtener un resultado óptimo y garantizar la calidad del acabado.

El Artículo 48.4 del Código Estructural indica lo siguiente respecto a los productos desencofrantes:

> Salvo indicación expresa de la dirección facultativa, el constructor podrá seleccionar los productos empleados para facilitar el desencofrado y el fabricante de elementos prefabricados los correspondientes al desmoldeo. Los productos serán de la naturaleza adecuada y deberán elegirse y aplicarse de manera que no sean perjudiciales para las propiedades o el aspecto del hormigón, que no afecten a las armaduras o los encofrados, y que no produzcan efectos perjudiciales para el medioambiente. No se permitirá la aplicación de gasóleo, grasa corriente o cualquier otro producto análogo.

> Además, no deberán impedir la posterior aplicación de revestimientos superficiales, ni la posible ejecución de juntas de hormigonado.

> Previamente a su aplicación, el constructor facilitará a la dirección facultativa un certificado, firmado por persona física, que refleje las características del producto desencofrante que se pretende emplear, así como sus posibles efectos sobre el hormigón.

> Se aplicarán en capas continuas y uniformes sobre la superficie interna del encofrado o molde, debiéndose verter el hormigón dentro del período de tiempo en el que el producto sea efectivo según el certificado al que se refiere el párrafo anterior.

6.13. Medidas de seguridad durante el desencofrado

El término desencofrado se refiere a las operaciones destinadas a desmontar el encofrado. Esta operación se lleva a cabo cuando el hormigón ha alcanzado la rigidez requerida. Por otro lado, el descimbrado se realiza únicamente cuando el elemento posee la resistencia necesaria para soportar las cargas presentes en ese momento. El desencofrado implica retirar los fondos y costeros del encofrado, mientras que el

Figura 6.115. Desencofrado de un pilar.
Fuente: http://ingcivil.org

descimbrado implica retirar el sistema de puntales o la cimbra. Por tanto, el plazo para el descimbrado es considerablemente más riguroso que el del desencofrado. La eliminación de los fondos y costeros del encofrado puede llevarse a cabo unas horas o algunos días después de la colada de hormigón. En circunstancias habituales, los costeros se pueden retirar aproximadamente a las 10 horas después de verter el hormigón en verano, y a las 30 horas en invierno. No obstante, para afinar los periodos mínimos de desencofrado, los comentarios del artículo 53.2 del Código Estructural ofrecen los siguientes valores:

Tabla 6.4. Periodos mínimos de desencofrado y descimbrado de elementos de hormigón armado, según los comentarios del artículo 53.2 del Código Estructural.

Temperatura superficial del hormigón (°C)		≥ 24	16	8	2
Encofrado vertical		9 horas	12 horas	18 horas	30 horas
Losas	Fondos de encofrado	2 días	3 días	5 días	8 días
Vigas	Fondos de encofrado	7 días	9 días	13 días	20 días

Los elementos del encofrado se retiran, sin golpes ni sacudidas, cuando el hormigón alcanza la resistencia suficiente para evitar deformaciones excesivas ni fisuración prematura. Se sugiere utilizar cuñas, cajas de arena, gatos u otros dispositivos similares durante el proceso de desencofrado, especialmente cuando los elementos tengan una importancia significativa. Esto garantizará un descenso uniforme de los apoyos. Asimismo, en ocasiones deben adoptarse medidas de protección una vez se ha retirado el encofrado, especialmente en condiciones ambientales adversas, como puede ser una helada.

Son muchos los sistemas de encofrado que se utilizan en la ejecución de estructuras de hormigón armado para dar solución a las necesidades que nos exige la obra. En cualquier caso, a la hora de proceder a la manipulación, montaje y desmontaje de estos elementos, los riesgos y las medidas de prevención a aplicar son muy similares.

Las operaciones de desencofrado dependen:

1. Del propio elemento que se ha encofrado.
2. Del tipo de cemento usado en el hormigón.
3. De las condiciones ambientales.
4. Otras condiciones.

Cuando se elabore un encofrado, habrá que tener en cuenta el desencofrado, por lo que los elementos empleados serán concebidos de forma que su retirada sea la menos complicada y peligrosa posible. Asimismo, es fundamental que las operaciones de desencofrado sean efectuadas por los mismos operarios que hicieron el encofrado, usándose los mismos medios auxiliares utilizados en el encofrado, disponiéndose de los andamios o plataformas elevadoras necesarias

para el acceso a los puntos de enganche del encofrado y para la retirada
de los elementos de arriostramiento
entre paneles. Además, en el caso de
los forjados, deben permanecer los
huecos siempre tapados para evitar
caídas a distinto nivel.

La planificación del desencofrado
debe basarse en las indicaciones del
fabricante. Por ejemplo, si las instrucciones de montaje no lo permiten, se
prohíbe retirar varios paneles simultáneamente en una misma sección,
pues los arriostramientos entre ellos
podrían no resistir los esfuerzos im-
plicados en dichas maniobras. En el
caso de muros construidos en obra, el
desencofrado sigue el proceso inverso
al del encofrado: cada panel debe retirarse tan pronto como se eliminen los
arriostramientos, evitando dejar paneles en posición vertical.

Figura 6.116. Desencofrado de un muro.
Fuente: V. Yepes.

El desencofrado se realizará con precaución, aflojando gradualmente as cuñas y otros dispositivos de sujeción apenas unos centímetros. En este momento,
hay que tener en cuenta que la estructura se somete a carga. Es fundamental
anticipar la posibilidad de detener de inmediato el desencofrado y de reforzar
urgentemente la estructura mediante apuntalamiento en caso de que surjan defectos o deformaciones.

Es fundamental prestar atención especial a las partes en voladizo, como las
escaleras y, especialmente, los balcones, cuyo apuntalamiento debe prolongar-
se, considerando que luego se utilizan con frecuencia como andamios de trabajo.
Asimismo, es recomendable mantener puntales hasta el final para vigas y techos
interiores, especialmente en las partes centrales y en las intersecciones, ya que
el proceso de fraguado continúa incluso después del desencofrado. Aquellos que
desencofren sobre el vacío deben asegurarse de que se hayan instalado protecciones en la parte inferior para prevenir la caída de puntales y tablas sobre las
personas presentes en esa área.

Al desmontar los encofrados, pueden surgir esfuerzos violentos debido a
la hinchazón de la madera por la humedad del hormigón. Por tanto, es crucial
emplear herramientas adecuadas, como tenazas, sacaclavos, dispositivos de
tracción y elevación, así como portar cinturones y cascos, junto con calzado
de seguridad. Para prevenir caídas de operarios durante el desencofrado, es

necesario mantener los tablones de los andamios a la misma altura o instalar barandillas exteriores robustas. Además, el uso de redes para prevenir la caída de trabajadores y materiales es muy conveniente.

Es imprescindible tomar medidas precisas para prevenir lesiones en la cara y los ojos debido al material. Esto implica organizarlo y eliminar las puntas afiladas o remachándolas. Las piezas de madera deben apilarse de manera ordenada y fuera de las zonas de paso para evitar posibles golpes a personas.

Los encofrados deben mantenerse en su posición hasta que el hormigón no adquiera la resistencia necesaria para soportar su propio peso y el de las cargas permanentes o temporales que sobre él actúen (con un margen suficiente de seguridad), durante la construcción de la estructura. Este periodo de tiempo se prolongará si la temperatura es baja o existen corrientes de aire que produzcan una rápida desecación de la superficie.

Se utilizarán uñas metálicas para separar los encofrados del hormigón, procediéndose desde el lado del que no pueda desprenderse el panel y evitando tirar con los equipos de elevación. Esta acción puede resultar extremadamente peligrosa para los trabajadores situados en las inmediaciones.

Además, conviene recordar a los encofradores que la operación de desencofrado no se da por terminada hasta que el encofrado esté limpio de hormigón, puntas, latiguillos, etc., y debidamente apilado en el lugar correspondiente. Se retirarán todos los elementos de encofrado que impidan el funcionamiento de diseño de la estructura (juntas de dilatación, articulaciones, etc.). Por otro lado, los elementos de apeo y encofrado deberán acopiarse de forma ordenada a medida que se realiza el desmontaje para garantizar el orden y la limpieza del tajo.

Después de un tiempo tras el desencofrado, se realizarán las pruebas de carga según lo estipulado en el proyecto y las instrucciones del constructor y la dirección facultativa. Durante este proceso, se cerrarán los accesos a la zona de prueba, siendo recomendable llevar a cabo estas pruebas durante momentos de descanso laboral para evitar posibles interferencias ocasionadas por el movimiento de personas y maquinaria.

6.14. Criterios de diseño de encofrados y moldes

Las acciones que se producen durante el vertido del hormigón y las acciones exteriores determinan la estructura de soporte del encofrado. Este se diseña y calcula con las teorías del cálculo de estructuras. A continuación, se recogen algunas de las condiciones que deben cumplir estos elementos:

▶ La estructura de soporte debe dimensionarse teniendo en cuenta las acciones siguientes:

• Peso y presión horizontal del hormigón fresco más el peso del propio encofrado como peso muerto.

- Sobrecargas de uso durante el montaje y el desencofrado, entre las que se incluyen las originadas por personas, equipos, medios auxiliares, incluyendo impactos.

- Cargas horizontales, tales como viento, las originadas por soportes inclinados, arranques y paradas de equipos, etc.

- Cargas dinámicas que se producen durante el vertido, el vibrado y la compactación del hormigón.

- Acciones específicas para tipos especiales de encofrado.

▶ El encofrado, a la vez que rígido y resistente frente a empujes y acciones exteriores, debe ser estanco. La falta de estanqueidad de un encofrado, puede conducir a fugas de lechada e incluso de finos que en el mejor de los casos suponga la presencia de defectos superficiales que afectan exclusivamente al aspecto de los paramentos superficiales y en algunos casos coqueras o nidos de grava que supongan una vía de acceso a ataques de las armaduras con los riesgos que ello conlleva para la durabilidad de la estructura.

▶ El encofrado será químicamente inerte a la acción del agua, los aditivos o cualquier otro constituyente del hormigón. A pesar de ello, cuidaremos especialmente evitar usar aguas en exceso agresivas, etc.

▶ No adherirse fuertemente al hormigón después del fraguado. Se pueden tratar las superficies del encofrado con distintos productos químicos o incluso en algunos casos, como el del encofrado de madera, bastará humedecer la superficie, antes de la colocación.

▶ Ser resistente a la abrasión del hormigón.

▶ Posibilitar la colocación de las armaduras en su interior.

▶ Ser económicos, teniendo en cuenta su coste inicial y su número de usos. Estos estudios económicos se hacen de acuerdo a los usos, la longitud del encofrado (en elementos de avance lineal), etc. Una manera de no encarecer los encofrados es utilizar, cuando sea posible, paneles preparados, paneles prefabricados, de las dimensiones que los medios disponibles permitan.

Se recomienda que los encofrados se diseñen para resistir la combinación más desfavorable de su peso propio, peso de su armadura, peso y presión del hormigón fresco, cargas de construcción y viento, así como el conjunto de efectos dinámicos accidentales producidos por el vertido, vibrado y compactación del hormigón.

Figura 6.117. Encofrado fenólico.
Fuente: https://www.cosaor.com/alquiler-de-herramientas-para-encofrado/

6.14.1.Requisitos sobre encofrados y moldes

La selección adecuada de encofrados debe garantizar la integridad estructural y la precisión dimensional de los elementos de hormigón. La resistencia, la durabilidad, la facilidad de desmoldeo y la capacidad de adaptarse a diseños específicos son requisitos que deben cumplirse para asegurar el éxito en la construcción. Además, la atención a los detalles en la fabricación, instalación y mantenimiento de estos elementos es imperativa para garantizar la calidad final del producto de hormigón. A continuación, se recogen los requisitos que sobre encofrados y moldes que aparecen en el Código Estructural y en la norma UNE 180201.

El Artículo 48.3 del Código Estructural es el que establece las características de los encofrados y moldes necesarios para la ejecución de estructuras de hormigón. Estos elementos deben ser resistentes para soportar las acciones durante el proceso constructivo de las estructuras de hormigón y mantener la rigidez para cumplir con las tolerancias del proyecto. Deben asegurar la estanqueidad de las juntas y evitar dañar el hormigón al retirarse.

Se recomienda seguir la norma UNE 180201 y garantizar la limpieza y la alineación adecuadas. Además, en casos específicos, deben permitir el emplazamiento de las armaduras y evitar movimientos indeseados. La superficie en contacto con el hormigón debe mantener la geometría y textura previstas. Se pueden usar diferentes materiales, pero deben cumplir con los requisitos de no perjudicar las propiedades del hormigón. Es esencial asegurar la unión de los elementos de seguridad complementarios a la estructura del encofrado.

En efecto, el 20 de julio de 2022 se publicó la nueva norma UNE 180201 que trata sobre el diseño general, requisitos de comportamiento y verificaciones de los encofrados. Esta versión sustituye a la que estaba vigente, de 2016. Esta norma ha sido elaborada por el comité técnico CTN 180 *Equipamiento para trabajos temporales en obra*, cuya secretaría desempeña la Asociación Española de Fabricantes de Maquinaria de Construcción, Obras Públicas y Minería (ANMOPYC).

Esta norma especifica los requisitos de comportamiento, los métodos de diseño (estructural y general) y las comprobaciones para encofrados. Los requisitos se aplican a los diferentes tipos de encofrados que habitualmente se emplean en la construcción.

Esta norma soluciona un par de problemas. En primer lugar, existía una serie de productos sin normalizar (muros, encofrados horizontales, trepas, puntales, etc.) que requerían regulación. Por otra parte, había que normalizar aspectos que suponen deficiencias y mala praxis a lo largo de la vida útil del encofrado: diseño y fabricación deficientes, mal uso, mantenimiento incorrecto o falta de información (AFECI, 2021). Además, y esto es lo más importante, el vigente Código Estructural recoge en su articulado el cumplimiento de esta norma de cimbras.

A modo de resumen, las características generales que deben presentar los encofrados y moldes son las siguientes:

- ▶ Estanqueidad suficiente de las juntas para evitar fugas de lechada que afecten el acabado y durabilidad del elemento.
- ▶ Resistencia adecuada a las presiones del hormigón fresco y al método de compactación.
- ▶ Alineación y verticalidad de los paneles, especialmente en pilares y forjados en estructuras de edificación.
- ▶ Mantenimiento de la geometría sin abolladuras fuera de tolerancia.
- ▶ Limpieza de residuos en el interior de los moldes.
- ▶ Conservar características que permitan texturas específicas en el acabado del hormigón.
- ▶ En casos de encofrados dobles o contra el terreno, garantizar la operatividad de las ventanas para el vertido del hormigón.
- ▶ En elementos pretensados, permitir el correcto emplazamiento de las armaduras activas sin comprometer la estanqueidad.
- ▶ Adoptar medidas para evitar movimientos indeseados en elementos de gran longitud.
- ▶ Superficie encofrante que mantenga la geometría prevista y la textura especificada en el proyecto.
- ▶ En encofrados susceptibles de movimiento, pueden exigirse pruebas previas para evaluar el comportamiento durante la ejecución.

▶ Los encofrados pueden ser de diversos materiales que no afecten las propiedades del hormigón. En caso de madera, deben humedecerse previamente.

▶ La unión de elementos complementarios para la seguridad, como barandillas, anclajes y cimbras, debe realizarse adecuadamente a la estructura resistente del encofrado.

En síntesis, los encofrados y moldes deben ser seguros, resistentes y mantener la calidad del acabado del hormigón en el proceso de construcción.

A continuación se recoge, el Artículo 48.3 del Código Estructural.

"Los encofrados y moldes deberán ser capaces de resistir las acciones a las que van a estar sometidos durante el proceso de construcción y tener la rigidez suficiente para asegurar que se van a satisfacer las tolerancias especificadas en el proyecto. Además, deberán poder retirarse sin causar sacudidas anormales ni daños en el hormigón.

Se realizarán, preferentemente, conforme a la norma UNE 180201.

Con carácter general, deberán presentar al menos las siguientes características:

· estanqueidad suficiente de las juntas entre los paneles de encofrado o en los moldes, previendo que las posibles fugas de lechada por las mismas no comprometan el acabado previsto para el elemento ni su durabilidad;

· resistencia adecuada a las presiones del hormigón fresco y a los efectos del método de compactación;

· alineación y en su caso, verticalidad de los paneles de encofrado, prestando especial interés a la continuidad en la verticalidad de los pilares en su cruce con los forjados en el caso de estructuras de edificación;

· mantenimiento de la geometría de los paneles de moldes y encofrados, con ausencia de abolladuras fuera de las tolerancias establecidas en el proyecto o, en su defecto, por este Código;

· limpieza de la cara interior de los moldes, evitándose la existencia de cualquier tipo de residuo propio de las labores de montaje de las armaduras, tales como restos de alambre, recortes, casquillos, etc.;

· mantenimiento, en su caso, de las características que permitan texturas específicas en el acabado del hormigón, como por ejemplo, bajorrelieves, impresiones, etc.

Cuando sea necesario el uso de encofrados dobles o encofrados contra el terreno natural, como por ejemplo, en tableros de puente de sección cajón, cubiertas laminares, etc. deberá garantizarse la operatividad de las ventanas por las que esté previsto efectuar las operaciones posteriores de vertido y compactación del hormigón.

En el caso de elementos pretensados, los encofrados y moldes deberán permitir el correcto emplazamiento y alojamiento de las armaduras activas, sin merma de la necesaria estanqueidad.

En elementos de gran longitud, se adoptarán medidas específicas para evitar movimientos indeseados durante la fase de puesta en obra del hormigón.

La superficie encofrante que estará en contacto directo con el hormigón, tanto en los encofrados como en los moldes, deberá ser capaz de mantener las características necesarias para que los elementos de hormigón estructural reproduzcan adecuadamente la geometría prevista para ellos en el proyecto, así como para dotar a las caras vistas de dichos elementos de la textura y la uniformidad especificada, en su caso, en dicho proyecto.

En los encofrados susceptibles de movimiento durante la ejecución, como por ejemplo, en encofrados trepantes o encofrados deslizantes, la dirección facultativa podrá exigir que el constructor realice una prueba en obra sobre un prototipo, previa a su empleo real en la estructura, que permita evaluar el comportamiento durante la fase de ejecución. Dicho prototipo, a juicio de la dirección facultativa, podrá formar parte de una unidad de obra.

Los encofrados y moldes podrán ser de cualquier material que no perjudique a las propiedades del hormigón. Cuando sean de madera, deberán humedecerse previamente para evitar que absorban el agua contenida en el hormigón. Por otra parte, las piezas de madera se dispondrán de manera que se permita su libre entumecimiento, sin peligro de que se originen esfuerzos o deformaciones anormales. No podrán emplearse encofrados de aluminio, salvo que pueda facilitarse a la dirección facultativa un certificado, elaborado por una entidad de control y firmado por persona física, de que los paneles empleados han sido sometidos con anterioridad a un tratamiento de protección superficial que evite la reacción con los álcalis del cemento.

En todos los casos se realizará correctamente la unión de los elementos complementarios para la seguridad (tales como: barandillas de protección, dispositivos de anclaje para redes de seguridad, dispositivos de anclaje preparados para los equipos de protección individual y, en general, cualquier otro elemento destinado a dotar de seguridad al sistema de encofrado, diseñado y fabricado por el fabricante del mismo) a la estructura resistente del encofrado o molde y, en su caso, de las cimbras y apuntalamientos".

También resulta de interés lo previsto en el Artículo 65.4 sobre control de encofrados y moldes:

> Previamente al vertido del hormigón, se comprobará que la geometría de las secciones es conforme con lo establecido en el proyecto, aceptando la misma siempre que se encuentre dentro de las tolerancias establecidas en el proyecto o, en su defecto, por el Anejo 14. Además se comprobarán los aspectos indicados en el Apartado 48.3.

> En el caso de encofrados o moldes en los que se dispongan elementos de vibración exterior, se comprobará previamente su ubicación y funcionamiento, aceptándose cuando no sea previsible la aparición de problemas una vez vertido el hormigón.

> Previamente al hormigonado, deberá comprobarse que las superficies interiores de los moldes y encofrados están limpias y que se ha aplicado, en su caso, el correspondiente producto desencofrante.

> En el caso de que se utilice, en conformidad con el Artículo 48.3, un sistema de encofrados (superficie encofrante y estructura resistente de la misma) que esté en posesión de un distintivo oficialmente reconocido, conforme al Artículo 18, se seguirán las indicaciones contenidas en el expediente técnico de aplicación, en lo referente a instrucciones para el montaje y, en su caso, de manipulación o manejo en la obra de los encofrados correspondiente, así como de los planos de montaje de los mismos. En este caso la dirección facultativa podrá eximir al constructor de las comprobaciones y revisiones anteriormente indicadas, siempre que éste presente la documentación del distintivo oficialmente reconocido que posee el sistema de encofrados empleado y acredite que el mismo está vigente durante todo el periodo de su utilización en la obra.

6.14.2. Coeficientes de seguridad de los materiales de un encofrado

Los encofrados están formados por una composición de distintos materiales que, trabajando de forma conjunta, sirven como molde para el hormigón en estado fresco. En la norma UNE 180201 *Encofrados. Diseño general, requisitos de comportamiento y verificaciones*, se recogen los requisitos que deben cumplir dichos materiales.

El fabricante tanto del material como de los elementos constitutivos de los encofrados debe garantizar, mediante los ensayos correspondientes, las características mecánicas que expresan características resistentes de dichos materiales y del propio encofrado en su conjunto, mediante valores característicos obtenidos con un percentil del 5 %.

Estos valores característicos se minoran con coeficientes (γ_M) de ponderación, para cada uno de los materiales, cuando se realizan los cálculos correspondientes al dimensionado de los elementos constitutivos de los encofrados.

Figura 6.118. Sistema de encofrado para forjados de hormigón armado aligerados con casetón recuperable de polipropileno inyectado. *Fuente:* https://commons.wikimedia.org/wiki/File:ALUCUBETAS_ALSINA.jpg#filelinks

- En el caso del acero, se debe cumplir con la norma UNE-EN 1993-1-1. *Proyecto de estructuras de acero. Reglas generales y reglas para edificios* (Eurocódigo 3). Para la comprobación en rotura, estado límite último, γ_M=1,05, salvo en tirantes y uniones, donde γ_M=1,25. Estos coeficientes se pueden ajustar con el nivel de constatación de la calidad de las características del material. Para la comprobación de la deformación en servicio, estado límite de servicio, γ_M=1,00.

- En el caso del aluminio, se debe cumplir con la norma UNE-EN 1999-1-1. *Proyecto de estructuras de aluminio. Reglas generales y reglas para edificios* (Eurocódigo 9). Para la comprobación en rotura, estado límite último, γ_M=1,10, salvo en tirantes y uniones, donde γ_M=1,25. Estos coeficientes se pueden ajustar con el nivel de constatación de la calidad de las características del material. Para la comprobación de la deformación en servicio, estado límite de servicio, γ_M=1,00.

- En el caso de la madera, se debe cumplir con la norma UNE-EN 1995-1-1. *Proyecto de estructuras de madera. Reglas generales y reglas para edificios* (Eurocódigo 5). La madera debe cumplir con una clase de duración corta y una clase de servicio 3. Para la comprobación en rotura estado límite último, γ_M=1,30, sobre el que hay que aplicar el coeficiente k_{mod} con el valor indicado en dicha norma según el tipo y condiciones de la madera utilizada. Para la comprobación de la deformación en servicio, estado límite de servicio, el valor del módulo de elasticidad a emplear es el valor medio E_{medio} sin ponderar, es decir, γ_M=1,00.

En el caso de los materiales compuestos, no existen normas disponibles. En este caso, el fabricante debe garantizar las características mecánicas del material compuesto, obtenidas mediante ensayos, mediante valores característicos obtenidos con un percentil del 5 %.

6.14.3. Tolerancias exigibles en los encofrados

La correcta utilización del encofrado es fundamental para garantizar tolerancias aceptables en las estructuras de hormigón. Según el Anejo 14 del Código Estructural, el sistema de tolerancias que adopte el autor del proyecto debe quedar claramente establecido en el pliego de prescripciones técnicas particulares, bien por referencia a este anejo, bien completado o modificado según se estime oportuno. En dicho anejo se recogen las tolerancias dimensionales a las que deben ajustarse los elementos de hormigón.

Es esencial destacar que tanto el encofrado como las cimbras requieren un mantenimiento específico y criterios para evaluar cuándo debe repararse, limpiarse o retirarse.

Para asegurar una ejecución adecuada, es necesario considerar el deterioro que el tiempo y el uso pueden provocar en las estructuras de los encofrados. La norma UNE 180201 proporciona tablas con valores admisibles para estas tolerancias y niveles de calidad. Además, esta norma establece tres tipos fundamentales de acabado:

▶ Clase E1 (convencional): se refiere al hormigón que no necesita una calidad estética, ya sea porque no es necesario o porque se le aplicará un tratamiento posterior.

▶ Clase E2 (para hormigón visto): hace referencia al hormigón que requiere cierta estética y generalmente no lleva ningún recubrimiento o este es mínimo.

▶ Clase E3 (con control estricto de las deformaciones del encofrado): se utiliza en estructuras singulares donde se exige un acabado superior, como en el caso de acabados con hormigón blanco.

Estas clases E1, E2 y E3 se corresponden con los grupos 5, 6 y 7, respectivamente, de la norma DIN 18202.

La calidad de la superficie encofrante, es decir, el material que entra en contacto con el hormigón fresco, desempeña un papel crucial en este proceso. A continuación, se describen los criterios de comprobación empleados en la evaluación del acabado del hormigón.

Al examinar la superficie encofrante, es esencial considerar los siguientes aspectos:

▶ Defectos en la geometría superficial. Se deben tener en cuenta valores específicos en función de las calidades obtenidas, medidos con una regla de 3 metros para evaluar la desviación en el punto medio.

▶ Presencia de huecos o protuberancias en la superficie. La determinación de la aceptabilidad del material para su reutilización o la necesidad de reparación dependerá de los valores obtenidos mediante mediciones.

▶ Condiciones de homogeneidad en la textura superficial. Se realiza un análisis exhaustivo de la superficie encofrante para verificar su compatibilidad con la clase de encofrado. En este punto, se examinan agujeros permitidos, distintos de los presentes en el sistema, considerando su tamaño. Además, se evalúan cortes, arañazos, muescas, fisuras, entre otros, aplicando sus respectivos criterios de aceptación. En el reverso y considerando el marco resistente, no se aceptan en ningún caso acumulaciones de hormigón en esquinas, bastidores y orificios destinados a elementos sustentables.

En el caso de superficies encofrantes de acero o aluminio, se requiere evaluar las abolladuras y determinar su profundidad máxima aceptable, a pesar de que este factor no esté contemplado en la norma UNE 180201. Es fundamental aplicar estos criterios de manera rigurosa para garantizar la calidad y conformidad del acabado del hormigón.

Tabla 6.5. Criterios de comprobación de encofrados según la norma UNE 180201.

Criterios de comprobación		Calidad convencional	Calidad de hormigón visto	Calidad especial
Defectos en la geometría superficial	Desviación admisible medida con regla de 3 m	≤ 13 mm	≤ 5 mm	≤ 3 mm
Huecos o protuberancias en algún punto de la superficie	Profundidad o altura admisible del hueco o la protuberancia	≤ 8 mm	≤ 5 mm	≤ 2 mm
Condiciones de homogeneidad en la textura superficial	Limpieza de superficie	Se admiten restos de hormigón y lechada	Sin presencia de restos de hormigón, se admite lechada	Ningún resto de hormigón y/o lechada
Condiciones de homogeneidad en la textura superficial	Agujeros admisibles distintos de los propios del sistema	≤ 8 mm	≤ 4 mm	0 mm
Condiciones de homogeneidad en la textura superficial (*)	Cortes, arañazos, muescas y fisuras con profundidad (**) y apertura admisible	≤ 8 mm	≤ 5 mm	≤ 2 mm
	Abolladuras con profundidad (**) admisible en superficies metálicas en encofrados verticales u horizontales	≤ 20 mm	≤ 5 mm	

(*) Aplicable únicamente a superficies fenólicas en encofrados verticales u horizontales.
(**) A menos que influyan en la resistencia, rigidez o funcionalidad, según lo indicado en el manual de instrucciones del fabricante, el cual se seguirá para determinar las dimensiones permitidas en cuanto a apertura y profundidad.

6.14.4.Empuje del hormigón fresco sobre un encofrado

El peso y la presión del hormigón fresco son los principales factores que condicionan el dimensionamiento de los encofrados, por encima de los efectos del peso propio, el viento, la nieve o la sobrecarga de uso. Por ello, la determinación de las solicitaciones del hormigón antes de su endurecimiento requiere entender los factores básicos que permiten cuantificar, aunque sea de forma aproximada, estas acciones.

La determinación del empuje del hormigón fresco sobre el fondo de losas y vigas supone multiplicar el peso específico del hormigón por la altura que presenta sobre dicho fondo. El caso del empuje horizontal sobre un encofrado se podría realizar suponiendo que el hormigón fresco se encuentra en estado fluido. Sin embargo, este tipo de cálculo hidrostático sobreestima la presión, especialmente para alturas superiores a 3 m. Las evidencias empíricas muestran que la presión hidrostática se bloquea a partir de cierta profundidad, lo cual permite ajustar mejor el cálculo del empuje.

Al igual que ocurre con los áridos sin cohesión (arena, grava, etc.), al verter el hormigón fresco sobre un plano horizontal, este adoptará una forma de cono de revolución con un ángulo de talud natural o ángulo de rozamiento interno. Si se trunca dicho cono con un encofrado, las paredes se ven sometidas a lo que se llamará presión granulostática. Si se anula dicho ángulo de rozamiento interno mediante el proceso del vibrado del hormigón, éste se comporta paulatinamente como un fluido imperfecto, ejerciendo una presión distinta que se denominará presión hidrostática. Entre una capa ya vibrada, que ha recuperado su ángulo de rozamiento interno, y que ejerce una presión sobre las paredes de tipo granulostática, y la siguiente capa que está en proceso de vibración, -y por tanto con presión hidrostática- debe existir una zona de transición para que se mantenga la continuidad de las leyes de presiones (Figura 6.119).

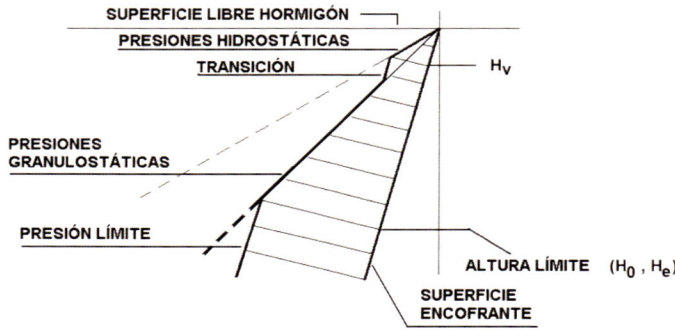

Figura 6.119. Empuje del hormigón fresco (Martín Palanca, 1982).

El progresivo endurecimiento del hormigón provoca que se dejen paulatinamente de ejercer presiones sobre el encofrado al aumentar el espesor
hormigonado. Por tanto, existe cierta profundidad límite por debajo de la
cual el hormigón ya ha fraguado, manteniéndose la presión constante en el
valor máximo alcanzado durante la colocación del hormigón. Ello imp ica la
limitación del crecimiento indefinido de las presiones del hormigón con la profundidad. Otra restricción es la cuasi-constancia de las presiones a partir de
una nueva profundidad límite por el llamado "efecto silo" (aparición de fuerzas de fricción tangenciales a la pared debido al rozamiento de las partículas
que integran el hormigón fresco y la superficie encofrante) al hormigonar elementos de espesores reducidos en relación con su dimensión vertical. Este
efecto es muy habitual en encofrados de pilares y muros de poco espesor.
Así, tomando como altura límite la menor de los valores antes citados, se
puede completar, para cada fase del hormigonado, la ley de presiones sobre
el encofrado.

6.14.4.1. Factores que influyen en la presión del hormigón fresco

Son numerosas las variables que influyen en la presión del hormigón fresco sobre un encofrado. Sin embargo, tal y como se puede ver en la Tabla 6.6, no
todos los factores son igual de importantes.

Tabla 6.6. Orden de influencia de las variables en la máxima presión lateral (Santilli, 2010).

Primer orden	Segundo orden	Tercer orden
Velocidad de llenado	Contenido de cemento	Tipo y tamaño máximo del árido grueso
Peso específico del hormigón	Contenido de árido grueso	Uso de retardadores de fraguado
Profundidad a la que se sumergen los vibradores	Fricción contra las paredes del encofrado	Temperatura ambiente
Consistencia del hormigón	Relación agua/cemento	Forma de la sección transversal
Temperatura del hormigón	Uso de plastificantes o superplastificantes	Colocación de armaduras longitudinales
Dimensión de la sección transversal	Deformación del encofrado	Duración de la vibración
Uso de adiciones en elevadas proporciones	Potencia de los vibradores	Altura de vertido
	Permeabilidad del encofrado	

Debe tenerse en cuenta que el espesor de pared a llenar no tiene influencia
en la presión del hormigón, pero sí la velocidad de llenado vertical; por tanto, en
paredes delgadas se tendrán mayores presiones. Por otra parte, y considerando

que los sistemas de encofrado convencionales soportan presiones entre 60 y 80 kN/m², es prioritario limitar la velocidad de llenado del hormigón para evitar sobrepasar estos límites. Otra opción sería reforzar el encofrado.

Se analiza a continuación la influencia de las variables más significativas.

a. Velocidad ascendente del hormigonado. Cuanto más rápido sea el llenado, mayor será la altura de hormigón sin fraguar. En esta zona el hormigón se encuentra en estado semilíquido con una ley de presiones proporcional al peso específico y a la profundidad.

b. Temperatura de fraguado. Los procesos químicos de fraguado son más lentos cuando desciende la temperatura. Ello implica una mayor lentitud en el fraguado y un efecto análogo al de un aumento de velocidad en el llenado. La presión aumenta considerablemente por debajo de 15 °C.

c. Docilidad del hormigón (cono de Abrams). A mayor docilidad existe un menor talud natural del hormigón y, por tanto, un mayor empuje en la zona de empujes granulostáticos.

d. Inclinación de la superficie encofrante. El empuje activo del hormigón se puede expresar en función de la inclinación del parámetro encofrante "α" respecto a la vertical y el talud natural del hormigón "β". Se comprueba que el empuje es mayor si el hormigón gravita sobre el encofrado (α>0). El coeficiente de empuje activo, que modificaría la presión hidrostática del hormigón, sería:

$$K_a = \frac{1 + \sin(\alpha - \beta)}{1 + \sin(\alpha + \beta)}$$

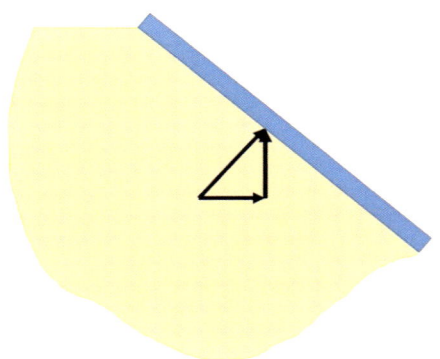

Hay que tener en cuenta que cuando el encofrado se dispone en desplome hay que considerar el efecto de boyancia (Figura 6.120), donde hay presiones verticales que pueden llegar a levantar el encofrado.

e. Profundidad de vibrado. El vibrado devuelve al hormigón su fluidez y por tanto hace aumentar la presión, por lo que, a

Figura 6.120. Fenómeno de boyancia sobre el encofrado.

mayor profundidad de vibrado, mayor empuje. En el caso de vibradores externos, se supone una ley hidrostática, pues la cohesión se anula en toda la altura encofrada.

f. Frecuencia y potencia de vibración. El encofrado forma parte de una estructura con un periodo propio de vibración. Si la vibración se aproxima a esta frecuencia, se amplificarán las deformaciones. Este efecto se calcula con un coeficiente de amplificación sobre las presiones estáticas. Además, cuanto mayor sea la potencia del vibrador, mayor volumen de hormigón se encontrará con presiones hidrostáticas.

g. Dosificación del cemento. A mayor cantidad de cemento empleado por volumen de hormigón, mayor será el empuje horizontal del hormigón fresco.

h. Los aditivos. Si bien el efecto de los aireantes no es significativo, los retardadores y fluidificantes aumentan los empujes.

i. Los áridos. Una granulometría discontinua presenta menor rozamiento interno que una bien graduada, por tanto, tendrá un asiento mayor y un comportamiento más cercano a los líquidos, y como consecuencia, ejercerán mayor presión.

j. Las armaduras. En elementos fuertemente armados, la presión del hormigón fresco puede ser significativamente menor debido al rozamiento interno de dichas armaduras, que suponen un obstáculo al libre flujo del hormigón.

k. Altura de vertido. Los hormigones vertidos desde mayores alturas provocan cargas dinámicas que deberían absorberse con encofrados más rígidos. Por tanto, se debe limitar dicha altura de vertido al menor valor posible.

El cálculo del empuje del hormigón fresco se debe realizar acudiendo a distintas normas o métodos que suponen una buena aproximación a la presión ejercida por el hormigón fresco, pero para grandes alturas las presiones que pueden alcanzarse en la base del encofrado superan las indicadas. En estos casos, o bien se realiza un hormigonado suficientemente lento, o bien se hace necesario un estudio en profundidad.

No obstante, se está observando que empiezan a quedar sin validez los valores tradicionalmente empleados para calcular las presiones que el hormigón fresco ejerce sobre los encofrados. El uso de aditivos y adiciones incrementa los valores previstos en los cálculos, lo que ha generado deformaciones imprevistas en estos elementos. Este efecto puede ser considerable en términos de seguridad, especialmente en aplicaciones que involucran encofrados trepantes, como en el caso de las presas.

6.14.4.2. Métodos de cálculo de la presión del hormigón fresco

6.14.4.2.1. Norma alemana DIN-18218

La norma DIN-18218 establece una serie de fórmulas empíricas desarrolladas a partir de datos experimentales. Las presiones calculadas con esta norma se encuentran razonablemente del lado de la seguridad hasta alturas de 5 m (Gallego *et al.*, 2006). Por encima de este valor, convendría un estudio detallado para evitar sorpresas en obra. Esta norma DIN suele usarse mucho en España, puesto que la mayoría de los encofrados se fabrican en Alemania. Las hipótesis que usa esta norma son las siguientes:

▶ Tamaño máximo de árido de 63 mm.

▶ Encofrados verticales con una desviación máxima de ±5° respecto a la vertical.

▶ Peso específico del hormigón γ = 25 kN/m³.

▶ Temperatura de hormigonado: 15 °C.

▶ Tiempo de fraguado máximo de 5 horas.

▶ Velocidad máxima de ascenso del hormigón: $V \leq 7$ m/h.

Según se muestra en la Figura 6.121, la norma DIN considera una ley de

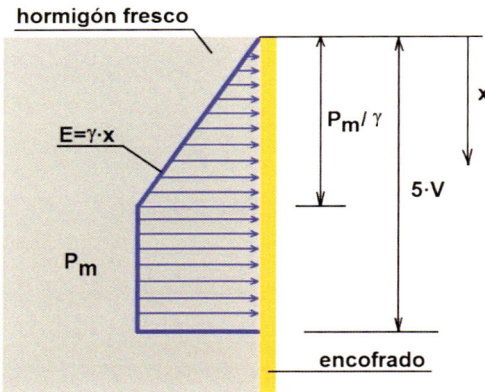

Figura 6.121. Empuje del hormigón fresco según norma DIN-18218.

empujes hidrostática hasta un valor de presión máxima P_m, a partir de donde se considera un empuje constante. A una profundidad de 5V (siendo V la velocidad ascendente del hormigón en m/h) la presión máxima desaparece al considerarse que el hormigón ya ha fraguado lo suficiente como para no empujar. Esta profundidad es muy importante para trabajar con encofrados deslizantes. En el caso de que el peso específico del hormigón fresco γ sea diferente de 25 kN/m³, se puede corregir la presión multiplicándola por γ/25.

La presión máxima P_m se puede obtener de laTabla 6.7. Para el caso de pilares, la presión máxima P_m no sobrepasará el valor de 100 kN/m². Si se trata de muros, no excederá de 80 kN/m². En ambos casos, tampoco será F_m mayor que la presión hidrostática 25H kN/m². Es importante señalar que existe una tendencia muy elevada a fabricar hormigones de consistencia fluida en el mercado actual.

Tabla 6.7. Presión máxima P_m del hormigón fresco (DIN-18218).

Consistencia	Cono de Abrams (mm)	P_m (kN/m²)
Seca	0-20	5V + 21
Plástica	30-50	10V + 19
Blanda	60-90	14V + 18
Fluida	100-150	17V + 17

Los valores anteriores se modificarán en función de la temperatura del hormigón fresco. Así, para temperaturas por encima de 15 °C, se podrá reducir la presión un 3 % por cada grado, sin superar el 30 % y siempre que la temperatura del hormigón permanezca constante. Para temperaturas inferiores a 15 °C, se aumentará la presión un 3 % por cada grado. Si la temperatura exterior es inferior a 15 °C y no hay aislamiento térmico, hay que considerar un aumento de la presión de un 3 % por cada grado, independientemente de la temperatura interna del hormigón.

Para valorar la influencia de los retardadores, la presión del hormigón fresco se multiplica por los factores indicados en la Tabla 6.8. Esta tabla únicamente sirve para alturas de hormigonado inferiores a 10 m. Se pueden interpolar linealmente los valores intermedios.

Tabla 6.8. Influencia de los retardadores en el empuje del hormigón fresco (DIN-18218).

Consistencia	Cono de Abrams (mm)	Coeficientes de fraguado para un retardo de	
		5 horas	15 horas
Seca	0-20	1,15	1,45
Plástica	30-50	1,25	1,80
Blanda-Fluida	60-150	1,40	2,15

6.14.4.2.2. Norma UNE 18201

La norma española UNE 18201 presenta muchas similitudes con la norma DIN-18218. Las hipótesis contempladas por esta norma son las siguientes:

▸ Hormigón convencional, colocado en obra de modo habitual (llenando el encofrado vertiendo el hormigón sin presión y empleando vibración interior aplicada a las sucesivas tongadas para su compactación).

▸ Tamaño máximo de árido de 63 mm.

▸ Encofrados verticales con una desviación máxima de $\pm 5°$ respecto a la vertical.

▸ Peso específico del hormigón γ, en el rango del hormigón ligero, convencional (25 kN/m³) o de alta resistencia (26 kN/m³).

▸ Valor del asiento del cono de Abrams ≤ 12 cm.

▸ Temperatura del hormigón fresco durante su colocación en obra: 15 °C.

▸ Temperatura ambiente durante la colocación del hormigón en obra: 15 °C.

▸ Tiempo de fraguado máximo de 10 horas.

▸ Velocidad máxima de ascenso del hormigón: $V \leq 7$ m/h.

▸ Vibración interna, mediante vibradores de aguja.

Al igual que en la norma DIN, la presión del hormigón es hidrostática hasta una profundidad límite, en la que se estabiliza. La presión límite se mantiene si el encofrado no ha sido liberado y se anula la presión si el encofrado se ha liberado.

Con dichas hipótesis, la norma UNE 18201 proporciona una tabla de valores límite en función de la velocidad de vertido V (m/h) y del tiempo de fraguado (desde que se produce el primer contacto entre el agua y el cemento, hasta que finaliza el fraguado). El tiempo de fraguado no supera las 10 h en el caso de un hormigón de fraguado normal, ni las 7 h en el caso de un hormigón de fraguado rápido. En la Tabla 6.9 se pueden interpolar los valores.

Tabla 6.9. Profundidad límite del hormigón fresco, en metros (UNE 18201).

V (m/h)	Tiempo fraguado ≤ 10 h	Tiempo fraguado ≤ 7 h
1,50	2,90	2,20
3,00	4,65	3,45
6,00	8,15	6,10

Los valores anteriores se modifican en función de la temperatura real del hormigón fresco durante su colocación en la obra del mismo modo que en la norma DIN. Sin embargo, la norma permite que, actuando conservadoramente, no es necesario introducir corrección alguna cuando el valor de la temperatura ambiente durante la colocación del hormigón en obra supere los 15 °C.

La norma indica que se debe utilizar el empuje hidrostático, sin bloquear la profundidad límite, cuando no se cumplan las condiciones anteriores. En particular cuando:

▶ Toda la profundidad del hormigón está sometida al efecto de la vibración (interna o externa).

▶ El hormigón se introduce, a presión, desde la cota inferior del encofrado y asciende por el interior del mismo hasta llenarlo completamente. En este caso, hay que considerar la sobrepresión introducida.

▶ El empleo de retardadores aumente el tiempo de fraguado por encima del considerado en la Tabla 4.

▶ Cuando el hormigón presente un cono de Abrams superior a 12 cm.

▶ Cuando el hormigón sea autocompactante.

Además, si durante el proceso de introducción del hormigón a presión en el encofrado se genera alguna sobrepresión, esta debe tenerse en cuenta.

6.14.4.2.3. Norma americana ACI-347

Otra forma de calcular los empujes del hormigón fresco es seguir lo establecido en la guía ACI 347. Esta norma americana supone un cono de Abrams máximo de 175 mm y compactación mediante vibración interna con una profundidad máxima de 1,2 m.

Aquí también se considera una ley inicialmente hidrostática hasta un valor de presión máxima P_m, que a partir de entonces permanece constante. En el cálculo es necesario conocer la velocidad ascendente del hormigonado V (m/h), la temperatura de fraguado del hormigón T (°C) y la altura del encofrado H (m) (para los límites de presión máxima).

En columnas o muros, con $V < 2{,}1$ m/h y $H < 4{,}2$ m

$$P_m \left(\frac{kN}{m^2} \right) = C_W \cdot C_C \cdot \left(7{,}2 + \frac{785\,V}{17{,}8 + T} \right)$$

En muros, si $V < 2{,}1$ m/h y $H > 4{,}2$ m o bien si $2{,}1$ m/h $< V < 4{,}5$ m/h

$$P_m \left(\frac{kN}{m^2} \right) = C_W \cdot C_C \cdot \left(7{,}2 + \frac{1156 + 244\,V}{17{,}8 + T} \right)$$

Si $V > 4{,}5$ m/h, la ley de presiones es hidrostática debido a la alta velocidad ascensional del hormigón.

En todos los casos, la máxima presión lateral debe ser mayor a $30 \cdot C_W$ (kN/m²), pero nunca mayor a la hidrostática. C_W es un coeficiente por unidad de peso, cuyos valores se muestran en la Tabla 6.10. C_C es un coeficiente de composición química, sus valores se muestran en la Tabla 6.11.

Tabla 6.10. Determinación del coeficiente por unidad de peso C_W (ACI 347, 2004).

Peso específico del hormigón (γ)	C_W
$\gamma < 21{,}97$ kN/m³	$0{,}5 \cdot [1+(\gamma/22{,}75)] \geq 0{,}80$
$21{,}97 \leq \gamma \leq 23{,}54$ kN/m³	$1{,}0$
$\gamma > 23{,}54$ kN/m³	$\gamma/22{,}75$

Tabla 6.11. Determinación del coeficiente de composición química C_C (ACI 347, 2004).

Categoría	Tipo de cemento	C_C
1	Tipo I, Tipo II o Tipo III con cualquier aditivo excepto superplastificantes o retardadores o sin aditivos	1,0
2	Tipo I, Tipo II o Tipo III con superplastificantes o retardadores	1,2
3	Otros tipos de cementos compuestos: Tipo IV o Tipo V que contengan menos del 70 % de escoria de horno alto o menos del 40 % de cenizas volantes sin superplastificantes ni retardadores del fraguado	1,2
4	Otros tipos de cementos compuestos: Tipo IV o Tipo V que contengan menos del 70 % de escoria de horno alto o menos del 40 % de cenizas volantes con superplastificantes o retardadores del fraguado	1,4
5	Otros tipos de cementos compuestos: Tipo IV o Tipo V que contengan más del 70 % de escoria de horno alto o más del 40 % de cenizas volantes	1,4

6.14.4.2.4. Teoría granulostática de Martín Palanca

También se puede calcular el empuje siguiendo la teoría granulostática (Martín Palanca, 1982). Según esta teoría, la ley de empujes se compone de varios tramos: presión hidrostática, presión granulostática y el límite de empuje (ver Figura 6.119). También existe una zona de transición entre los dos primeros tramos. Los valores se calculan de la siguiente forma:

$$Presión\ hidrostática = \gamma \cdot h_v$$

$$Presión\ granulostática = K_a \cdot \gamma \cdot h$$

$$Presión\ límite = K_a \cdot \gamma \cdot min(H_e, H_0)$$

Con esta teoría, resulta sorprendente comprobar que en la presión límite no se ha considerado la velocidad de hormigonado. Por tanto, se recomienda precaución para velocidades de llenado rápido. En estas expresiones las nuevas variables que aparecen son las siguientes: h_v es la altura de hormigón en vibración y h es la altura total de hormigón. K_a, que es el coeficiente de empuje activo definido anteriormente. El ángulo de talud natural del hormigón se calcula como sigue, siendo a el asiento de cono de Abrams en mm:

$$tag\,\beta = \frac{260 - a}{1400}$$

Con esta teoría, el peso específico del hormigón considerado γ es de 23 kN/m³ en parámetros con inclinación menor de 45° respecto a la vertical y 25 kN/m³ para el resto de los casos.

El efecto silo se considera con la profundidad límite H_e (en metros), que puede calcularse de la siguiente forma:

$$H_e = 21000 \frac{43 - T}{(165 - a) \cdot (303 + a)} \cdot \frac{S}{1 + S/L}$$

T es la temperatura (°C); S es el espesor mínimo del encofrado (m); L es la longitud transversal del encofrado (m). Deberá ser $L>S$. En un muro, S es el espesor y L la longitud transversal.

Por otra parte, también se puede dar una profundidad límite en función del endurecimiento, a través de la profundidad H_0. Se calcula de la siguiente forma:

$$H_0 = H_v + V \cdot t_f$$

V es la velocidad de hormigonado en obra (m/h), mientras que el tiempo de endurecimiento (en horas) se calcula como sigue:

$$t_f = \frac{70 + 0{,}3a - 2T}{25 + T}$$

6.14.4.2.5. *Propuesta canadiense de Gardner*

El trabajo de Gardner (1980) resulta de interés al introducir una variable dinámica como la potencia del vibrador. En este caso se establece una ley hidrostática de presiones hasta una presión límite de valor:

$$P_m = \gamma \cdot h_v + \frac{3N}{745{,}7 \cdot S} + \frac{S}{0{,}04} + \frac{400\sqrt{V}}{17{,}78 + T} \left(\frac{100}{100 - \%F} \right) + \frac{a - 75}{10}$$

Donde N es la potencia del vibrador en vatios; $\%F$ es el porcentaje de cenizas volantes o escoria utilizadas en sustitución de cemento. El resto de variables ya se definieron anteriormente. Como valor orientativo de la potencia del vibrador se puede tomar 1250 W, y para la profundidad de vibrado 0,5 m con vibración interna y 1 m con vibración externa.

6.14.4.2.6. Propuesta CIRIA Report 108

CIRIA Report 108 propone una curva de presiones hidrostáticas que se bloquea con una presión máxima determinada por la ecuación que sigue, en ningún caso mayor que la hidrostática de un líquido con su misma densidad:

$$P_m = \left(C_1\sqrt{V} + C_2 \cdot K\sqrt{H - C_2\sqrt{V}} \right) \cdot \gamma$$

Donde C_1 es un coeficiente que depende del tamaño y la forma del encofrado (para muros C_1=1,0; para columnas C_1=1,50); C_2 es un coeficiente que depende de la composición del hormigón (Tabla 6.12), K es un coeficiente que depende de la temperatura T (°C); H es la altura total del encofrado.

$$K = \left(\frac{36}{T + 16} \right)^2$$

Tabla 6.12. Determinación del coeficiente C_2 en el modelo de CIRIA Report 108 (1985), en base a la norma UNE-EN 197-1 (2000).

Grupo	Tipos de cemento	C_2
A	Hormigones sin aditivos con cementos: CEM I, CEM II/A-S y CEM II/A-D Hormigones con cualquier aditivo, sin ser un retardador, con cementos: CEM I, CEM II/A-S y CEM II/A-D	0,30
B	Hormigones con aditivos retardadores de fraguado y cementos: CEM I, CEM II /A-S y CEM II/A-D Hormigones sin aditivos con cementos: CEM II/A-(sin ser S y D), CEM III/A y CEM II/B Hormigones con cualquier aditivo, sin ser un retardador, con cementos: CEM II/A-(sin ser S y D), CEM III/A y CEM II/B	0,45
C	Hormigones con aditivos retardadores de fraguado y cementos: CEM II/A-(sin ser S y D), CEM III/A y CEM II/B Hormigones con o sin aditivos y cementos: CEM III/B, CEM IV y CEM V	0,60

6.14.4.2.7. Propuesta de la Société de Diffusion des Techniques du Bâtiment et des Travaux Publiques

Por último, también resulta de gran interés la propuesta de la Société de Diffusion des Techniques du Bâtiment et des Travaux Publiques. También considera la ley hidrostática hasta alcanzar la presión máxima P_m. En este método se introducen correcciones en función del tipo de cemento, la dosificación de cemento, el espesor a encofrar y la docilidad del hormigón. Las hipótesis son las siguientes:

▸ Peso específico del hormigón de 24 kN/m^3.

▸ Compactación por vibración interna.

▶ Encofrados sin vibración externa.

▶ No se emplean retardadores.

La altura del hormigón fresco se calcula como el producto de la velocidad ascendente del hormigón V por el tiempo de fin de fraguado t_f. La presión máxima no superará 150 kN/m² en los pilares. En las losas hay que añadir a la presión hidrostática la sobrecarga de trabajo.

La presión máxima se obtiene de la Tabla 6.13.

Tabla 6.13. Presión máxima del hormigón fresco.

Temperatura (°C)	Velocidad ascendente del hormigón fresco V	
	$V < 2$ m/h	$V \geq 2$ m/h
5	20 + 12,5 V	41 + 2 V
15	20 + 10,0 V	36 + 2 V
25	20 +8,5 V	33 + 2 V

A estos valores de presión se les afecta por los siguientes factores correctores recogidos en las Tablas 6.14 - 6.17:

Tabla 6.14. Factor corrector por tipo de cemento.

Tipo de cemento	C_1
Portland normal	1,0
Portland con 15 % de escorias	1,1
Portland con cenizas de hulla o lignito	1,2

Tabla 6.15. Factor corrector por dosificación de cemento.

Dosificación de cemento (kg/m³)	C_2
200	0,80
300	1,00
400	1,37
500	1,62
600	1,80

Tabla 6.16. Factor corrector por espesor a encofrar.

Espesor a encofrar (m)	C_3
0,10	0,80
0,20	0,93
0,30	1,05
0,40	1,08
0,50	1,10
> 0,60	1,15

Tabla 6.17. Factor corrector por cono de Abrams.

Cono de Abrams (mm)	C_4
< 80	1,00
90	1,17
100	1,34
110	1,51
120	1,69
130	1,86
140	2,03
150	2,20

El valor de la presión máxima corregida será el siguiente:

$$P_m = P \cdot C_1 \cdot C_2 \cdot C_3 \cdot C_4$$

siendo *P* el valor obtenido de la Tabla 6.13.

Cimbras

Las cimbras y los apeos son estructuras provisionales de apuntalamiento en altura, que sirven para sustentar de las distintas plataformas, mesas o planchas de trabajo que conforman el encofrado, cumplen, según los casos, funciones de servicio, carga y protección. Las cimbras también se pueden utilizar como apeo para cualquier carga, por ejemplo, estructuras provisionales en fase de montaje, demoliciones, refuerzo de estructuras existentes frente a cargas puntuales, etc.

Las cimbras propiamente dichas se utilizan para soportar cargas elevadas y que tengan una altura de trabajo superior a los 6 m. En cambio, denominamos puntales a aquellos soportes más utilizados en edificación, con cargas más ligeras y alturas inferiores a los 6 m.

Las cimbras comparten similitudes con los andamios, ya que ambos son estructuras tubulares que pueden adoptar prácticamente cualquier configuración geométrica en el espacio. No obstante, se distinguen de los sistemas de andamios principalmente por su necesidad de resistir cargas significativas, lo que implica que, en la mayoría de los casos, deben poseer una elevada capacidad de carga.

7.1 Cimbras empleadas en edificación

Las cimbras empleadas en edificación constan normalmente de unos puntales que soportan una superficie encofrante. En un apartado anterior ya se han descrito los encofrados horizontales, tanto para forjados como mesas encofrantes (Figura 7.1). A continuación, se describen los puntales empleados en edificación y el aspecto de mayor interés en la ejecución de este tipo de estructuras, que es el modo de cimbrado, así como el cálculo del plazo descimbrado.

Figura 7.1. Encofrado de Mesas VR con puntal SP.
Fuente: https://www.ulmaconstruction.es/es-es/encofrados/puntales-cimbras/puntales/puntal-acero-sp

7.1.1. Los puntales en edificación

Los puntales son medios auxiliares cuya función principal consiste en sostener un sistema de encofrado horizontal, posicionándolo a la altura requerida. Como elementos sustentantes, transfieren las cargas generadas durante la colocación del hormigón de la estructura. Actúan como soportes hasta alcanzar la resistencia necesaria para absorber eficazmente los esfuerzos exigidos, momento en el cual entran en servicio. En un capítulo anterior se describieron los apeos y los apuntalamientos, empleados fundamentalmente en obras de reparación o de urgencia. En este apartado, se describen los puntales como elementos auxiliares empleados como soporte de encofrados horizontales en edificación.

Existe una amplia variedad de puntales, que se clasifican según el material, la capacidad de carga y su vida útil. Los puntales de madera, que fueron en su momento una opción económica, han dado paso a los puntales metálicos, que son los más habituales por su resistencia y durabilidad (Figura 7.2). Los puntales metálicos permiten una reutilización eficiente y agilizan los procesos de encofrado y desencofrado. Entre las ventajas de estos elementos destacan su ligereza en el transporte y su robustez.

Los puntales de acero son los más utilizados, pudiendo estar pintados, zincados o galvanizados. Su capacidad de carga abarca desde 500 hasta 3000 kg, y su altura de trabajo está comprendida entre 2 y 6 m. Estos puntales son compatibles con sistemas de encofrado recuperable tanto en edificación como en obras civiles, facilitando la realización de diversos tipos de estructuras, como losas macizas o forjados aligerados. Su versatilidad se extiende a la aplicación en sistemas unidireccionales y bidireccionales, incluyendo reticulares de casetón perdido o recuperable, siempre dentro de sus límites de carga y altura. Además, se utilizan de manera frecuente como elementos de apuntalamiento en proyectos de rehabilitación de edificios.

Figura 7.2. Puntales telescópicos de acero soportando encofrado.
Fuente: E. Valiente.

Según el Artículo 48.2 del Código Estructural, cuando el peso propio de un forjado supere los 5 kN/m² o cuando la altura de los puntales sea mayor que 3,5 m, la dirección facultativa deberá aprobar un estudio detallado del sistema de apuntalamientos facilitado por el constructor. Además, en el Artículo 53.2 se indica, para los forjados unidireccionales, que los puntales se retirarán desde el centro del vano hacia los extremos y en el caso de voladizos, del vuelo hacia el arranque. Igualmente, hasta que la dirección facultativa no lo autorice, no se extraerán o desmontarán los puntales. Asimismo, se evitará desapuntalar de forma súbita, tomando las precauciones necesarias para prevenir posibles impactos de sopandas y puntales sobre el forjado.

Los puntales de aluminio se transportan fácilmente por su ligereza, pero su uso es más limitado por su elevado coste (Figura 7.3). Aunque, su vida útil puede ser más corta, usándose en entornos donde el riesgo de oxidación o corrosión es mínimo. Frecuentemente, se ensamblan entre sí para constituir

Figura 7.3. Puntales de aluminio.
Fuente: https://www.alsina.com/es-es/puntales-para-la-construccion-3-preguntas-para-elegir-el-mas-optimo/

torres de carga con marcos de arriostramiento y suelen unirse en altura.

Los puntales telescópicos permiten ajustar la altura según las necesidades, integrándose perfectamente con los andamios metálicos (Figura 197). Constan de dos cuerpos cilíndricos huecos que permiten la regulación mediante la inserción uno dentro del otro (cuerpo y caña). En algunos casos, como complemento, pueden contar con un sistema de bloqueo para evitar la separación entre la caña y el cuerpo. Además, algunos modelos incorporan un sistema de descarga que facilita el proceso de desencofrado y desmontaje. Asimismo, se categorizan en función de si la rosca de regulación es visible o está cubierta.

Un puntal se compone de dos tubos telescópicos desplazables uno dentro del otro, contando con un sistema de ajuste que utiliza un pasador insertado en los agujeros del tubo interior y un mecanismo de ajuste fino a través de un collar roscado. Los elementos esenciales de un puntal telescópico regulable de acero son los siguientes (Figura 7.4):

▶ Placa de asiento: una placa fijada perpendicularmente al eje en ambos extremos del tubo interior y del tubo exterior.

▶ Tubo exterior: un tubo de mayor diámetro con uno de los extremos roscado.

▶ Tubo interior: un tubo de menor diámetro que cuenta con agujeros para el ajuste del puntal, deslizándose dentro del tubo exterior.

▶ Dispositivo para el ajuste de la longitud: incluye un prisionero (perno, espiga o pasador), una tuerca de ajuste y agujeros en ambos tubos, exterior e interior.

▶ El prisionero se inserta a través de los agujeros del tubo interior, marcando la longitud aproximada.

▶ La fuerza de ajuste dispone, al menos, de una empuñadura y cuenta con una cara que sostiene el prisionero para mantener el pasador o el mecanismo de recuperación rápida, si lo posee. Esta fuerza realiza ajustes finos en la altura del puntal.

A la hora de seleccionar el puntal más idóneo hay que considerar cinco factores fundamentales. En primer lugar, se debe calcular la carga actuante, incorporando tanto el peso propio del forjado como la sobrecarga de ejecución, que abarca el peso de los operarios y el encofrado. La capacidad de carga del puntal depende, entre otros, del diámetro del cuerpo cilíndrico, el espesor del tubo y la geometría del puntal. Es esencial conocer la altura libre del puntal para determinar su capacidad de carga según las especificaciones del fabricante. Asimismo, el número mínimo de puntales requerido se calcula considerando la carga actuante y la capacidad de carga a la altura libre de trabajo. Por último, el precio desempeña un papel clave, y optimizar la elección del puntal permite encontrar la solución correcta, asegurando la capacidad de carga necesaria al menor coste posible.

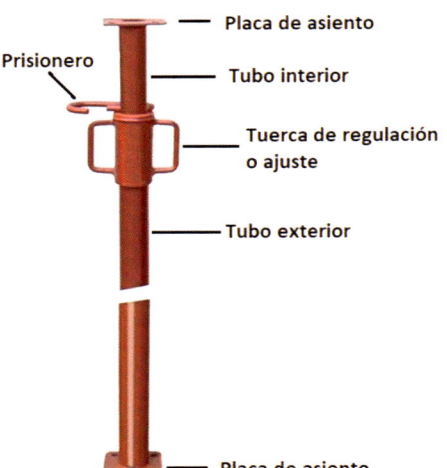

Figura 7.4. Partes de un puntal telescópico. *Fuente:* https://arcomaquinarias.com/ USH-distribuidor-oficial-ush/encofrado-108?

7.1.2. Cimbrado, recimbrado, clareado y descimbrado de plantas consecutivas

Un edificio de varias plantas constituye una estructura evolutiva, que va cambiando su configuración y resistencia conforme se va construyendo. Uno de los aspectos más importantes para la economía y la seguridad del proceso constructivo de un edificio es el relacionado con el cimbrado y descimbrado de las plantas sucesivas. No hay que olvidar que durante la construcción se producen esfuerzos que pueden ser más desfavorables que los esfuerzos en servicio. Por tanto, las dos preguntas clave son qué cargas se generan durante la construcción y a qué edad el hormigón está preparado para resistir las cargas por sí mismo.

Sobre este problema se han realizado numerosos estudios que intentan evaluar de forma precisa la transmisión de las cargas entre los forjados y los puntales. Se trata de un problema complejo, pues aspectos tales como las

Figura 7.5. Apuntalamiento y encofrado de forjado.
Fuente: J. A. Sánchez Garrido.

características de la estructura (tipo de hormigón y cargas de cálculo), los cambios de temperatura y humedad ambiente o la distribución de las cargas entre forjados y puntales originada por el propio procedimiento constructivo, entre otros, son determinantes en este tipo de cálculos. Para aclarar algunos aspectos de este tema, se van a definir los distintos procedimientos empleados, se analizará brevemente la normativa aplicable y se indicarán a referencias actuales sobre este tema para que el lector interesado pueda profundizar más. La normativa que aborda el plazo de descimbrado es muy genérica y utiliza criterios muy conservadores.

Se pueden distinguir tres procedimientos constructivos principales:

▶ Cimbrado y descimbrado: es el procedimiento más sencillo, pero que requiere de más material. Se descimbra toda la planta lo cual significa que deben existir tantos juegos de cimbras como plantas. Se pueden tener dos, tres o más plantas consecutivas cimbradas. Hay que tener cuidado, pues aumentar el número de juegos de puntales incrementa las cargas máximas en forjados, por lo que suele convenir n=2.

▶ Cimbrado, clareado y descimbrado: el clareado o descimbrado parcial es una técnica muy empleada en España. Consiste en retirar el encofrado y la mitad o más de los puntales que soportan el forjado pocos días después del hormigonado. En este sistema los puntales no pierden nunca el contacto con la estructura. La ventaja es que se reduce el material necesario en la obra. Todo el encofrado y al menos la mitad de los puntales se recuperan entre los 3 y 5 días. Sin embargo, este procedimiento introduce estados de carga intermedios en los forjados que deben comprobarse.

▶ Cimbrado, recimbrado y descimbrado: se retira el apuntalamiento de una planta para que se deforme libremente y se redistribuyan las cargas entre los forjados. Luego se vuelven a poner en carga, de forma que colaboren con los incrementos de carga posteriores. Con este procedimiento, los forjados, en edades tempranas, y cuando se recimbran, soportan únicamente su peso propio. Esta técnica permite reducir notablemente las cargas en los puntales, pero es una operación complicada y delicada, que aumenta el número de operaciones a realizar, y por tanto, el coste de mano de obra. En este caso, aumentar el número de juegos de puntales reduce las cargas máximas en forjados. Este procedimiento precisa de un control de calidad muy intenso, pues se descimbra a edades tempranas. Esta técnica es poco usada en España, aunque es la técnica principal en Estados Unidos.

Como se puede observar, los tres procedimientos presentan ventajas e inconvenientes. Por ejemplo, una crítica al recimbrado es que los forjados se someten a altas cargas a edades tempranas. Además, cuando el efecto suelo deja de tener incidencia, los efectos beneficiosos del recimbrado dejan de producirse. Por tanto, si lo que se quiere es optimizar, habría que combinar las técnicas de recimbrado en las plantas inferiores con las de clareado en las superiores. El Código Estructural, a la vista de las implicaciones que tiene los procesos constructivos de descimbrado, carga la responsabilidad en el proyecto. En efecto, en su Artículo 65.3, indica que "en general, se comprobará que la totalidad de los procesos de montaje y desmontaje, y en su caso el de recimbrado o reapuntalamiento, se efectúan conforme a lo establecido en el correspondiente proyecto". Al lector preocupado por el cálculo e hipótesis de estas técnicas le recomendamos el libro del profesor Calavera (2002), que es una de las referencias obligadas.

Por ejemplo, el método simplificado de Grundy y Kabaila (1963) es fácil de aplicar y suele estar del lado de la seguridad, pues supone una rigidez infinita de los puntales y que todos los forjados se comportan elásticamente y presentan la misma rigidez, con una cimentación infinitamente rígida, con cargas uniformemente distribuidas sobre el encofrado y los puntales y despreciando el efecto de la retracción y la fluencia del hormigón. Sin embargo, la rigidez infinita de la cimentación (efecto suelo) implica que absorbe un nivel de solicitación importante, lo que provoca a su vez una sobrecarga en los puntales. Esto lleva a que, mientras el efecto dura, las cargas en los puntales se acumulan, pudiendo llegar a constituir la situación más desfavorable de todo el proceso. Una vez que este efecto desaparece, las solicitaciones en puntales pueden disminuir significativamente, lo que lleva a diseños poco optimizados si se aplica el mismo criterio en todas las alturas de la estructura. Este método simplificado nos lleva a distribuciones de cargas que, curiosamente, son independientes de algunos parámetros importantes como son la distancia entre pilares, la altura libre entre plantas, el ritmo constructivo, las dimensiones de los forjados o la resistencia característica del hormigón empleado. Es un método que solo depende del esquema constructivo empleado, es decir, del número de plantas apuntaladas y reapuntaladas.

Si se siguen unas reglas sencillas se puede utilizar este método simplificado. La primera regla es que, una vez se descimbra una planta, la carga que soportaban los puntales se reparten proporcionalmente a los forjados existentes, siempre y cuando los puntales no apoyen en el suelo. La segunda regla es que la carga que recibe el puntal de una planta se calcula de la siguiente forma: se suma la carga del puntal de la planta anterior más el peso propio del forjado y se le resta lo que absorbe dicho forjado. En la Figura 7.6 se pueden ven los coeficientes de carga para dos y tres juegos de puntales. Para dos juegos, la carga máxima en un forjado se sitúa en el nivel 2 con un coeficiente de 2,25, para tres juegos, la carga máxima se sitúa en el nivel 3 con un coeficiente de 2,36. Dejamos al lector el cálculo con cuatro juegos: la máxima carga sería en el nivel 4 con un coeficiente de 2,43. Se observa que el valor máximo aparece siempre en la planta n, siendo n el número de plantas apuntaladas, es decir, la planta más cargada es la última que fue hormigonada con puntales hasta el terreno.

Taylor (1967) determinó que los coeficientes del método simplificado de Grundy y Kabaila podrían reducirse usando la técnica del recimbrado. Se añade una fase más donde se liberan los puntales y los forjados absorben todos los esfuerzos. Al volver a colocar los puntales en carga, éstos solo trabajarán ante cargas adicionales. En la Figura 7.7 se han calculado los coeficientes para dos juegos de puntales. Se observa que la carga máxima en forjados en este caso es de 1,5 veces el peso del forjado. Dejamos para el lector el cálculo para tres juegos, donde la carga es menor, de solo 1,33 veces el peso del forjado. Como conclusión, sin recimbrado lo mejor eran dos juegos de puntales y con recimbrado, tres juegos.

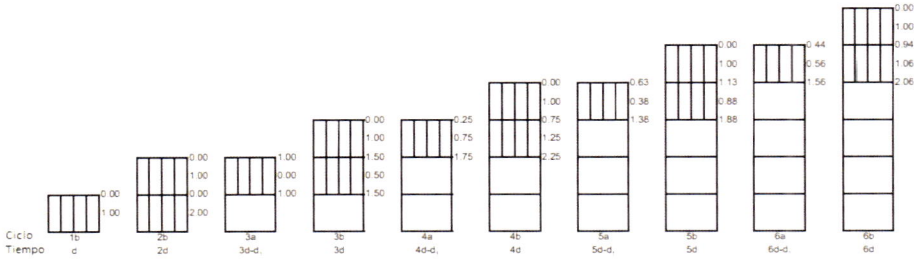

Coeficientes de carga para puntales y forjados, con dos juegos de puntales

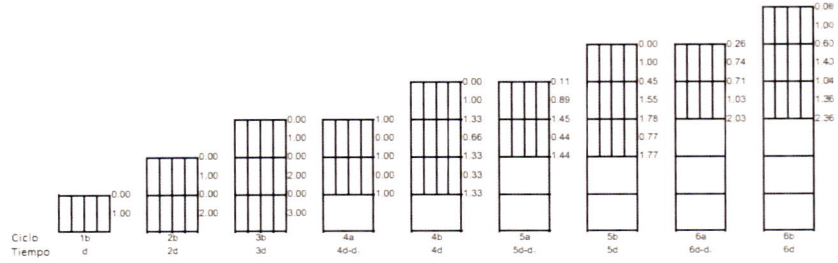

Coeficientes de carga para puntales y forjados, con tres juegos de puntales

Figura 7.6. Coeficientes de carga para puntales y forjados con dos y tres juegos de puntales usando el método simplificado de Grundy y Kabaila (1963).

213

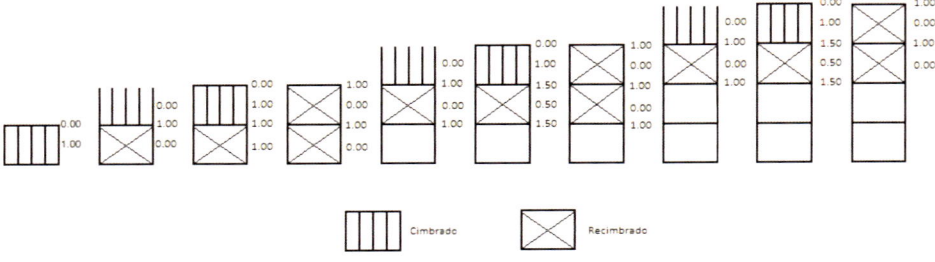

Figura 7.7. Aplicación del método simplificado de recimbrado de Taylor (1967), con dos juegos de puntales.

El plazo mínimo de descimbrado depende de la evolución de la resistencia, del módulo de deformación, de las condiciones de curado, de las características de la estructura y de la relación entre la carga muerta y la carga actuante en el momento del descimbrado. Esta operación comienza retirando los puntales de las zonas más deformables del forjado (extremo de los voladizos y centros de vano) para continuar hacia los apoyos. Esto se hace para no cargar más de lo previsto y que se deforme el forjado de forma brusca. Los comentarios al Artículo 53.2 del Código Estructural proponen determinar el plazo de descimbrado utilizando la siguiente expresión, basada en el concepto de madurez del hormigón (edad equivalente entre dos hormigones dependiente del tiempo y de la temperatura). Esta fórmula solo se aplica a elementos de hormigón armado fabricados con cementos Portland sin adiciones, suponiendo que el endurecimiento se haya realizado en condiciones ordinarias:

$$ j = \frac{400}{\left(\dfrac{Q}{G} + 0,5 \right) \cdot (T + 10)} $$

Donde:

▸ Q es la diferencia entre la carga que actúa en situación de proyecto y la carga que actúa en una determinada fase constructiva

▸ G es la carga que actúa en una determinada fase de construcción (en el momento de descimbrar), incluido el peso propio y la carga transmitida procedente de forjados cimbrados sobre el elemento a estudiar

▸ T es la temperatura media en °C de las máximas y mínimas diarias durante los j días

▸ j es el número de días desde el hormigonado hasta el descimbrado

Esta fórmula ha estado presente en las ediciones de la norma española desde 1973. Ofrece un ajuste que, si bien prioriza la seguridad, proporciona valores suficientemente precisos. Además, considera tanto la influencia de la

temperatura como la relación entre las cargas. De hecho, representa una simplificación de un enfoque más amplio que se encuentra en la Instrucción
H.A. 61 del I.E.T.C.C.

Si se analiza la fórmula a una temperatura de 20 °C y se considera la carga
total como la que actúa al descimbrar, se obtiene un valor de 28 días. Conforme
aumenta la relación entre la carga que actuará posteriormente y la carga que actuará al descimbrar, la fórmula arroja edades de descimbrado cada vez menores,
llegando incluso a valores asintóticos. En consecuencia, esta fórmula produce
valores que, si bien pueden inclinarse hacia la seguridad, no generan grandes
contradicciones. En la Figura 7.8 se representa el criterio del Código Estructural
para los plazos de descimbrado.

Por ejemplo, supongamos que se quiere estimar el plazo de descimbrado
de una estructura atendiendo al método sugerido en los comentarios del Artículo 53.2 del Código Estructural. Para ello se considera que se ha empleado en la
fabricación del hormigón un cemento Portland y el endurecimiento se ha realizado en condiciones ordinarias. Se supone que la carga que actúa en el momento
de descimbrar (incluido el peso propio) es de 45 kN y que la carga total que
actuará posteriormente es de 65 kN. Suponemos una temperatura media hasta
el descimbrado de 18 °C. En este caso, Q = 65-45 = 20 kN; G = 45 kN. El plazo
es j = 15,13 días. Por tanto, se podría descimbrar a los 16 días del hormigonado.

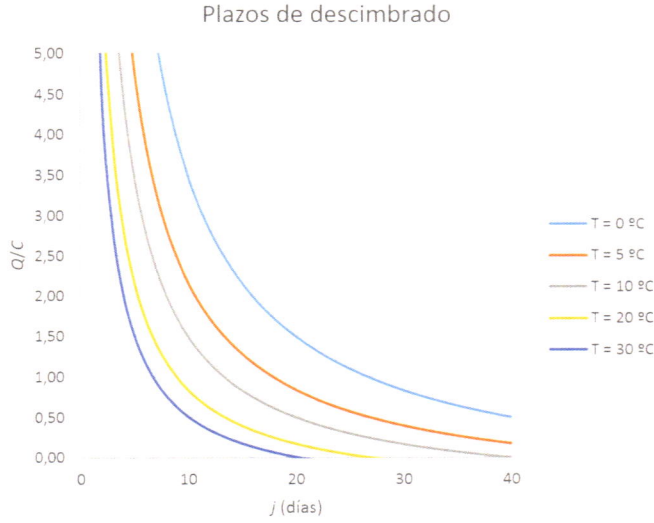

Figura 7.8. Criterio del Código Estructural de descimbrado.

Se presenta un nomograma elaborado junto con el profesor Pedro Martínez-Pagán (Figura 7.9). Este recurso puede ser valioso para calcular rápidamente el tiempo de descimbrado en función de la temperatura y la relación *Q/G*. Por ejemplo, de un vistazo se puede determinar el tiempo necesario para el descimbrado en invierno, a 5 °C.

Se puede emplear la tabla de los comentarios del Artículo 53.2 del Código Estructural donde se indican los periodos mínimos de desencofrado y descimbrado de elementos de hormigón armado. Esta tabla se puede utilizar cuando no se disponga de datos suficientes y en el caso de haber utilizado cemento de endurecimiento normal. En el caso de períodos de helada durante el endurecimiento del hormigón, se deben incrementar convenientemente estos valores.

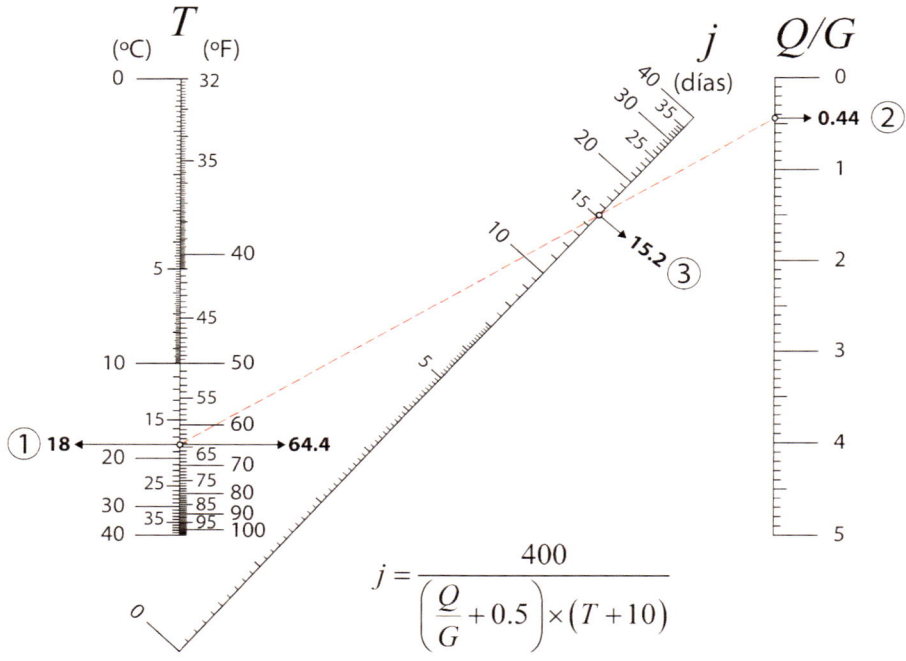

$$j = \dfrac{400}{\left(\dfrac{Q}{G} + 0.5\right) \times (T + 10)}$$

j = Número de días desde el hormigonado hasta el descimbrado.
T = Temperatura media de las máximas y mínimas diarias durante los *j* días.
Q = Diferencia entre la carga que actúa en situación de proyecto y la carga que actúa en una determinada fase constructiva.
G = Carga que actúa en una determinada fase de construcción (en el momento de descimbrar), incluido el propio peso y la carga transmitida procedente de forjados cimbrados sobre el elemento a estudiar.

Figura 7.9. Nomograma para la estimación del plazo de descimbrado de una estructura (Martínez-Pagán, Yepes, 2023).

También se incrementarán estos valores cuando se quiera limitar la fisuración a edades tempranas o sea necesario reducir las deformaciones por fluencia. Esta tabla presupone que no se cimbran plantas consecutivas sobre la considerada.

Tabla 7.1. Periodos mínimos de desencofrado y descimbrado de elementos de hormigón armado, según los comentarios del Artículo 53.2 del Código Estructural.

Temperatura superficial del hormigón (°C)		≥ 24	16	8	2
Encofrado vertical		9 horas	12 horas	18 horas	30 horas
Losas	Fondos de encofrado (desencofrado)	2 días	3 días	5 días	8 días
	Puntales (descimbrado)	7 días	9 días	13 días	20 días
Vigas	Fondos de encofrado (desencofrado)	7 días	9 días	13 días	20 días
	Puntales (descimbrado)	10 días	13 días	18 días	28 días

Por último, debemos mencionar algunas de las conclusiones derivadas de las medidas experimentales de la transmisión de cargas entre puntales y forjados descritas en la tesis doctoral de Gasch (2012). Estas conclusiones son importantes a efectos prácticos:

▶ El reparto de cargas entre puntales no es uniforme. Los puntales del centro del vano presentan valores de carga máxima para cada una de las operaciones constructivas.

▶ Las operaciones no previstas durante el procedimiento constructivo implican fuertes modificaciones de la transmisión de cargas esperada entre forjados y puntales.

▶ Pequeñas variaciones en el apriete de los puntales pueden tener una gran influencia en la distribución de cargas.

▶ Al hormigonar cada forjado, la totalidad de la carga se transmite a los puntales.

7.1.3. Resistencia del hormigón para el descimbrado

Anteriormente, se ha destacado la importancia de definir el plazo de descimbrado, un asunto relevante debido a sus implicaciones tanto en la economía como en la seguridad del proceso constructivo. La determinación de este plazo está ligada al momento en el cual el hormigón puede resistir los esfuerzos durante la construcción. En consecuencia, la edad mínima para descimbrar se ve influenciada por factores como la evolución de la resistencia y el módulo de deformación del hormigón, el proceso de curado, la deformabilidad y la proporción de la carga permanente que actúa en el momento del descimbrado.

Para establecer este plazo mínimo, se pueden considerar dos métodos: el primero se basa en la resistencia a tracción del hormigón, mientras que el segundo se adhiere a los métodos propuestos por el Código Estructural en su

Figura 7.10. Labores de desencofrado
y desapuntalamiento.
Fuente: https://www.alsina.com/es-es/
encofrados-para-losas-y-forjados-cimbra-
do-descimbrado-parcial-y-descimbrado-total/

Artículo 53. No obstante, es crucial señalar que los plazos indicados por esta norma no son compatibles con desencofrados rápidos.

Para agilizar el descimbrado, es esencial determinar el desarrollo de las resistencias del hormigón a corto plazo, factor que depende en gran medida de la composición de la mezcla y de la temperatura. La resistencia a tracción está claramente vinculada con los fenómenos de anclaje y corte. Aunque esta resistencia no se incorpora directamente en los cálculos para estructuras de hormigón armado, es importante para estimar los plazos de descimbrado. En algunos casos, la adherencia puede ser el aspecto crítico, pero, a efectos prácticos, se puede considerar la resistencia a tracción como el factor determinante para el descimbrado.

Así, si tenemos una estructura con una acción característica de proyecto y en el momento de descimbrar está sometida a una fracción de esta acción, podremos realizar el descimbrado si se cumple la siguiente condición:

$$f_{ckt,j} \geq \alpha \cdot \frac{\gamma'_{fg}}{\gamma_{fg}} \cdot f_{ckt,28}$$

Por simplificar, se llama:

$$\beta = \alpha \cdot \frac{\gamma'_{fg}}{\gamma_{fg}}$$

donde $f_{ckt,j}$ es la resistencia a tracción del hormigón a los j días, $f_{ckt,28}$ es la resistencia a tracción del hormigón en curado estándar a los 28 días, γ'_{fg} es el coeficiente de mayoración de acciones aplicable a la situación correspondiente al descimbrado (por tratarse de una situación temporal puede ser menor de la del proyecto, sin ser inferior a 1,25), γ_{fg} es el coeficiente de mayoración de acciones de proyecto (1,50 para situación persistente o transitoria de efecto desfavorable para una acción permanente de valor no constante, por ejemplo) y α es la relación entre la carga característica de construcción y la característica de la estructura. Conviene fijarse que γ'_{fg} depende del nivel de control; así Calavera (2002) propone que sea de 1,30 para obras de control de ejecución intenso, de 1,35 para obras de control de ejecución normal y de 1,40 para obras de control reducido.

Aunque el método anterior es preciso, la complejidad radica en la determinación de los valores asociados. En este sentido, un método práctico de aplicac ón en laboratorio implica la obtención de la resistencia a tracción indirecta del hormigón a través del ensayo brasileño. Para llevar a cabo este procedimiento, es necesario curar las probetas en condiciones semejantes a las de la estructura. Mediante la realización de ensayos a distintas edades, se puede identificar el momento en el cual se alcanza el valor mínimo necesario para proceder al descimbrado.

Una alternativa para calcular el plazo de descimbrado implica el uso de curvas de referencia, las cuales ofrecen la evolución de la resistencia a tracción en relación con la temperatura y el tipo de cemento utilizado. En la Figura 7 11, se presentan las curvas elaboradas por Alvarado *et al.* (2005) para un hormigón con una resistencia característica a compresión de 25 MPa y endurecimiento normal. Para ajustar la evolución de la temperatura del hormigón en obra, se emplea el método de madurez, una herramienta que evalúa la resistencia del hormigón recién colocado al relacionar el tiempo y las mediciones de temperatura con los valores de resistencia reales. El Anexo A de la norma UNE 83160-1 IN prcporciona un ejemplo práctico de aplicación de los métodos de madurez.

Por último, se podría utilizar la relación que existe entre la resistencia a tracción directa y la resistencia a compresión. Así, se propone la siguiente expresión, cuyo mayor inconveniente es que solo es válida para edades superiores a 7 días y para hormigones de resistencia característica menor o igual a 50 MPa:

$$f_{ckt,28} = 0{,}21 \cdot \sqrt[3]{\left(f_{ck,28}\right)^2}$$

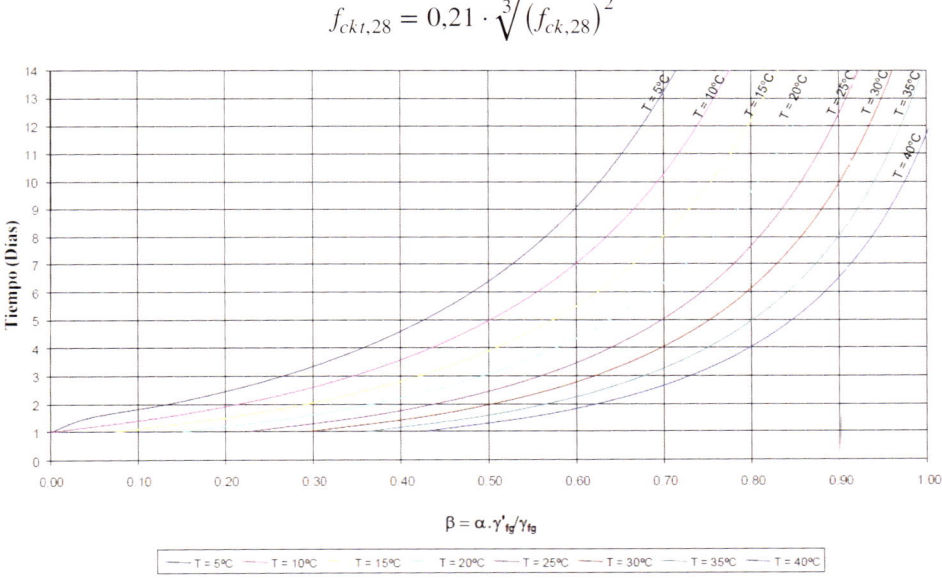

Figura 7 11 Curvas para determinar el plazo de descimbrado para un hormigón de 25 MPa y cemento de endurecimiento normal (Alvarado et al., 2005).

sustituyendo las expresiones que relacionan la resistencia a tracción con la re-sistencia a compresión a edades jóvenes, se obtiene la siguiente condición (solo válida para edades superiores a 7 días):

$$f_{ck,j} \geq \beta^{1,5} \cdot f_{ck,28}$$

Por otra parte, sabiendo que la resistencia a tracción pura (f_{ckt}) está relacionada con la resistencia a tracción indirecta obtenida en el ensayo brasileño (f'_{ckt}) me-diante la siguiente relación aproximada:

$$f_{ckt} = 0,90 \cdot f'_{ckt}$$

se puede concluir que la condición de descimbrado, en función de la resistencia a tracción el ensayo brasileño, sería la siguiente (solo válido para edades supe-riores a 7 días):

$$f'_{ckt,j} \geq 0,233 \cdot \alpha \cdot \frac{\gamma'_{fg}}{\gamma_{fg}} \cdot \sqrt[3]{\left(f_{ck,28}\right)^2}$$

Sin embargo, esta expresión donde se requiere una resistencia característica mínima a compresión en el momento de descimbrar puede resultar poco restric-tiva para determinados tipos de cementos. Para un cemento CEM II/A-V 42.5, Alvarado *et al.* (2005) proponen la siguiente ecuación, más ajustada que la an-terior, para determinar la resistencia a compresión necesaria para el momento del descimbrado:

$$f_{ck,j} \geq \beta^{1,07} \cdot f_{ck,28}$$

Finalmente, como medida de precaución y a pesar de lo expuesto anterior-mente, se recomienda un plazo que no sea inferior a 3 días, considerando la incertidumbre inherente al cálculo de la evolución de las resistencias del hormi-gón en edades tempranas. Además, se desaconseja el descimbrado en casos donde las resistencias sean inferiores a los 10 N/mm^2 por razones estéticas, como cambios en el color, desconchones, textura, entre otros, especialmente si la superficie de hormigón tiene un propósito específico.

7.2 Cimbras empleadas en la construcción de puentes

7.2.1. Construcción *in situ* de tableros con cimbra completa apoyada

Las obras de paso se construyen en obra mediante cimbras fijas apoyadas so-bre el terreno. Constituye una solución fácil y cómoda para luces pequeñas y medianas. Se emplea una estructura metálica provisional compuesta por vigas y puntales, la cual sostiene los encofrados sobre los que se verterá el hormigón del tablero. Las cimbras se encargan de soportar la carga tanto del encofrado como del hormigón fresco, transfiriéndola al terreno. Estas estructuras temporales deben ser rígidas, manejables, adaptables y sencillas. Actualmente, se utilizan cimbras metálicas reutilizables, modulares y de fácil montaje y desmontaje. En el caso de cimbras altas, se emplean apoyos de gran capacidad y vigas trianguladas de mayor altura; estas cimbras son huecas, lo que permite el paso de vehículos durante la construcción del puente. Por otro lado, las losas aligeradas resultan económicas para luces de entre 10 y 40 m, mientras que las secciones en forma de cajón son ideales para luces entre 30 y 90 m.

Figura 7.12. Desmontaje paso superior ejecutado con cimbra porticada. *Fuente:* V. Yepes.

7.2.1.1. *Tipos de cimbras en la construcción de puentes in situ*

Las cimbras cuajadas y porticadas se utilizan preferentemente con tableros de sección variable, luces no repetitivas, un reducido número de vanos, pilas de baja altura y cuando es fácil el apoyo sobre el terreno. En estos casos, el tablero se ejecuta de una sola vez, sin interrupciones. Una vez que el hormigón alcanza la resistencia suficiente se tesan los cables del pretensado. El efecto del pretensado asegura el descimbrado de la estructura.

Las cimbras empleadas en la construcción de puentes pueden ser cuajadas o diáfanas:

▸ Cimbras completas o cuajadas: formadas por torres dispuestas en la planta de la estructura para distribuir las cargas uniformemente sobre el terreno (Figura 7.13). Se utilizan cuando no existen obstáculos como paso de vehículos o corrientes de agua. Se emplean normalmente en alturas de 6 o 7 m, no siendo económicas con por encima de 16-20 m. Por ejemplo, la Dirección General de Ferrocarriles en España recomienda la cimbra cuajada para el proyecto de puentes ferroviarios de hormigón, no superar los 15 m de altura y siempre que no existan obstáculos que obliguen a distanciar los apoyos de las cimbras. El sistema habitual es la cimbra tubular, llamada también cimbra PAL, con torres de planta triangular o cuadrangular. Las barras son tubos huecos, montándose cada torre a partir de módulos planos que se enganchan por las esquinas. Además, para garantizar la estabilidad de la cimbra, se colocan arriostramientos longitudinales y transversales para unir las torres. Se calzan los pies de las torres con tablones, tarugos y cuñas para su perfecto aplome. Las placas de los pies disponen de agujeros para clavarlas a los tablones o a las cuñas. También suelen llevar tornillos de nivelación para ajustar la altura del pie. En la parte superior de la torre se disponen husillos, que son piezas en U, que reciben los largueros de madera del encofrado. Los usillos se conectan a la torre mediante tornillos de nivelación. Los husillos bajan para descimbrar la losa tras el pretensado. No se suelen dar contraflechas debido a que las flechas de peso propio y del pretensado son parecidas.

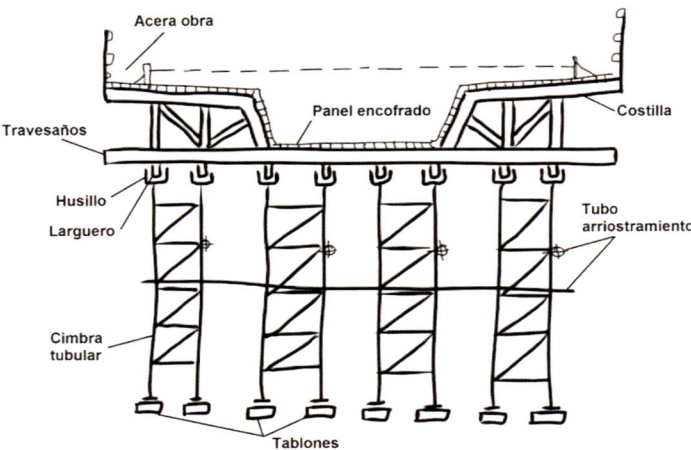

Figura 7.13. Disposición de los elementos de una cimbra cuajada y del encofrado de la losa.
Dibujo: V. Yepes.

▸ Cimbras diáfanas o porticadas: se usan cuando se ejecuta una cimbra sobre un obstáculo, en terrenos con pendientes o para salvar desmontes o terraplenes (Figura 7.14). Estas cimbras permiten salvar luces de 6 a 16 m con unos soportes que trasladan la carga al terreno. Estos soportes permiten cargas de 12 a 45 t, aunque en algunos casos especiales resisten 200 t. Estas cimbras se componen de pilas y vigas articuladas, con

Figura 7.14. Montaje cimbra diáfana.
Fuente: V. Yepes.

Figura 7.15. Detalle cimbra porticada.
Fuente: V. Yepes.

Figura 7.16. Detalle del apoyo de las vigas
sobre las torres de una cimbra porticada.
Fuente: V. Yepes.

Figura 7.17. Cimbra porticada.
Fuente: V. Yepes.

sección triangular o cuadrangular. Se utilizan elementos de acero de alta resistencia desmontables. Los pilares se ensamblan con módulos planos formados por tubos de perfil circular. De esta forma, el pilar se forma con acoplamiento de elementos planos unitarios, formando módulos entre 0,75 y 2,50 m. Además, su altura se regula en sus extremos mediante husillos roscados. Las vigas se montan con módulos de perfiles tubulares ensamblados mediante bulones. Además de las vigas articuladas, se pueden utilizar jácenas, donde se añade un atirantado a las vigas para aumentar el canto resistente.

Las cimbras actuales constan de elementos normalizados que se conectan fácilmente entre sí: torres, arriostramiento, vigas de vano, vigas de reparto, travesaños y encofrados. Los elementos suelen montarse verticalmente en su posición definitiva o premontarse en el suelo para su posterior elevación. Esta última opción se prefiere desde el punto de vista de la prevención de riesgos laborales. El montaje de la cimbra para un paso superior generalmente requiere una semana de trabajo por parte de un equipo compuesto por alrededor de cinco operarios.

La rigidez se consigue arriostrando los elementos para soportar acciones horizontales y el pandeo de las torres. La acción del viento y la presión del hormigón fresco son las principales cargas horizontales. En ausencia de estos refuerzos, el desplome de una torre individual provoca el derrumbe de la cimbra de manera similar a un castillo de naipes. Por otro lado, cuando se implementan refuerzos y un pilar de la torre cede, la cimbra responde de manera coordinada, evitando en gran medida efectos catastróficos. Para garantizar altos rendimientos de ejecución, deben ser fáciles de montar y desmontar, adaptándose a cualquier geometría en planta y alzado, con gatos y husillos que regulen la altura y con la mayor simplicidad y número posible de piezas. La transición de la cimbra al encofrado la forman unos tablones o perfiles metálicos transversales de reparto apoyados en unos dispositivos en U llamados horquillas, sobre la que descansa el encofrado.

Figura 7.18. Cimbra cuajada.
Fuente: https://pixabay.com/es/si-
tio-las-obras-de-construcci%C3%B3n-592459/
CC0 Creative Commons

Las torres de cimbra de componentes prefabricados son las más empleadas, clasificándose según su método de rigidización, pues se puede triangular completamente en todos los planos verticales (Figura 7.18) o no.

Las cimbras permiten su funcionamiento como estructuras capaces de soportar cargas de diferente naturaleza. Los principales componentes y elementos principales son los siguientes:

▶ Base regulable. Es una placa base metálica, dispuesta en la parte inferior de la torre de cimbra, que permite el apoyo sobre el terreno o cimentación durante el montaje y que, gracias a un husillo, se regula en altura para absorber de las irregularidades en la superficie de apoyo de la torre.

▶ Cabezal en U. Se trata de una pieza metálica en U, situada en la parte superior de la torre, encima de los últimos montantes verticales, que permite apoyar las vigas primarias que soportan el encofrado.

▶ Husillo. Consiste en un dispositivo metálico roscado, utilizado como componente principal en las bases regulables y en los cabezales en U. Es capaz de regular la altura de la cimbra y de liberarla de carga, para su descimbrado, a través de su descenso.

▶ Montante. Es un elemento metálico vertical de la cimbra que transmite las cargas soportadas en la parte superior de la cimbra hasta el terreno o cimentación sobre la que se sustenta la torre de cimbra. Su montaje, arriostrado con el resto de los montantes verticales de la torre, configura lo que se denomina "módulos de la cimbra".

▶ Travesaño. Se trata de un elemento metálico horizontal de la cimbra, que conecta horizontalmente dos montantes verticales adyacentes, aumentando la rigidez y la resistencia vertical y la estabilidad de la torre de cimbra.

▶ Diagonal. Es un elemento metálico dispuesto en la torre de cimbra, que permite conectar de manera diagonal dos montantes verticales adyacentes, aumentando la rigidez y proporcionando una mayor resistencia vertical y lateral a esta estructura auxiliar de carácter temporal. Tanto los travesaños horizontales como las diagonales, son rigidizadores que ajustan, aseguran y estabilizan la torre de cimbra desde su arranque. El número de arriostramientos varía en función de la altura total de la torre, gracias a lo cual se evita el vuelco o desplazamiento de la torre de cimbra ante posibles esfuerzos horizontales, garantizando la estabilidad estructural y la capacidad de carga de la torre de cimbra.

▸ Abrazadera/acoplamiento. Se trata de un dispositivo utilizado para conectar dos tubos diferentes. Existen dos tipos principales: acoplamiento de cuña (donde la fuerza de sujeción se obtiene al ajustar una mordaza sobre el tubo mediante el golpeo de una cuña) y el acoplamiento roscado (donde la fuerza de sujeción se obtiene al ajustar una mordaza alrededor del tubo por medio de una tuerca y un perno).

▸ Contrapeso. Consiste en material sólido opcional que puede disponer la estructura de la cimbra para proporcionar una mayor estabilidad frente al vuelco por la acción de su peso muerto.

▸ Cimiento. Subestructura opcional, en terrenos de poca capacidad portante y de resistencia a compresión, que tiene el objetivo de transmitir la carga de las torres de cimbra a éste en lugar de realizar un apoyo directo sobre el terreno. Como cimentación de las torres de carga suelen disponerse zapatas formadas por durmientes de madera o de hormigón.

En la Figura 7.19 se muestra un esquema simplificado de los componentes de una cimbra, en este caso, de una cimbra de gran carga MK-360 de la empresa ULMA.

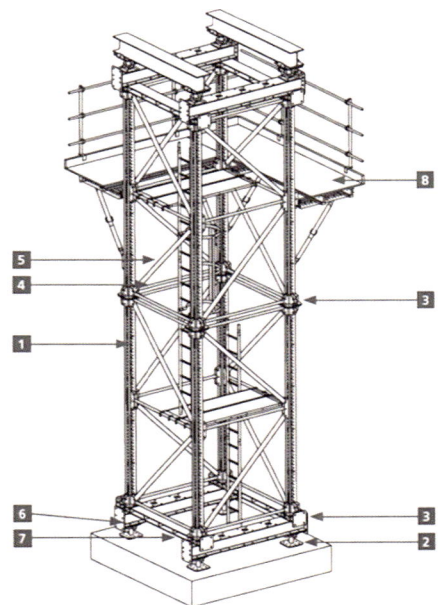

COMPONENTES CIMBRA MK-360

1 Riostra MK
2 Husillo base 360 MK
3 Unión testa MK
4 Montante horiz. MK
5 Diagonal MK
6 Perfil husillo MK
7 Perfil arriostramiento MK
8 Plataforma de trabajo

Figura 7.19. Esquema simplificado de los componentes de una cimbra de gran carga.
Fuente: https://www.ulmaconstruction.com/es/encofrados/puntales-cimbras/cimbras-de-gran-carga/cimbra-gran-carga-mk

Figura 7.20. Detalle construcción de encofrado de madera.
Fuente: V. Yepes.

Figura 7.21. Detalle construcción de encofrado de madera.
Fuente: V. Yepes.

El encofrado se adapta a la forma de la estructura, tiene que ser rígido y estanco para evitar las pérdidas de lechada durante el hormigonado. Con paneles encofrantes de madera y climas secos, se debe regar antes de verter el hormigón para mantener cierta humedad. Con paneles machihembrados, se mejora el acabado y se garantiza la rigidez en la junta. Con paneles modulares de múltiples usos y otros prefabricados se reduce tanto la mano de obra y como las juntas, llegándose incluso a encofrados metálicos incluidos en la cimbra.

7.2.1.2. Cimentación de la cimbra de un puente losa

Una cimbra no deja de ser una estructura apoyada sobre un terreno que presente suficiente capacidad portante y que minimice sus asientos diferenciales. Normalmente se exige al terreno una tensión admisible mínima de 0,10 MPa, por lo que se compacta. Además, para facilitar el drenaje en caso de lluvia, se mejora con unos 30 cm de un material granular, como grava-cemento o zahorras. Se colocan durmientes de madera paralelos a la directriz del tablero para apoyar los pies de las torres (Figura 7.22). Este elemento reparte las cargas y reduce la tensión transmitida.

Figura 7.22. Detalle de las torres sobre los durmientes de madera y de la zahorra compactada.
Fuente: V. Yepes.

En el caso de terrenos flojos o cuando las cargas son elevadas, se puede sustituir el terreno o, incluso, hay que recurrir a cimentaciones auxiliares (Figura 7.23). La cimbra se debe estabilizar también en la proximidad de los terraplenes laterales, próximos a los estribos. Para ello se escalona el terreno, ejecutando unos pequeños muros de hormigón para reforzar la seguridad de los apoyos (Figura 7.24).

Figura 7.23. Cimentación provisional para soportar las torres de una cimbra diáfana.
Fuente: V. Yepes.

Figura 7.24. Escalonamiento con pequeños
muros de hormigón junto al estribo.
Fuente: F. González Vidosa.

Un aspecto importante es el montaje de cimbras sobre ríos o torrenteras. Una lluvia torrencial provoca arrastres y avenidas capaces de erosionar el apoyo de las cimbras, ocasionando su desplome. Este incidente es especialmente grave cuando se ha vertido el hormigón y no se alcanza la resistencia suficiente para pretensar el tablero de forma que soporte su propio peso. Una solución consiste en cimentar la cimbra sobre una losa de hormigón protegida mediante escollera. Otra buena práctica es dar salida al agua mediante una zanja lateral que atraviese la planta del tablero y vierta aguas abajo.

Figura 7.25. Cimentación provisional para las
torres de una cimbra porticada.
Fuente: V. Yepes.

7.2.1.3. Precauciones para el montaje de la cimbra de un puente

La cimbra es una estructura provisional que requiere su propio proyecto y cálculo, con una especial atención a las hipótesis de carga y los detalles de diseño y montaje. Sin un proyecto adecuado, los accidentes son más probables, especialmente con las cimbras diáfanas. El proyecto y las operaciones de montaje y desmontaje suele

Figura 7.26. Cimentación para torres de cimbra.
Fuente: V. Yepes.

realizarlos una empresa especializada. Se debe exigir estabilidad a la cimbra, especialmente a pandeo. Además, las deformaciones previstas deben compensarse con contraflechas.

La falta de normalización de la transición entre las torres y el encofrado suele ser un foco de problemas. Dicho encuentro consta de varios niveles de perfiles o tablones apoyados sobre horquillas que, normalmente, no son solidarias con el husillo que las soporta, lo cual puede provocar inestabilidad si no se monta adecuadamente. Un ejemplo son las cargas excéntricas sobre los husillos debidas a la inclinación de los perfiles por la pendiente del tablero, que muchas veces no se consideran en el cálculo. Tampoco se considera en el cálculo un mal reparto de las cargas en las patas de las torres por una mala colocación de los perfiles o los tablones. Todo ello obliga a adoptar coeficientes de seguridad elevados, normalmente de 2 cuando las condiciones de montaje son muy estrictas, e incluso de 3, tal y como propugna la norma ACI.

Otro aspecto de gran importancia es el arriostramiento horizontal e inclinado de las torres para evitar el pandeo y para resistir las cargas horizontales. Además, una cimentación de las torres sobre tablones mal asentados o poco rígidos incrementa significativamente el asiento diferencial y el consiguiente aumento imprevisto de la carga en alguno de los apoyos.

Cuando las luces son pequeñas o medias, los cables de pretensado son de una sola longitud, de varios cordones y con anclajes en los extremos. Estos anclajes pueden ser activos, si se tensa desde ellos, o bien pasivos, cuando se tensa desde el otro extremo. Algunos anclajes pasivos quedan embebidos en el hormigón, trabajando total o parcialmente por adherencia.

En la Figura 7.27 se presenta un diagrama causa-efecto del fallo en la ejecución de un puente losa. Esta herramienta sirve como una lista de chequeo para revisar la construcción de este tipo de estructuras.

7.2.2. Construcción *in situ* de tableros por vanos sucesivos

Los puentes de tablero continuo con longitudes superiores a 150 m se construyen en fases sucesivas, vano a vano, utilizando el pretensado para unirlos. Esto permite ahorrar en cimbra y reduce las pérdidas de pretensado respecto al cimbrado en una sola etapa. Por lo general, las juntas de cada tramo de vano se ubican a una distancia de 0,20 veces la longitud del vano desde la pila, y no directamente sobre la misma pila. Este proceso es evolutivo y requiere cálculos específicos para cada fase de construcción. La continuidad del pretensado se logra mediante el uso de acopladores o cruces de cables en la cara frontal de cada fase. Se distinguen tres métodos constructivos según los equipos auxiliares utilizados: cimbras desmontables, cimbras trasladables y cimbras autoportantes o autolanzables.

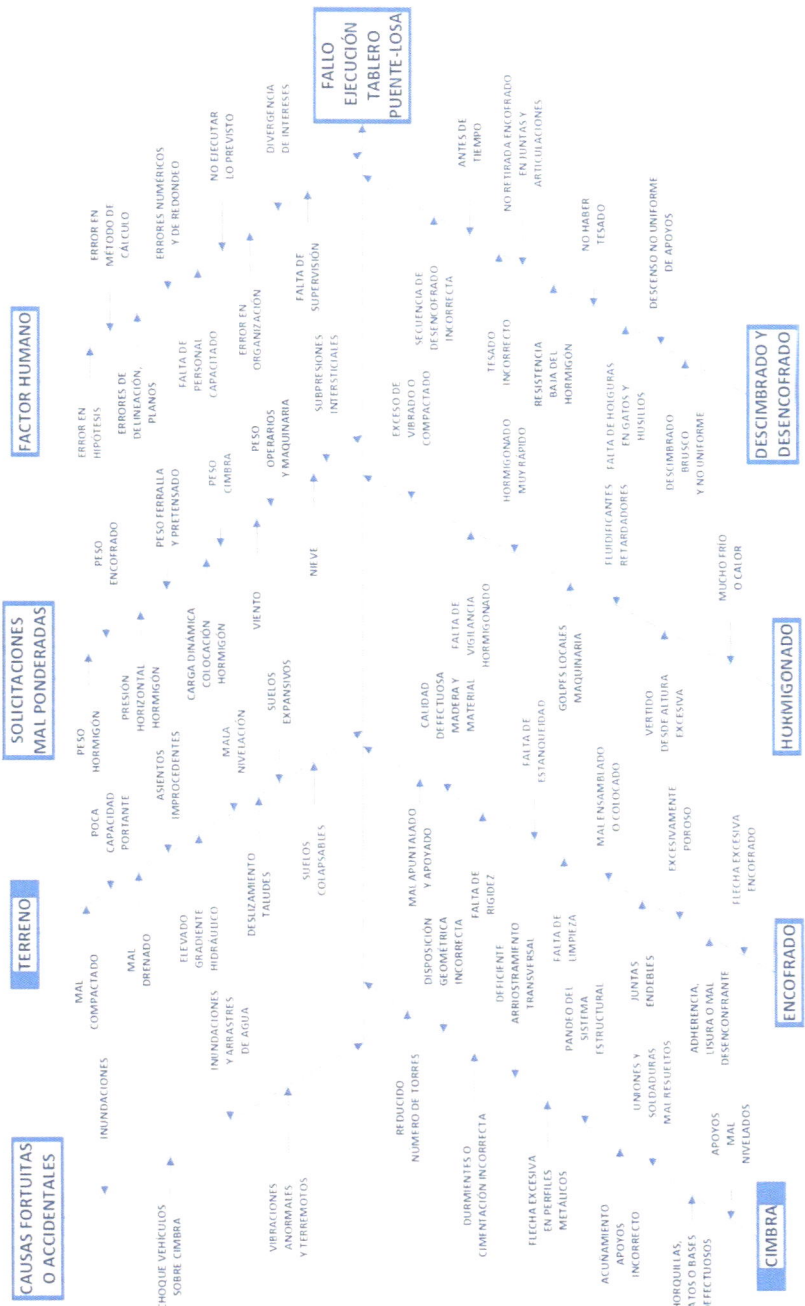

Figura 7.27. Diagrama causa efecto del fallo en la ejecución de un puente losa.
Dibujo: V. Yepes.

7.2.2.1. Cimbras desmontables

Las cimbras desmontables se recomiendan cuando existen múltiples vanos de igual luz, resulta difícil el apoyo sobre el terreno o con un tablero de canto constante. Estas cimbras presentan pocos apoyos, con vigas y pilares metálicos modulares reutilizables (Figura 7.28). Con este sistema se construyeron los viaductos del Guadalmellato para el AVE en el tramo de Alcolea-Adamuz (Córdoba) y el de Garraf en la autopista Castelldefels-Sitges (Barcelona).

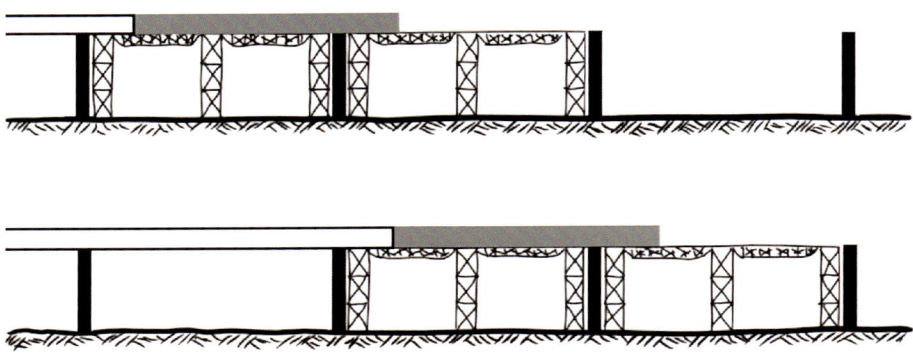

Figura 7.28. Proceso constructivo por vanos sucesivos mediante cimbras desmontables.

7.2.2.2. Cimbra móvil sobre ruedas o trasladable paso a paso

Un puente con más de tres vanos de sección constante, de altura reducida, situado sobre un terreno plano y con suficiente capacidad portante, puede construirse con una cimbra móvil. Se trata de una mejora lógica de las cimbras desmontables, donde se hormigona un tramo de una vez hasta la sección de momento nulo del tramo siguiente. Una vez se pretensa el tramo terminado, el encofrado desciende con su cimbra y se traslada hasta el tramo siguiente.

Suele ser una cimbra tubular desplazable sobre carretones (Figura 7.29). Durante la colocación del hormigón se descargan las ruedas y se apoya la cimbra mediante husillos, cuñas o gatos, que son los elementos que facilitarán el descimbrado. Si el terreno presenta poca capacidad portante, la cimbra se traslada sobre unos carriles que descansan sobre las pilas del puente o sobre una cimentación provisional. Asimismo, se sujeta el extremo de la cimbra al tablero ya ejecutado para evitar movimientos diferenciales en la junta de hormigonado. Las torres de la cimbra se sitúan fuera de las pilas para facilitar el paso de vano a vano. Asimismo, el fondo del encofrado, sus correas y cerchas pueden abrirse para sortear las pilas.

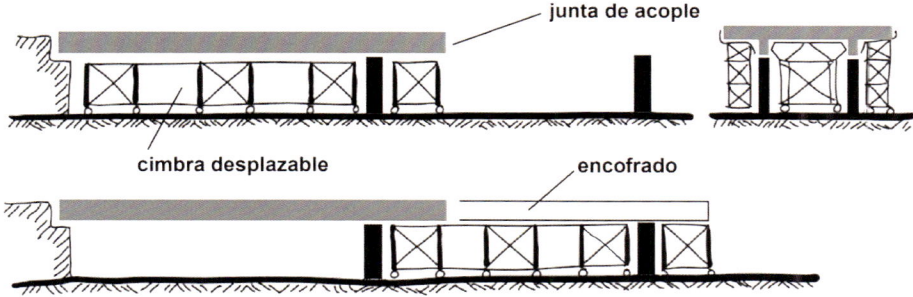

junta de acople

cimbra desplazable

encofrado

Figura 7.29. Proceso constructivo por vanos sucesivos mediante cimbra desplazable.

7.2.3. Cimbras autoportantes o autolanzables

Las cimbras autoportantes representan el método más complejo para la construcción de puentes *in situ*, pues automatizan el cimbrado, la nivelación, el ajuste del encofrado y el descimbrado. Una de sus grandes ventajas es que eliminan la influencia del suelo en la construcción. Sin embargo, su implementación requiere una inversión considerable, lo que las hace viables únicamente para puentes de gran longitud, superiores a 600 m, o para la construcción de varios puentes de menor longitud (Manterola, 2006).

Las cimbras autolanzables, también conocidas como cimbras de avance, cimbras autoportantes o autocimbras (*movable scaffolding system*) son equipos auxiliares utilizados para el hormigonado de tableros de puentes vano a vano (Figura 7.30). Se emplean para la ejecución *in situ* de tableros de hormigón postesado de luces medias y de gran longitud sobre terrenos de difícil acceso, donde no es factible el uso de cimbras móviles convencionales. Una de sus ventajas es la capacidad de desplazarse de forma autónoma, lo que las convierte en "cimbras-máquinas". Además, su utilización reduce la necesidad de grúas, permite superar obstáculos y alturas significativas, y evita interrupciones en el tráfico cuando se construye sobre vías en funcionamiento.

El sistema es idóneo cuando las pilas son altas y la sección del tablero es uniforme. No obstante, cuando la geometría permite la industrialización del proceso, se puede adaptar a luces distintas y canto variable. La autocimbra pesa entre la mitad y la cuarta parte del hormigón que soporta. Las esbelteces normales del tablero son 1/18 a 1/20, con menores cuantías de pretensado que en un puente empujado. La principal ventaja respecto al avance por voladizos sucesivos reside en el ahorro de pretensado necesario para los esfuerzos de voladizo.

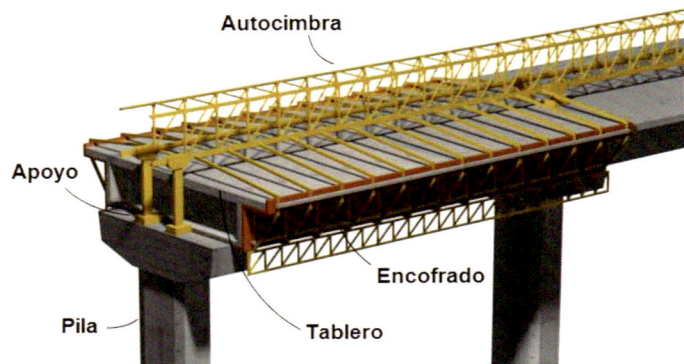

Figura 7.30. Esquema de cimbra autolanzable.
Fuente: http://infrastructursp.blogspot.com.es

Los primeros equipos de avance sin apoyo sobre el terreno se utilizaron en Alemania en los puentes de Kettiger Hangbrücke (1959) y Krahnenberg (1964). En España, la primera realización es de Carlos Fernández Casado, con la supresión de un paso a nivel en Girona en 1973. Se emplean en puentes con muchos vanos de luces moderadas, de 30 a 50 m, aunque se han llegado a 90 m. Se puede duplicar la luz con atirantamientos o apoyos provisionales intermedios. Por ejemplo, en el viaducto Arroyo del Valle (2006), de la línea de alta velocidad Madrid-Segovia-Valladolid, se utilizó una cimbra autolanzable para una luz de 66 m, que en su momento se escapaba del rango de las autocimbras disponibles en España. En el viaducto de Ibaizabal, de la línea de alta velocidad Vitoria-Bilbao-San Sebastián (2013) se ejecutó un vano de 75 m.

El procedimiento constructivo y los aspectos de diseño influyen en los esfuerzos durante la ejecución. La junta de construcción entre fases se sitúa a una distancia entre $L/4$ y $L/5$ de la pila para reducir los flectores sobre el tablero. A unos 2 m de la junta se apoya la autocimbra sobre el tablero hormigonado. La

Figura 7.31. La cimbra M1-90- S alcanza vanos de 90 m.
Fuente: https://www.berd.eu/es/noticias/

ley de flectores al final del proceso constructivo se aproximará a la que tendría si la estructura se hubiese construido sobre cimbra apoyada, pues a largo plazo se redistribuyen los esfuerzos debidos al peso propio y al pretensado (Figura 7.32). Con la autocimbra, las situaciones pésimas de comprobación de esfuerzos son en la sección del tablero sobre pilas a corto plazo y en el de centro de vano a largo plazo.

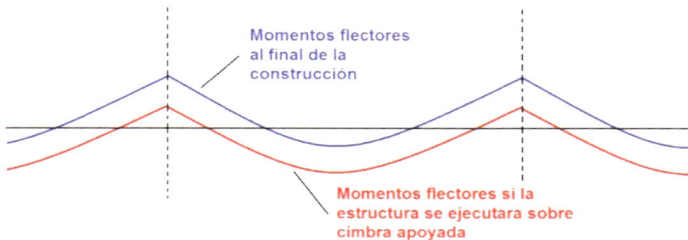

Figura 7.32. Diferencia en la ley de momentos entre la construcción de un puente con autocimbra y con cimbra apoyada, al final de la construcción.

La autocimbra requiere una inversión inicial considerable, por lo que resulta rentable cuando se dan, al menos, cuatro usos. Se trata de un medio auxiliar conveniente en puentes de longitud superior a los 600 m, con un mínimo de 7 u 8 vanos, o para puentes más pequeños próximos entre sí. También es rentable un doble tablero que permita la traslación con el menor número de operaciones. El montaje inicial puede tomar entre dos semanas y dos meses, mientras que un tramo completo puede finalizarse en unos 15 días. Con este método, se han construido puentes con luces de hasta 60 m, aunque su uso habitual se sitúa en un rango de 30 a 40 m, pues el coste de la autocimbra aumenta significativamente con la longitud del vano.

Figura 7.33. Cimbra autolanzable en los viaductos de la nueva autovía de Mascara (Argelia).
Fuente: A. Azorín.

7.2.3.1. Parámetros para seleccionar una cimbra autolanzable

Existen distintos factores que limitan o aconsejan la utilización de las cimbras autolanzables, entre ellas destacan las características propias del tablero, las luces de los vanos o la existencia de diafragmas en pilas.

Las autocimbras se utilizan con anchos habituales entre 8,50 y 16,00 m. Por encima de 20 m de la autocimbra se emplearía en una primera fase para construir el núcleo central del puente y, en una segunda fase se ejecutarían las alas del tablero mediante un carro de avance (Figura 7.34).

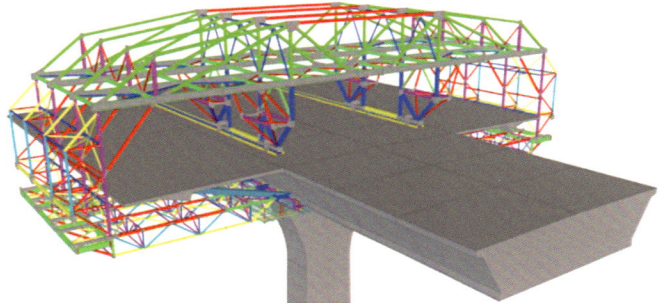

Figura 7.34. Ejecución en dos fases de un tablero ancho mediante cimbra autolanzable y carro de avance.
Fuente: http://www.berd.eu

El número o la forma de las pilas también condicionan las vigas principales en el caso de autocimbras que se encuentran por debajo del tablero. En la Figura 7.35 se observa la necesidad de abrir el encofrado transversal y su influencia en el dimensionado de la cimbra.

Figura 7.35. Interferencia de la cimbra autolanzable con una pila.
Fuente: http://www.alpisea.com

Otro de los aspectos que limitan el uso de la cimbra autolanzable son la pendiente y el peralte del tablero. Con carácter general, los valores máximos admitidos son del 7 % en la pendiente y del 8 % en el peralte. Lo mismo ocurre con los radios en planta y alzado. El radio mínimo debe ser mayor a 200-300 m en el caso de autocimbras sobre tablero, y de 400-500 m en el caso de autocimbra bajo tablero y vanos mayores a 40 m.

Tal y como se ha comentado anteriormente, la luz de vano apropiada para el uso de las autocimbras supera los 30 m. La mayor cimbra autolanzable actual, sin apoyos intermedios y sin condicionar el dimensionamiento del tablero en la etapa constructiva, llega a los 90 m de vano. Si se quieren construir vanos mayores, deberían utilizarse apoyos provisionales intermedios.

Figura 7.36. Viaducto de Ibaizabal (2012), en su momento récord nacional de luz de vano (75 m) construido con cimbra autolanzable. *Fuente:* http://www.grupopuentes.com

La geometría del canto del tablero también interviene en la selección de las cimbras autolanzables. Se prefieren cantos constantes y, en el caso de que fueran variables, resulta de interés que se guarde la misma geometría en todos los vanos. En la Figura 7.36 se observa el viaducto de Ibaizabal, con un tablero que aumenta el canto cuando se apoya sobre la pila.

Son habituales pesos de tablero de 20 a 22 t/m en luces de 60 m cuando se construye con autocimbra. Es evidente que, si el tablero es más pesado, superando incluso las 35 t/m, las luces de vano deben ser menores.

Por último, un factor a considerar es la existencia de un diafragma en la sección en cajón del tablero sobre las pilas del puente. Así, el encofrado interior debe replegarse para atravesar el paso a través del diafragma (Figura 7.37). Estas dimensiones de paso del diafragma dependerán de la anchura y la altura de la sección en cajón.

Figura 7.37. Aspecto del diafragma sobre la pila del puente, para permitir el paso del encofrado interior una vez replegado. *Fuente:* http://www.avensi.es y http://www.nrsas.com

7.2.3.2. Elementos de una cimbra autolanzable

La autocimbra está formada por celosías o cajones metálicos que se lanzan para el hormigonado de tableros vano a vano, normalmente hiperestáticos, trasladándose de una posición a otra por sus propios medios (Figura 7.38). La cimbra descansa en las pilas y en el tablero terminado, tanto durante la traslación como en el hormigonado. En ocasiones se monta una torre intermedia que apoya la cimbra durante la colocación del hormigón, especialmente con fuertes luces o por condicionantes de las pilas. Además de las vigas longitudinales, las autocimbras constan de vigas transversales y del encofrado. También se disponen ménsulas y mesas de apoyo en las pilas y en el cuelgue trasero.

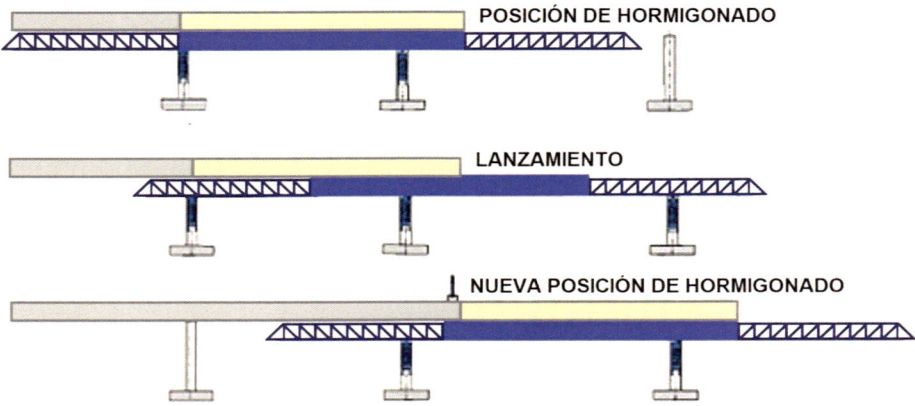

Figura 7.38. Fases del avance de la cimbra autolanzable.

Estas vigas-cimbra se extienden por delante y por detrás con ménsulas reticulares que ruedan sobre vigas transversales fijas a las pilas. Estas vigas en celosía, que pueden tener el alma llena para mayores luces, soportan el encofrado de un vano. Las prolongaciones se montan con un pescante. En puentes curvos, la cimbra permite inscribir en su anchura el tablero. Para ello, el encofrado se acopla en pequeños tramos rectos a la curva de diseño, incluyendo el peralte necesario. Para luces menores de 40 m, se utilizan cimbras con vigas de longitud doble del tramo, no usándose las cimbras tipo regla de cálculo.

Otro elemento importante son las vigas transversales que soportan el encofrado. Estas vigas cuelgan o se apoyan sobre la estructura longitudinal, siendo uno de los principales problemas a resolver su paso a través de las pilas, tal y como se puede ver en la Figura 7.39.

El encofrado exterior soporta y moldea el tablero de hormigón. Presenta cierto juego en las juntas para absorber ligeras modificaciones geométricas. Este encofrado soporta frecuentemente más de 12 puestas, llegando incluso a más de 50. Los metálicos son más difíciles de modificar y acoplar en obra que los actuales encofrados sintéticos de madera, recubiertos de materiales plásticos en ambas caras para garantizar su durabilidad. Además, estos encofrados deben abatirse para salvar las pilas.

El encofrado interior, por su parte, se adapta a la forma de verter el hormigón en la sección transversal. Si se hormigona en una fase la sección en cajón, el encofrado interior se repliega y pasa a través del diafragma de pila una vez se ha colocado la ferralla del vano siguiente (Figura 7.40). En este caso, los encofrados se montan en mesas o carros replegables que funcionan como un encofrado túnel, lo que agiliza su recolocación en el siguiente tramo. En cambio, si el vertido de hormigón se realiza en dos fases, este encofrado interior se retira por medios de elevación, tal y como se observa en la Figura 7.40.

Un elemento característico de las cimbras autolanzables son los apoyos de la estructura longitudinal, que descansan sobre apoyos o ménsulas colocados en las pilas del puente. En el caso de autocimbras bajo tablero, el apoyo delantero se realiza sobre ménsulas sujetas a la propia pila (Figura 7.41) o sobre torres auxiliares (Figura 7.42). En cambio, cuando

Figura 7.39. Detalle de la apertura de las vigas transversales y del encofrado a su paso por una pila.
Fuente: http://www.alpisea.com

Figura 7.40. Colocación del encofrado interior por medios de elevación.
Fuente: http://www.nrsas.com/movable-scaffolding-system

Figura 7.41. Apoyo en ménsula sobre la pila, viaductos en la nueva autovía de Mascara (Argelia).
Fuente: A. Azorín.

Figura 7.42. Apoyo sobre torres auxiliares.
Fuente: https://civildigital.com

Figura 7.43. Estructura de apoyo sobre pila.
Fuente: http://www.tfl-gr.com

la autocimbra se encuentra sobre el tablero, se dispone de una estructura metálica de apoyo sobre la pila (Figura 7.43 o trasero de la estructura longitudinal se realiza bien sobre el voladizo del tablero ya construido o bien sobre la pila. En el caso de cimbras bajo tablero, se utiliza como apoyo trasero una viga de cuelgue.

Otros elementos importantes de la autocimbra son los sistemas hidráulicos, mecánicos y eléctricos que permiten los distintos movimientos. El longitudinal es necesario para avanzar de un vano a otro, el vertical para la puesta a cota y descimbrado, mientras que el transversal y el de abatimiento de encofrado permiten el paso de este por la pila delantera.

7.2.3.3. Cimbras autolanzables frente a otros procedimientos constructivos

La construcción de tableros con cimbras autolanzables presenta algunas ventajas respecto a la cimbra completa apoyada en el terreno. Estas autocimbras pueden desplazarse de un vano a otro de manera autónoma, lo que facilita la superación de obstáculos en el terreno durante la construcción, sin afectar a las vías de comunicación existentes. Esta versatilidad permite llevar a cabo la construcción tanto en pilares de gran altura como a baja altura.

Además, el uso de autocimbras reduce los riesgos asociados con los asientos diferenciales que pueden ocurrir con cimbras apoyadas en el terreno. Se elimina la necesidad de mejorar el terreno o de realizar cimentaciones provisionales como base para las cimbras convencionales. Sin embargo, es importante destacar que las cimbras autolanzables pueden no ser la opción más competitiva en casos donde el puente cuenta con pocos vanos o se eleva a una altura limitada sobre el terreno.

Asimismo, la eficiencia de las autocimbras se ve afectada en situaciones donde la sección del tablero presenta variaciones significativas. Además, es importante tener en cuenta que el uso de autocimbras puede requerir contra-flechas de ejecución mayores en comparación con las cimbras convencionales apoyadas en el terreno.

Con vanos de entre 40 y 60 m, las cimbras autolanzables compiten directa-mente con los puentes empujados. Sin embargo, hay que tener en cuenta una serie de detalles antes de decantarse por uno o por otro. Mientras que en la autocimbra se ejecutan en cada fase tramos de igual longitud al vano, en los empujados la longitud de cada tramo es entre un tercio y un medio de la luz de vano. Por tanto, las autocimbras presentan plazos menores de ejecución y un menor número de maniobras. Por otra parte, las solicitaciones del tablero durante su ejecución son mayores en los puentes empujados, con momentos positivos y negativos alternos. Ello provoca un dimensionamiento mayor del tablero y un mayor pretensado, es decir, requieren menores cantidades tanto de hormigón como de armadura. Por otra parte, en los puentes empujados, los aparatos de apoyo son más caros. Asimismo, el lanzamiento incremental presenta ciertos límites constructivos, pues solo se permiten trazados en plan-ta en curva (no en clotoides), tampoco se puede usar con trazados en curva y contracurva, no admite juntas de dilatación y no puede usarse en puentes de canto variable ni en puentes isostáticos.

Otra ventaja de las autocimbras es la facilidad para integrar medidas de seguridad colectiva. La industrialización del sistema posibilita la incorporación de plataformas de trabajo y otros elementos de protección directamente en la propia cimbra. Además, los operarios desempeñan funciones específicas y definidas, contribuyendo a un entorno laboral más seguro. Esta industrializa-ción conlleva la realización de tareas continuas y repetitivas, lo que da como resultado altos rendimientos constructivos.

Así, la autocimbra bajo tablero puede ejecutar un vano por semana, en comparación con la ubicación sobre el tablero, donde el rendimiento disminuye a un vano cada dos semanas. Este aumento en la eficiencia se debe a la sim-plicidad, rapidez y eficacia del movimiento de traslación de la cimbra. Además, y en el caso de autocimbra bajo tablero, se pueden elaborar las armaduras du-rante el curado del tablero hormigonado en la fase anterior, permitiendo luego trasladar dicha armadura al siguiente vano sobre la propia cimbra.

Sin embargo, también existen algunos inconvenientes. La autocimbra consume tiempo previo para su diseño, fabricación y traslado a obra, lo cual retrasa el inicio de los trabajos, pero que luego se recupera por los buenos rendimientos a los que hemos hecho mención anteriormente. También debe considerarse el plazo para el desmontaje de la cimbra, siendo una tarea previa a la puesta en servicio del puente. Además, hay que adaptar la cimbra a cada nuevo puente.

Otro de los inconvenientes de la autocimbra es la necesidad de medios auxiliares para apoyarla sobre las pilas. Asimismo, existe dificultad en prefabricar la ferralla, tanto por los medios necesarios para su manejo como por la interferencia entre el parque donde se prefabrica dicha ferralla y el acceso de los materiales y del hormigón a la cimbra.

Es crucial tener presente que lograr una nivelación adecuada puede volverse extremadamente laborioso en situaciones donde existan variaciones en la pendiente o en el peralte. Además, es importante destacar que el tesado del hormigón se lleva a cabo en las primeras 24 a 48 horas. Esto implica que, si el hormigón no alcanza la resistencia necesaria en este periodo, el avance del proceso de ejecución se ve obstaculizado.

7.2.3.4. Clasificación de las cimbras autolanzables

Las cimbras autolanzables se clasifican atendiendo a múltiples criterios. Entre otros, se clasifican en función de la ubicación de la cimbra respecto al tablero, en función del sistema de ejecución y según la sección del tablero. La Figura 7.44 muestra una clasificación de las cimbras autolanzables.

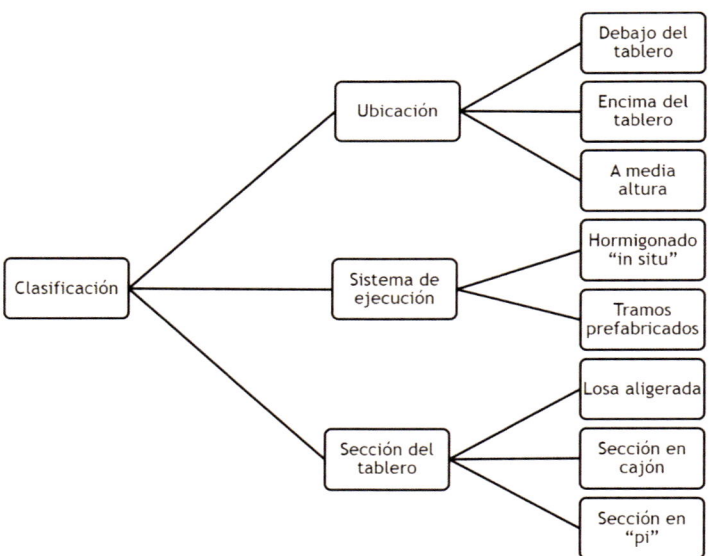

Figura 7.44. Clasificación de las cimbras autolanzables.

Las cimbras autolanzables se sitúan por encima o por debajo del tablero, incluso en posiciones intermedias. Aunque el sistema de ejecución tratado aquí es el hormigonado *in situ*, se podría hablar de cimbra autolanzable para tramos prefabricados, tanto de dovelas como de vanos completos, pero este último procedimiento lo dejamos para epígrafes posteriores. Por otra parte, la luz entre pilas influye en la sección del tablero. La sección en cajón se emplea habitualmente para luces entre 40 y 70 m, mientras que la losa aligerada mediante poliestireno expandido es típica para luces entre 30 y 40 m. Con secciones en π o multinervadas no es necesario un encofrado interior (Figura 7.45), pero se necesitan grandes cantos para soportar los momentos negativos, por lo que sus luces máximas son de 35 m.

Figura 7.45. Sección en Pi con cimbra autolanzable.
Fuente: http://strukturas.no/ bridge-building-equipment/underslung-mss

7.2.3.5. Cimbras autolanzables bajo tablero

Hoy día se tiende al uso de la cimbra bajo tablero (*underslung*), pues presenta ciertas ventajas que conviene señalar. Al dejar la parte superior libre, se facilita el suministro de materiales y resulta fácil de introducir la ferralla prefabricada. Carece de tirantes que atraviesen el tablero y, además, el encofrado colabora con la cimbra en soportar la flexión. La interferencia con las pilas durante el avance de la cimbra se resuelve, o bien con un desplazamiento lateral (ripado) de las vigas longitudinales, con el abatimiento del encofrado en su parte inferior, o con ambos sistemas. Además, resulta relativamente sencilla la variación del peralte y la adaptación a acuerdos verticales y curvas.

También presenta ventajas estructurales, pues la cimbra y los encofrados trabajan conjuntamente soportando la flexión. Además, las estructuras de soporte del encofrado se deforman menos en sentido longitudinal, lo cual es importante cuando existen pendientes elevadas.

Los inconvenientes principales se deben al gálibo estricto bajo el puente, a la imposición de apoyo en la pila y a que, en casos extremos, se aceptan peor las curvaturas en planta. Estas cimbras se deforman más que las que se sitúan sobre el tablero debido a la limitación de canto. Se debe dejar una altura libre bajo la cabeza de pila de 7 a 12 m, y una altura mínima en el estribo de 8 m.

El encofrado se apoya sobre unas correas longitudinales en U espaciadas entre 30 y 70 cm. Estas descansan sobre unas cerchas transversales separadas entre 2 y 5 m. Las cerchas, a su vez, se montan sobre vigas principales longitudinales mediante unos husillos o gatos que regulan la geometría del tablero y las contraflechas. Las vigas principales, agrupadas en dos a cuatro cuchillos portantes, son de alma llena en grandes luces o en celosía para luces menores. También se puede combinar el alma llena en el tramo portante del hormigón fresco con las celosías en las prolongaciones de lanzamiento. Asimismo, en las cimbras tipo regla de cálculo, empleadas en grandes luces, se disponen vigas principales de alma llena.

Los extremos de las vigas principales presentan patines curvos para recuperar la flecha generada por el peso propio durante el lanzamiento. En su parte posterior llevan mecanismos para el cuelgue al voladizo del tablero terminado en la fase anterior (Figura 7.46). Las vigas principales se apoyan durante la colocación del hormigón en la pila siguiente y en el quinto de la luz del último vano hormigonado, colgándose esta parte posterior con barras a tracción. En los apoyos de las vigas principales unos gatos permiten el desencofrado y regulan la cota de proyecto (Figura 7.47). Cuando se lanzan las vigas principales, los apoyos se sitúan en las pilas anterior y posterior al nuevo vano. Si bien en esta fase existe una luz mayor, la cimbra solo soporta su propio peso, por lo que se utilizan apoyos diferentes a los de la fase de hormigonado, siendo unos carretones de ruedas. Además, para salvar las pilas, el apoyo se realiza mediante una viga traviesa. Esta traviesa se sujeta a la pila por apoyo simple en perfiles alojados en la pila, por apriete y rozamiento lateral, por cuelgue desde la parte alta o por apoyo simple si las pilas son muy anchas.

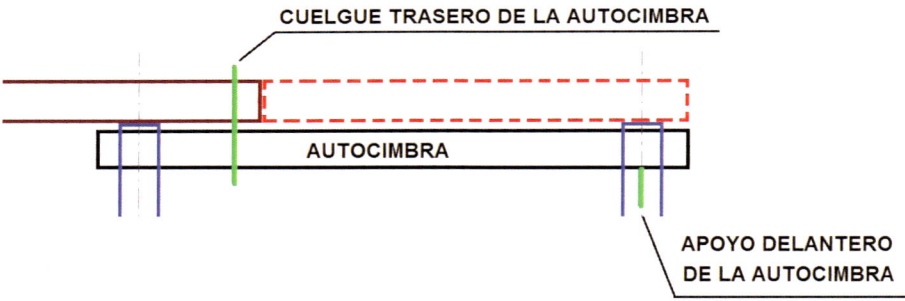

Figura 7.46. Esquema de cimbra autolanzable bajo tablero.

Con la cimbra autolanzable se automatiza el cimbrado, la nivelación, el ajuste del encofrado y el descimbrado, lo que permite un ritmo elevado de construcción, similar al de las vigas prefabricadas. El proceso constructivo de cada vano con una cimbra bajo tablero sería el siguiente:

1. Tras verter hormigón y pretensar un vano, unos gatos hidráulicos sueltan las vigas de la autocimbra del tablero, deslizando sobre los apoyos en las pilas para trasladarse al siguiente vano.

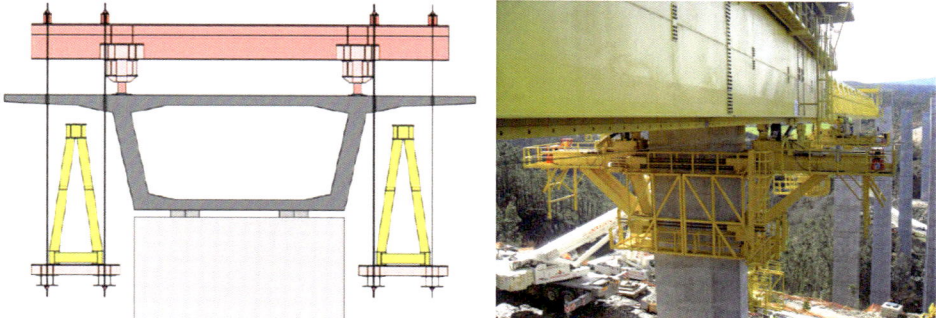

Figura 7.47. Cuelgue trasero y apoyo delantero de la autocimbra bajo tablero.

2. La cimbra se apoya en la siguiente pila y se ancla en el vano terminado para evitar movimientos durante el próximo hormigonado.

3. Se materializan las contraflechas necesarias en el encofrado.

4. Ferrallado del tablero, montaje de las vainas y conectores para dar continuidad al pretensado. La armadura prefabricada mejora el rendimiento. En las secciones en cajón, primero se arma la losa inferior y las almas, avanza el encofrado interior y se arma la losa superior y los voladizos.

5. Hormigonado del tablero, normalmente en una fase, aunque podría realizarse en dos dependiendo de la deformabilidad de la cimbra. La colocación del hormigón de cada vano avanza hasta 1/5 o algo más de la luz, de forma que la junta se sitúe en próxima a la zona con momentos mínimos.

6. Pretensado del vano tras alcanzarse la resistencia mínima en el hormigón.

7. Avance de la cimbra a la siguiente posición. Si no hay apoyos intermedios, la longitud de la cimbra es, al menos, el doble del vano. Para salvar la pila se abren los cuchillos y se abaten los fondos.

7.2.3.6. Cimbras autolanzables sobre tablero

En ocasiones, la cimbra autolanzable presenta vigas longitudinales que se colocan por encima del tablero (*overhead*). De ellas cuelgan elementos que soportan las vigas donde se apoya el encofrado (Figura 7.48). Aquí, la parte trasera del pórtico de avance descansa sobre el tablero terminado, apoyando la parte delantera sobre una base provisional en la siguiente pila, que se suprime posteriormente y se hormigona con el tablero. La viga central del conjunto se extiende sobre dos tramos completos para facilitar el avance por etapas.

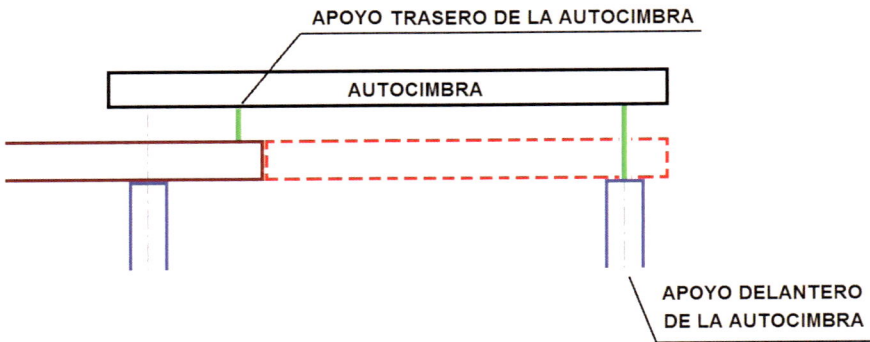

Figura 7.48. Esquema de cimbra autolanzable sobre tablero.

Entre sus ventajas destaca la posibilidad de trabajar con gálibos estrictos, con una altura libre sobre cabeza de pila de 3 a 4 m, permitiendo el tráfico por deba-jo. Además, esta tipología permite menores radios de giro que las autocimbras bajo tablero. Otra ventaja es que se puede montar la estructura principal de la cimbra tras el estribo, con lo que es posible simultanear los trabajos en alzado de pilas y estribos. A ello se añade la posibilidad de utilizar la cimbra como carril de rodadura de un pórtico grúa que acerque los encofrados, la armadura y el hormigón. También destaca la facilidad de desmontaje de la cimbra al final del puente, pieza a pieza, sin utilizar grúas de gran tamaño. En el caso de tableros paralelos o viaductos cercanos, se puede trasladar de forma íntegra la viga prin-cipal, sin desmontarla.

Figura 7.49. Encofrado colgado de la cimbra autoportante. Viaducto de Alcántara, 324 m de luz principal.
Fuente: http://www.vialibre-ffe.com/noticias. asp?not=11480

Sin embargo, las autocimbras sobre tablero son estructuras más pe-sadas y complejas, con un mayor coste y dificultad de montaje y maniobra. El principal problema es la interferen-cia de los cuelgues en la colocación de la ferralla prefabricada, aunque se podría subsanar con cuelgues por fuera del tablero (Figura 7.49). El en-cofrado no es solidario con la cimbra para soportar las flexiones, lo que su-pone cierto desperdicio de material. Además, existe cierta complejidad en el apoyo de la pila al interferir con el tablero; en este caso se requiere eje-cutar una dovela sobre la pila si no se utilizan soportes telescópicos.

El procedimiento comienza con el avance de la cimbra y su posicionado tras la ejecución del vano anterior. En ese momento se destesan las barras de suspensión, desciende el conjunto mediante gatos hidráulicos, se retiran las barras de suspensión, se abren los paños del encofrado para pasar por las pilas, se produce el avance longitudinal de la cimbra y se pone a cota mediante gatos. Las siguientes fases consisten en la colocación del encofrado inferior y el ferrallado, se ajusta el apoyo trasero, se hormigona el tablero en una o dos fases, se realiza el pretensado y se inicia un nuevo ciclo.

En la Figura 7.50 se muestran las dos posiciones de la cimbra, tanto durante el hormigonado como tras el desencofrado.

La deformación de las cimbras durante el endurecimiento del hormigón obliga a tomar ciertas cautelas. La primera medida sería prever contraflechas que compensaran las deformaciones. También resulta de interés el uso de retardadores en el hormigón para atrasar su endurecimiento hasta que se complete el vertido en un tramo, especialmente con temperaturas elevadas. En este sentido, un soleamiento intenso de la cimbra también provocará deformaciones indeseables. Otra medida consiste en esperar a cerrar las juntas de hormigonado hasta que el nuevo tramo haya deformado completamente. Por último, también se deberían prever los asentamientos de la cimbra y sus apoyos.

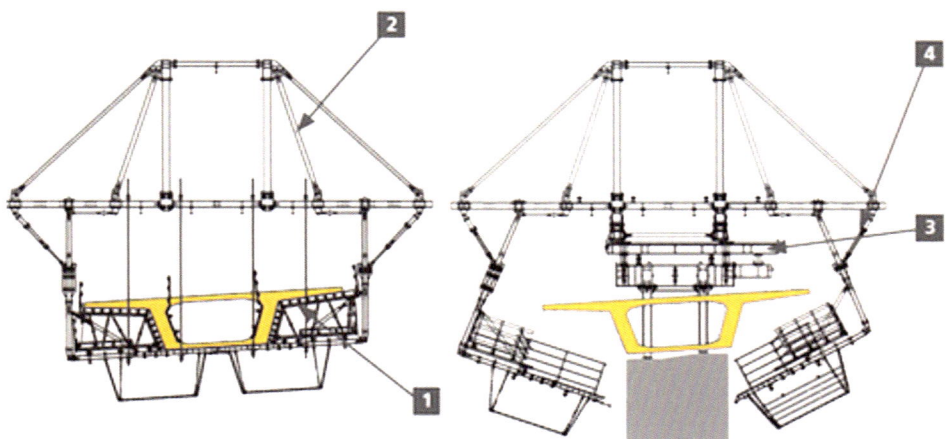

Figura 7.50. (1) Encofrado del tablero, (2) estructura principal de suspensión del encofrado, (3) apoyos en los pilares y en el tablero del viaducto, (4) sistemas mecánicos de movimiento de la cimbra y del encofrado.
Fuente: https://www.ulmaconstruction.es

7.2.4. Montaje con lanzadores de vigas

7.2.4.1. Ejecución de puentes de vigas prefabricadas

El uso de elementos lineales prefabricados ha sido habitual en la construcción de puentes, primero de madera, luego metálicos y de hormigón. El hormigón pretensado ha optimizado el uso del material y el procedimiento de montaje, convirtiéndose en una de las opciones principales en la construcción de puentes de luces moderadas, de no más de 50 m de longitud. Cada viga se coloca directamente entre dos pilas, en paralelo y a una distancia determinada. Estas vigas forman el soporte de una losa de hormigón que constituye el tablero del puente. La evolución de este tipo de tableros ha avanzado mediante mejoras en la sección transversal del tablero y la morfología longitudinal del puente, impulsadas por el uso de medios de montaje cada vez más potentes.

La fabricación industrializada de vigas de hormigón permite ejecutar vanos completos prefabricados. Por lo general, estos vanos son isostáticos y utilizan vigas armadas para longitudes de 10-15 m, pero suelen ser pretensadas a partir de los 18 m. Este método aprovecha el propio tablero como acceso durante la construcción y se beneficia de la disponibilidad de equipos de elevación potentes, así como de la realización repetitiva de numerosos vanos. Esta tipología es especialmente relevante cuando se deben colocar al menos 40 vigas.

Las vigas prefabricadas permiten la construcción de puentes con luces relativamente cortas, de 10 a 40 m. La longitud óptima se sitúa entre 30 y 40 m, pues para luces superiores a 50 m se requieren equipos auxiliares de colocación de gran envergadura. En casos excepcionales, es posible alcanzar luces de hasta 70 m, e incluso 100 m, al dotar de continuidad a los elementos prefabricados.

Figura 7.51. Izado de vigas prefabricadas con grúa telescópica.
Fuente: https://www.prefabricadosaljema.com/project/vigas-doble-t-de-ala-ancha-para-puentes-en-cullera-valencia/

Las vigas suelen colocarse mediante grúas (Figura 7.51) o bien con vigas de lanzamiento. No obstante, existen otros sistemas de montaje como el lanzamiento sobre cimbra central y ripado transversal, el uso de un pórtico de ripado transversal para desdoblar calzadas existentes, deslizamiento por ladera e izado con cabrestantes, lanzamiento mediante cables y puntales o castilletes, transporte por flotación e izado con cabrestantes sobre pilas, transporte por flotación y montaje con los propios medios de transporte, o arrastre mediante flotación con apoyo rodante en tierra.

7.2.4.2. Lanzadores de vigas

Cuando no es posible el uso de grúas convencionales, se puede recurrir a los lanzadores de vigas, también llamados lanzavigas, vigas de lanzamiento o pórtico lanzador ("*launching gantry*"). Este procedimiento se utiliza tanto para el montaje progresivo de vigas prefabricadas, como para el montaje de un vano completo (Figura 7.52) mediante una grúa pórtico. Se trata de un procedimiento excepcional debido a su compleja puesta en obra y a su baja productividad. Se emplea con ritmos pequeños de llegada de las vigas a la obra, por ejemplo, un par de vigas al día. Además, resulta interesante para puentes largos, de 600 m o más.

Figura 7.52. Tablero prefabricado montado con lanzavigas.
Fuente: http://zzhz.spanish.forbuyers.com/product/c606232/

Las vigas de lanzamiento requieren personal especializado debido a que los movimientos son complejos y los esfuerzos generados pueden comprometer la estabilidad del conjunto. Estos problemas se complican cuando la rasante vertical del puente presenta acuerdos de radios menores a 12 000 m, en cuyo caso la viga se apoya en tres puntos, con sus consiguientes esfuerzos hiperestáticos.

Las vigas de lanzamiento cubren luces entre 35 y 75 m, con pesos entre 60 y 450 t y pendientes máximas para el lanzamiento del 5 %. Tal y como se observa en la Figura 7.53, los lanzadores de vigas constan de dos vigas reticuladas unidas en sus extremos, de unos 120 m de longitud. Esta longitud es ligeramente superior al doble de la luz del vano. La distancia entre los ejes depende de la dimensión del ala de la viga a lanzar. El canto de la viga lanzadora es del orden de 1/15 veces su longitud máxima.

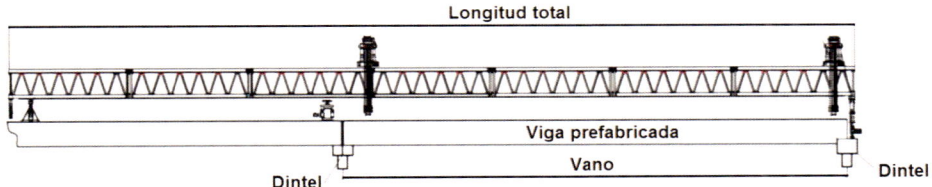

Figura 7.53. Esquema de viga lanzadora.

Figura 7.54. Puente sobre el Danubio, Bidin-Calafat, Rumanía.
Fuente: http://www.ulmaconstruction.com.ar/3/Obras/199/Puente-sobre-el-Danubio,-Vidin-Calafat,-Rumania.aspx

En la Figura 7.55 se observa un tren de cabrestantes que rueda sobre la viga. Lo conforman dos carros que elevan la viga a lanzar y un tercero que sirve para el desplazamiento longitudinal de la viga y el armazón. Cada carro tiene una capacidad de unas 100 t. Los carretones sobre los que se apoya y rueda el lanzador permiten la traslación transversal. Dicho movimiento se realiza sobre raíles colocados sobre castilletes en las pilas, tal y como se muestra en la Figura 7.55.

El conjunto del lanzador se monta en una zona anexa al estribo de mayor altura, necesitándose una superficie aproximada de 65 × 25 m, acondicionada para el paso de grúas y camiones. El material se descarga en la zona de montaje mediante camiones y una grúa de unas 50 t.

Figura 7.55. Disposición de los trenes de cabrestantes y carros.
Fuente: https://spanish.alibaba.com

Las vigas se transportan desde el acopio hasta el lanzador mediante carros elefante (Figura 7.58). Téngase en cuenta que los carros pueden

Figura 7.56. Posicionamiento de lanzavigas.
Fuente: Xosé M. López.

Figura 7.57. Ejecución del tablero mediante lanzavigas.
Fuente: Xosé M. López.

Figura 7.58. Transporte de vigas mediante carros elefante.
Fuente: https://www.dtaspain.com

Figura 7.59. Vista general cimbra lanzadora dovelas 100 t.
Fuente: http://re.vu/davidgarcia#

moverse a velocidades de 5 km/h mientras que el lanzador solo alcanza los 3 m/minuto. Por tanto, el parque de fabricación debe situarse lo más cerca posible al acceso del puente.

7.2.4.3. Construcción vano a vano mediante dovelas prefabricadas

Una forma interesante de construir un puente con dovelas prefabricadas es mediante un pórtico auxiliar que permite la sujeción de estas dovelas en un vano determinado. Las cimbras autoportantes suelen emplearse en puentes con muchos vanos de luces moderadas. Se trata de una viga metálica que se apoya en las pilas del puente y que permite la construcción completa de uno o varios vanos. Posteriormente la cimbra se traslada horizontalmente apoyándose las pilas del puente hasta el vano siguiente. Este procedimiento permite un ritmo elevado de construcción, similar al de las vigas prefabricadas. La amortización de estos medios exige aproximadamente cuatro usos de los mismos en obras de similares características con longitudes superiores a los 300 m, aunque existe la posibilidad para el contratista de alquilar estos equipos posteriormente.

La potencia de los actuales medios auxiliares permite la construcción de puentes vano a vano mediante dovelas preensambladas o bien de un vano completo prefabricado, tal y como se vio en el apartado anterior.

En el primer caso, se monta una viga mediante dovelas unidas mediante postesado. Normalmente son tramos isostáticos con vanos de 25 a 50 m con pretensado exterior de tipo poligonal, aunque se prefieren luces de 45-50 m. Para construir un vano, las dovelas prefabricadas se ensamblan sobre una cimbra auxiliar apoyada sobre las pilas del vano, transfiriendo después el tramo al resto de la estructura (Figura 7.60). Con este procedimiento se pueden construir un par de vanos de 50 m a la semana.

Figura 7.60. Colocación de dovela 100 t.
Fuente: http://re.vu/davidgarcia#

Figura 7.61. Posicionamiento de dovelas.
Fuente: http://www.tecnogrout.com/obra7.htm

En cambio, la construcción de un vano completo normalmente se realiza en tramos metálicos o mixtos (la losa se realiza en una segunda fase), estando condicionada la operación por la capacidad de los medios de elevación.

7.2.5. Avance en voladizo con dovelas prefabricadas

La construcción de puentes por voladizo con dovelas prefabricadas comenzó en España de la mano de Carlos Fernández Casado en los puentes de Almodóvar del Río (1964) y en el de Castejón (1968). En la década de los 70 este procedimiento se utilizó profusamente en Francia, extendiéndose al resto del mundo.

Las dovelas se fabrican en un parque próximo a la obra, se izan con medios de elevada potencia (Figura 7.62) y se unen a las dovelas anteriores. Presentan una sección en cajón, con un peso entre 50 y 100 t (raramente 150 t) y una longitud entre 2,5 y 4 m. La armadura pasiva no conecta las dovelas, por lo que la continuidad del tablero se consigue mediante postesado.

Figura 7.62. Cimbra autolanzable para la construcción mediante dovelas prefabricadas.
Fuente: http://www.alpisea.com/product/bridge-builder

La prefabricación de las dovelas acorta los plazos de ejecución, se realiza con personal especializado en una instalación industrial, con controles exhaustivos y con independencia de las inclemencias climáticas. Ello permite un hormigón de mayor calidad y un tesado posterior a mayor edad que reduce las deformaciones instantáneas y diferidas, así como las pérdidas de pretensado. Además, se acorta a la mitad el plazo respecto al avance en voladizo *in situ*. Sin embargo, se requiere un buen acceso a la obra para las dovelas y los medios auxiliares, así como grandes superficies de acopio a pie de obra.

Los medios auxiliares empleados son más costosos que el procedimiento *in situ*, por lo que las dovelas prefabricadas se prefieren en puentes largos o varios puentes próximos. En obras medias, donde no se amortiza el taller de prefabricación, se prefabrican únicamente las almas y se deja para un hormigonado en obra las losas superior e inferior. Por ejemplo, los puentes de Brotonne y de Clichy se construyeron con almas prefabricadas. Ello reduce la potencia de los medios de montaje y posibilita la continuidad de las armaduras pasivas de la losa inferior y en buena parte de la superior.

La economía marca un rango frecuente de luces máximas entre 75 y 120 m para los puentes construidos mediante dovelas prefabricadas. Por encima de 120 m, el coste de los dispositivos de colocación, en particular la viga de lanzamiento, crece rápidamente, al igual que el peso de las dovelas. Los puentes atirantados compiten con esta tipología a partir de los 200 m de luz. Entre 30 y 50 m de luz de vano no suele ser habitual para este sistema constructivo, aunque se han construido pasos superiores con luces mínimas de 18 m. Además, la prefabricación se ve favorecida con el número de obras idénticas que es posible construir. Otro factor a considerar es la superficie del tablero. Así, y dependiendo de la disponibilidad de medios auxiliares, se requeriría un mínimo de 5000 m² para montar dovelas prefabricadas mediante grúas, cerchas o puentes-grúa, e incluso con equipos móviles que se desplacen por el tablero (Figura 7.63 y Figura 7.64). En cambio, es necesario un mínimo de 10 000 m² de tablero para colocar las dovelas prefabricadas con una viga de lanzamiento.

La calidad de la producción industrializada y la independencia de las inclemencias meteorológicas, se suman a la aceleración de la obra obtenida mediante una planificación adecuada. Es posible montar una o dos dovelas por frente al día mientras que en el hormigonado *in situ* se coloca una dovela por

Figura 7.63 Medios auxiliares para el posicionamiento de dovelas.
Fuente: http://www.tecsa.com.mx/

Figura 7.64. Medios auxiliares para el posicionamiento de dovelas.
Fuente: http://www.tecsa.com.mx/

semana y frente de ataque. Con este ritmo, se puede montar aproximadamente un vano al mes. Resulta un procedimiento idóneo cuando los plazos son ajustados y la optimización de la estructura definitiva es un objetivo secundario. Para ello se prescinde de la unión entre dovelas con junta húmeda, esperando el endurecimiento del hormigón o del mortero para realizar el pretensado. En las juntas actuales, de tipo seco, el pretensado se aplica sin esperas, y puesto que el hormigón de la dovela ya se encuentra endurecido, se limitan los efectos de la retracción y de la fluencia.

La dovela de cierre se hormigona en obra, sin resina. Presenta una anchura mínima de 0,20 a 0,30 m, por lo que se puede dar continuidad con perfiles metálicos sujetos a los extremos de los voladizos para atenuar las vibraciones y compensar los movimientos diferenciales durante el fraguado y endurecimiento del hormigón. Se aconseja pretensar provisionalmente las dovelas extremas de los dos voladizos hasta aplicar el pretensado de continuidad, normalmente a las 24 horas del vertido del hormigón. Entonces se sueltan los anclajes y se coloca el tablero sobre los apoyos definitivos. Se debe considerar en el cálculo la deformación del apoyo de neopreno al entrar en carga.

Las juntas constituyen uno de los problemas de esta técnica. Lo habitual es interrumpir las armaduras longitudinales en las juntas. Lo contrario obligaría a dejar empalmes por solape, en una zona de unos 500 mm de ancho que luego se rellenaría con hormigón. Así se construyó el puente de Oosterschelde, en Holanda, con juntas húmedas de unos 40 cm que se rellenan con hormigón. Las juntas húmedas, presentan una anchura mínima de 10 cm si se utiliza hormigón, con una resistencia al menos igual al de las dovelas, empleándose hormigones de alta resistencia inicial con una dosificación de los áridos que depende del tamaño de la junta. Con juntas menores a 5-6 cm, se vierte mortero por gravedad o por inyección. En cualquier caso, las juntas deben humedecerse para que no absorban el agua del elemento de relleno. El problema estriba en la necesidad de soportar la dovela durante el llenado y endurecimiento de la junta, precisándose un encofrado exterior e interior para asegurar el llenado de la junta. Ello hace que este procedimiento se emplee poco. Sin embargo, la interrupción de la armadura longitudinal obliga a que el pretensado longitudinal sea suficientemente alto como para que no se generen tracciones en las juntas ante cualquier combinación de carga, dejando una compresión entre 0,5 y 1,0 MPa de reserva. Esto significa que el pretensado es un 20-30 % mayor que en los voladizos sucesivos con hormigón vertido en obra y armadura longitudinal corrida. Además, la adherencia por inyección del mortero no garantiza el comportamiento como unión perfecta. Por tanto, en estado de rotura, se producen pocas fisuras muy abiertas que elevan la fibra neutra y reduce la resistencia última de cálculo. Estos inconvenientes explican cómo en países como Alemania no haya tenido tanto éxito esta disposición constructiva, a diferencia de Francia.

Por otra parte, las juntas de las dovelas interrumpen las vainas, lo cual complica la inyección de los cables de pretensado. Para solventar esta dificultad se utilizan lechadas de inyección "retardadas", de hasta 10 horas. También se usan manguitos de unión dilatables encolados con epoxi. La estanqueidad de la unión se completa con el encolado previo del manguito con una resina de endurecimiento rápido colocada en las hendiduras longitudinales del manguito antes de introducirlo en la vaina.

7.2.6. Construcción con cimbra y autocimbra de puentes arco

La construcción tradicional de puentes arco con tablero superior se ha realizado mediante cimbra. Sin embargo, las luces actuales y el coste han hecho que esta técnica haya sido sustituida prácticamente a favor de los métodos de avance en voladizo. Otros sistemas son los basados en la rotación del arco y los que utiliza en su construcción elementos prefabricados montados sobre castilletes.

7.2.6.1. Construcción sobre cimbra

Hasta finales del siglo XIX, los puentes arco de hormigón se construyeron sobre una cimbra fija (Figura 7.65). Este procedimiento era muy costoso e inadecuado cuando se trataba de salvar grandes luces, valles profundos o ríos caudalosos. Una forma de abaratar el coste era reduciendo el volumen de cimbra abanicándola para apoyarse en determinados puntos, lo cual implicaba la ejecución de cimentaciones provisionales para resistir la carga.

Figura 7.65. Construcción del antiguo puente sobre el Tajo.
Fuente: http://lascarreterasdeextremadura.blogspot.com.es/2012_09_01_archive.html

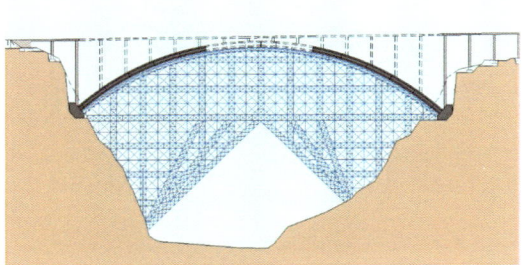

Figura 7.66. Puente arco construido con cimbra.
Fuente: J.E. Herrero, Ferrovial.

La puesta en carga del arco requería un descenso de la cimbra que normalmente era una operación complicada. Eugène Freyssinet resolvió el problema en el puente de Veurdre introduciendo unos gatos en la clave que, al abrirse, lograban separar la cimbra de forma uniforme. Este sistema de intercalar una serie de gatos de arena o hidráulicos permitía la puesta en carga progresiva del arco.

Figura 7.67. Construcción del puente Gladesville, sobre el río Parramatta, en Sídney (Australia).
Fuente: http://www.visitsydneyaustralia.com.au/history-12-late20th.html

Hoy en día, las cimbras se encuentran estandarizadas en elementos modulares, tal y como se explicó en el caso de los pasos superiores. Para sortear el tráfico u otros obstáculos se usan cimbras diáfanas formadas por vigas de celosía metálica. Para mayores arcos, se pueden usar vigas y puntales metálicos, como en el caso del puente Gladesville, sobre el río Parramatta en Sídney. Esta cimbra se desplazaba transversalmente para construir cada uno de los cuatro cajones en los que se dividía la sección del puente. El arco de Gladesville se construyó con dovelas prefabricadas, de unas 50 t, que se montaron sobre la cimbra de la misma forma que en los puentes de fábrica (Figura 7.67 y Figura 7.68). Para descimbrar se utilizaron unos gatos en los riñones del arco que lo levantaban, siguiendo el sistema de Freyssinet.

Figura 7.68. Puente de Gladesville sobre el río Parramatta.
Fuente: https://commons.wikimedia.org/wiki/File:GladesvilleBridge.jpg

Figura 7.69. Puente de la Arrábida.
Fuente: https://es.wikipedia.org/wiki/
Puente_de_la_Arr%C3%A1bida#/media/Fi-
le:Ponte_da_Arrabida_-_Porto.JPG

Figura 7.70. Puente de Sandö.
Fuente: https://commons.wikimedia.org/wiki/
File:Sand%C3%B6_Bridge_Sweder.jpg

A veces las cimbras son arcos completos, como fue el caso del puente de la Arrábida (Figura 7.69), donde la cimbra metálica se ripó transversalmente para el segundo arco. Sin embargo, presentó un altísimo coste pues no se utilizó en otros puentes, tal y como estaba previsto. Algo parecido ocurrió con la primera cimbra utilizada en el puente de Sandö (Figura 7.70), que se llevó por flotación, se hundió durante el hormigonado y se sustituyó por una cimbra cuajada, más conservadora, sobre pilotes.

7.2.6.2. Construcción con autocimbra

En ocasiones los puentes arco se construyen mediante cimbras metálicas que pueden dejarse formando parte de la armadura. De esta forma, la cimbra pasa de ser un medio auxiliar a ser parte de la estructura definitiva. Joseph Melan recurrió a esta idea de usar una armadura rígida portante en puentes arco de hormigón a finales del XIX. Los encofrados se colgaban de un arco metálico portante que, tras la colocación del hormigón, quedaba embebida en el hormigón.

Este procedimiento lo utilizó en 1939 Eduardo Torroja en el viaducto de ferrocarril Martín Gil (Figura 7.71). Este puente se empezó suspendiendo una cimbra de madera mediante cables, pero aparecieron muchos inconvenientes durante el hormigonado (Figura 7.72). A ello se unió el accidente ocurrido en el puente de Sandö (Suecia) en agosto de ese mismo año, donde la cimbra para un arco de 264 m, que iba a ser el arco de hormigón más

Figura 7.71. Viaducto de Martín Gil.
Fuente: https://es.wikipedia.org/wiki/
Viaducto_Mart%C3%ADn_Gil#/media/File:Via-
ducto_Mart%C3%ADn_Gil.jpg

Figura 7.72. Construcción del Viaducto
Martín Gil.
Fuente: http://www.cehopu.cedex.es/etm/pict/I-
ETM-184-04.htm

Figura 7.73. Puente de Echelsbach.
Fuente: https://de.wikipedia.org/wiki/Echelsba-
cher_Br%C3%BCcke#/media/File:2007-10-02.
EchelsbacherBruecke.01.png

grande del mundo, costó la vida a 18 personas. La solución fue ejecutar una autocimbra metálica con sus componentes unidos mediante soldadura. Destaca el hormigonado como un proceso muy concienzudo para no entrar en situaciones de carga inadmisibles por la propia cimbra. Se empezó por la parte inferior del cajón, después las almas y por último la parte superior. Este arco, de 202 m constituyó en su tiempo récord mundial de luz, hasta 1943, en que se acabó el puente de Sandö.

Un procedimiento constructivo más complejo se utilizó en el puente de Echelsbach, en el cual la autocimbra era total (Figura 7.73). En vez de construir solo la autocimbra del arco, se realizó en la totalidad del puente para crear una estructura metálica triangulada que pudiese avanzar por voladizos sucesivos. El vertido de hormigón en el arco se realizó cuidadosamente, subdividiéndose la sección transversal en fases, completando en cada una de ellas el hormigonado.

Sin embargo, la construcción de puentes arco de hormigón con autocimbra no logró el éxito esperado debido a la gran cuantía de acero necesaria para la cimbra, muy superior a la necesaria para resistir las flexiones definitivas del puente.

7.3   El proyecto de una cimbra

La cimbra se define como un elemento estructural utilizado para sostener el hormigón durante su fraguado y adquisición de resistencia suficiente para soportar su propio peso, así como cargas temporales en situaciones provisionales, como el apuntalamiento de estructuras en condiciones transitorias. Para ello, antes de emplear cualquier tipo de cimbra en una obra, es necesario contar con un proyecto firmado por un técnico especializado en estructuras, indicando claramente su nombre, apellidos y titulación.

En el contexto de España, la Orden Circular 3/2006 establece las medidas de seguridad a adoptar en el uso de instalaciones y medios auxiliares de obra. Según esta normativa, es obligatorio que el proyecto específico completo de la cimbra sea redactado por un técnico titulado competente, con al menos 5 años de experiencia probada en estructuras, respaldada por un currículum vitae firmado. Además, dicho proyecto debe ser visado por el colegio profesional correspondiente. Este documento debe incluirse como anejo en el Plan de Seguridad y Salud.

Figura 7.74. Cimbra estandarizada.
Fuente: https://www.peri.es/productos/andamios/cimbras-y-torres-de-carga/peri-up-flex-shoring.html

De acuerdo con la Orden FOM 3818/2007, que establece instrucciones complementarias para el empleo de elementos auxiliares en la construcción de puentes de carretera, el jefe de obra de la empresa contratista asume la responsabilidad de garantizar que el uso de los medios auxiliares durante la ejecución de la obra se realice de acuerdo con lo indicado en el proyecto y sus manuales correspondientes. Además, debe establecer los volúmenes y rendimientos que pueden lograrse en cada unidad, teniendo en cuenta las características del elemento auxiliar, de manera que se cumplan en todo momento las condiciones de seguridad estipuladas en el proyecto. Asimismo, es obligatorio que el contratista adjudicatario de la obra redacte un proyecto específico completo para la utilización de cualquier tipo de medio auxiliar en la construcción de un puente, el cual deberá ser visado por el colegio profesional correspondiente.

El alcance de la documentación del proyecto puede variar dependiendo de la complejidad o estandarización de la cimbra. Para ello se clasifican las cimbras en diferentes grupos o clases. Sin embargo, es importante destacar que los criterios de dimensionamiento, detalles y bases de cálculo utilizados para dimensionar cualquier tipo de cimbra no deben diferir de los que se aplican a otras estructuras metálicas según la normativa vigente.

El proyecto debe incluir, al menos, la siguiente información:

▸ Una memoria descriptiva donde se detallen las instrucciones para el montaje y uso de las piezas. Esta descripción debe contener todos los datos necesarios para utilizar correctamente los materiales en todas las etapas del trabajo. También se deben indicar las posibles interferencias con el entorno, como líneas eléctricas u otros servicios, y cómo resolverlas. Además, se deben proporcionar recomendaciones para el montaje y desmontaje de la cimbra. En esta memoria descriptiva se deben incluir también los criterios de aceptación y rechazo de los materiales, como deformaciones o corrosión, así como las tolerancias permitidas para el montaje, los desplomes y las excentricidades. Es posible que parte de estas condiciones estén especificadas en un pliego de prescripciones técnicas.

▶ Los planos deben definir la disposición de los diferentes elementos de la cimbra. En caso de usar material estándar, es necesario adjuntar documentación gráfica correspondiente.

▶ Se debe proporcionar un anejo de cálculo que justifique los elementos dispuestos. Se considerarán todas las hipótesis de cálculo más desfavorables previsibles durante el hormigonado y el movimiento de la cimbra, con el cálculo de las flechas de la cimbra en situación de hormigonado y las reacciones en apoyos. En el caso de utilizar material estándar, se puede realizar la justificación a través de ensayos, incluyendo la documentación de dichos ensayos, las condiciones en las que se llevaron a cabo y las especificaciones de uso que se deduzcan.

▶ En el caso de cimbras autolanzables, lanzadores, u otros dispositivos similares, puede ser necesario proceder a una prueba de carga para validar el diseño y la fabricación, o para obtener datos precisos sobre las deformaciones. En el proyecto se deben indicar las diferentes posiciones de la prueba, así como las magnitudes de las deformaciones. También se debe incluir una historia cronológica de la utilización de la cimbra, con el resumen de las distintas reutilizaciones que ha tenido, especificando las características de los viaductos realizados (número de ellos, longitud, luces de los vanos y su número, secciones, pendientes, radios en planta, etc.).

▶ Se deben establecer los requerimientos geotécnicos, especificando las presiones admisibles que el terreno debe soportar. Un técnico competente debe verificar que estas presiones sean adecuadas para el terreno en cuestión.

7.3.1. Parámetros de diseño y seguridad en las cimbras

Para garantizar un montaje, uso y desmontaje adecuado de las cimbras, es fundamental cumplir con las instrucciones establecidas en el manual de instrucciones proporcionado por el fabricante o proveedor, al igual que con cualquier otro medio auxiliar. Además del manual de instrucciones, es importante tener en consideración otros documentos obligatorios y relevantes relacionados con la seguridad y la salud. Esto implica revisar el plan de seguridad y salud, el proyecto de la cimbra y contar con procedimientos por escrito que describan la secuencia correcta de montaje y desmontaje. En todo momento, es esencial verificar que la cimbra sea adecuada para el proyecto en ejecución, que las alturas sean correctas y que las condiciones del terreno sean apropiadas. Además, es fundamental asegurarse de contar con todos los equipos de seguridad necesarios.

En el montaje y desmontaje de sistemas de cimbra, así como en los sistemas de andamios, es crucial distinguir entre un sistema de cimbra con módulos de torres preconformados y otro sin torres modulares. En ambos casos, se deben planificar y llevar a cabo los procedimientos de montaje y

Figura 7.75 Detalle de cimbra.
Fuente: https://www.incye.com/apeos-y-rehabilitacion/cimbras/

desmontaje siguiendo la siguiente metodología: emplear plataformas horizontales de montaje y colocar los módulos de torres en posición horizontal a nivel del suelo, luego elevarlos y ubicarlos en su posición final, manteniendo la longitud completa (altura) del tramo correspondiente. Es esencial tener en cuenta que la implementación segura de estos procedimientos puede requerir el uso de sistemas anticaídas, en cuyo caso se proporcionarán instrucciones específicas en el manual del producto.

Durante la utilización, es importante seguir las siguientes medidas de seguridad: acceder a la zona de trabajo utilizando las áreas designadas específicamente para ese propósito, suspender las labores en caso de condiciones climáticas adversas como lluvia, nieve o vientos superiores a 65 km/h, evitar trabajar sobre plataformas sin protección o en niveles distintos, y no utilizar andamios de borriquetas u otros elementos auxiliares para alcanzar alturas en los niveles de trabajo.

Al proyectar las zonas de trabajo y circulación en una cimbra, es necesario considerar los siguientes parámetros de diseño:

- En general, estas áreas deben tener un ancho mínimo de 60 cm en proyección horizontal, sin interrupciones a nivel del suelo. Además, deben presentar una resistencia y estabilidad suficientes para garantizar que el trabajo correspondiente se pueda realizar con la máxima seguridad.

- Las zonas de trabajo deben construirse con elementos metálicos u otros materiales resistentes. Asimismo, estas áreas deben incluir mecanismos de bloqueo para evitar movimientos involuntarios.

- En el caso de que las zonas de trabajo estén compuestas por módulos estandarizados, es indispensable indicar de manera visible e indeleble la carga máxima permitida.

▶ En los bordes, donde la caída sea mayor de 2 m, se debe instalar una barandilla metálica con una altura mínima de 90 cm, una barra intermedia y un rodapié de al menos 15 cm de altura, a menos que existan justificaciones razonables. La instalación de una barandilla puede no ser necesaria en bordes situados a menos de 20 cm de una pared o cualquier otro obstáculo que impida la caída. El diseño de la barandilla debe cumplir con las normas de seguridad vigentes.

▶ Las superficies de trabajo deben ser principalmente horizontales. Solo se permite una inclinación de no más de 15° cuando sea necesario trabajar con cimbras inclinadas, siempre que la superficie sea lo suficientemente rugosa que impidan que tanto las personas como los materiales se deslicen.

▶ Se debe procurar definir una zona de gálibo con una altura libre mínima de 190 cm y un ancho de 60 cm, sin obstrucciones, excepto en circunstancias específicas, que permita un paso sin problemas. Los elementos que se encuentren dentro de esta zona deben estar pintados con colores vivos y distintivos, y deben estar desprovistos de bordes cortantes, barras salientes y cualquier elemento que pueda representar un riesgo de lesiones al trabajar con cimbras.

Para garantizar la protección individual, es imperativo emplear los equipos de protección individual mencionados en el Plan de Seguridad y Salud de la obra. A modo orientativo, deben tenerse en cuenta las siguientes consideraciones:

▶ Cada trabajador debe tomar medidas para salvaguardar su propia seguridad personal.

▶ Es necesario usar ropa adecuada, como botas de seguridad con ataduras sin cordones sueltos y con protección para el tobillo. La ropa debe ser cómoda, ajustada, pero no holgada, resistente a rasgaduras y sin salientes o huecos que puedan representar un peligro de engancharse. Además, las mangas y las perneras deben tener bandas elásticas en los bordes para garantizar un ajuste adecuado. Se debe proporcionar ropa y calzado impermeables a cada trabajador según sea necesario.

▶ El casco y los guantes son elementos obligatorios del equipo de seguridad. El casco adecuado es aquel que carece de visera y con barbuquejo, mientras que los guantes empleados deben adaptarse a la tarea específica en cuestión.

▶ Cuando se trabaja más allá de la zona encofrada, plataformas de trabajo, pasillos u otras áreas protegidas, se debe utilizar un arnés de seguridad compuesto por un braguero con cabo de amarre y mosquetón. Preferiblemente, el arnés debe ser del tipo paracaidista y poseer un absorbedor de energía en el cordón de amarre.

- Solo se deben llevar las herramientas esenciales necesarias para la tarea en cuestión, garantizando que las manos permanezcan libres. Es preferible llevar estas herramientas en un cinturón de herramientas o dispositivo similar, teniendo cuidado de proteger las manos contra posibles caídas o tropiezos.

- En situaciones donde exista riesgo de proyección de partículas, polvo u otros materiales, se deben usar gafas de seguridad, pantallas de protección y mascarillas si es necesario.

- Es fundamental poseer un conocimiento completo de las características específicas de la tarea y de cómo ejecutarla, tal como se describe en el Anejo de Operación.

Una vez suministrada la cimbra en la obra, se realizará un examen exhaustivo de los siguientes puntos y, según sea necesario, se tomarán las medidas correctivas apropiadas:

- El personal con amplia experiencia o capacitación especializada se encargará del montaje de estas estructuras y poseerá un conocimiento completo de los peligros asociados con tales tareas.

- Se implementarán medidas de protección durante las fases de montaje, uso y desmontaje para evitar la caída de personas u objetos, y el área se delimitará para prohibir la presencia o el paso de personas.

- Todos los elementos de seguridad, como suelos y barandillas, deben fijarse de forma segura a la estructura de la cimbra, de tal manera que no puedan desprenderse, extraviarse, caerse o aflojarse inadvertidamente.

- Todas las maniobras se ejecutarán de conformidad con las ubicaciones indicadas en el Anejo de Operación, empleando las herramientas necesarias y el personal designado, a menos que se determine una metodología alternativa en el sitio que no ponga en peligro la seguridad. Este enfoque alternativo debe recibir la aprobación del coordinador de seguridad y salud, así como de los proveedores de la cimbra, y se incorporará al anejo antes mencionado.

- Las superficies de agarre, como los pasamanos, las asas, los cables, las cuerdas y las cadenas, deben estar desprovistas de astillas, bordes afilados o soldaduras que puedan provocar cortes.

- En la cimbra se dispondrá de un botiquín para proporcionar primeros auxilios en caso de heridas cortantes, traumatismos, torceduras o fracturas, y se establecerá una comunicación por radio o teléfono con la enfermería u oficinas para solicitar asistencia médica.

▸ Antes de comenzar el trabajo, los proveedores proporcionarán la información del Anejo de Operación, que incluirá la documentación del personal y las instrucciones del equipo. Además, se diseñará un plan de acción en caso de emergencia.

7.3.2. Clases de diseño de cimbras según la norma UNE-EN 12812

La norma UNE-EN 12812 define los requisitos de comportamiento y diseño general de las cimbras. Esta norma no solo recoge las acciones típicas a considerar en los cálculos, sino que además cataloga y diferencia dos tipos de cimbra, las denominadas como clase A y clase B.

Figura 7.76. Detalle de cimbra.
Fuente: СТАЛФОРМ Инжиниринг [CC BY-SA 3.0 (https://creativecommons.org/licenses/by-sa/3.0)], from Wikimedia Commons

Clase de diseño A: es aquella cimbra cuya estabilidad está avalada por la experiencia y buenas prácticas y que se considera que satisface los requisitos de diseño. Son cimbras de utilización estándar y con limitaciones de altura y cargas. Las más habituales son puntales para forjados de edificación y las torres cuajadas en puentes. El proyecto de la cimbra debe incluir una copia de los ensayos y cálculos realizados por el proyectista del material estándar con las limitaciones de uso y montaje que deben respetarse. Esta documentación deberá estar firmada por el suministrador del material y por el laboratorio que haya realizado el ensayo. Estos montajes requieren un análisis simplificado basado en los materiales de los elementos que conforman la cimbra (puntales, bases, cabezales de cimbra y arriostramientos). Su utilización se basa normalmente en la aplicación de tablas de uso y manuales de uso generales y no suelen requerir de cálculos ni ensayos específicos. Habitualmente solo entran dentro de esta clasificación los apeos con puntal. Según la norma, la clase A se puede adoptar solo cuando:

1. las losas tengan un área de sección transversal inferior a 0,3 m^2 por metro de anchura de losa.
2. las vigas tengan un área de sección transversal inferior a 0,5 m^2.
3. la luz libre de las vigas y las losas no supere los 6,0 m.
4. la altura de la estructura permanente en la cara inferior no supere los 3,5 m.

Clase de diseño B: la estabilidad y el diseño se deben estudiar de acuerdo con los Eurocódigos (EN 1990, EN 1991 hasta EN 1999) y con los apartados de la UNE-EN 12812, debido a que se debe realizar un diseño estructural completo.

Por tanto, se deben comprobar los estados límites últimos y de servicio, así como las uniones y detalles. Además, se deben incluir planos que determinen la cimbra en planta para realizar el replanteo, los alzados y las secciones, así como los detalles importantes. Dentro de esta clase se incluyen todas las cimbras realizadas con material a medida y todas aquellas de material estándar, pero con usos que se salen de sus condiciones de utilización. La clase B2 permite un cálculo más simplificado que la clase B1 para determinar la distribución de la carga, basado en las áreas de influencia que recoge cada vertical o montante de la cimbra. Este cálculo simplificado alcanza el mismo nivel de seguridad. En la clase B1 se supone que el montaje se ejecuta con un nivel de destreza apropiado para la construcción permanente (ver normas EN 1090-2 y EN 1090-3 para estructuras metálicas).

Fuera de estas dos clases de diseño, se mencionan las cimbras especiales, destinadas a la construcción de grandes estructuras (cimbras autolanzables, lanzadores de vigas y dovelas o carros de voladizos sucesivos). Se caracterizan por ser cimbras-máquina, es decir, con movimiento, por lo que se precisa de un cálculo muy detallado en todas las posiciones de trabajo.

Figura 7.77. Detalle de cimbra.
Fuente: STALFORM Engineering [CC BY-SA 3.0 (https://creativecommons.org/licenses/by-sa/3.0)], from Wikimedia Commons

7.3.3. El anejo y la guía de operación de una cimbra

Es vital garantizar la seguridad de los trabajadores encargados del montaje, uso, maniobras y desmontaje de las cimbras. Esto implica proporcionarles recursos adecuados y superficies de trabajo seguras para prevenir accidentes graves, como colisiones o caídas desde alturas peligrosas. Para lograrlo, se deben tomar medidas en cuatro áreas clave: proporcionar recursos adecuados, fomentar una mentalidad proactiva, asegurar la integridad estructural de los elementos y minimizar las consecuencias de fallos o errores. Además, todas las operaciones deben supervisarse por el proveedor de la estructura y la persona encargada de

Figura 7.78. Detalle de cimbra.
Fuente: https://www.alsina.com/es-es/productos-y-soluciones/puntales-cimbras-y-andamios/cimbra-cl/

su ejecución, independientemente de la presencia del coordinador de seguridad y salud en la obra. Esto asegura un cumplimiento adecuado de las normas de seguridad y prevención de riesgos.

Es obligatorio incorporar un anejo de operación redactado por el autor del proyecto de la cimbra. Este anejo debe presentarse al responsable de seguridad y salud de la obra, debiendo describir. explícitamente las operaciones que se ejecutarán durante su utilización, así como la manera de ejecutarlas. Este anejo debe cumplir las disposiciones establecidas en el Estudio de Seguridad y Salud y el consiguiente Plan de Seguridad y Salud de la obra. En particular, se deben incluir los siguientes aspectos:

▶ El montaje y desmontaje requiere incluir los medios auxiliares necesarios, el peso y la ubicación de los elementos a colocar, la posición del personal para la unión o separación de los elementos sucesivos y cómo acceden a las respectivas posiciones, las herramientas necesarias y su transporte, los medios de seguridad requeridos y la forma en que deben utilizarse para garantizar la seguridad de los operarios. También se debe indicar en qué zonas está prohibida la presencia de operarios durante el desmontaje. En ciertos casos, hay que establecer puntos de agarre para facilitar el desmontaje de las piezas.

▶ Para garantizar una ejecución satisfactoria del cimbrado y descimbrado: es necesario proporcionar instrucciones claras sobre el posicionamiento de la cimbra, incluyendo la accesibilidad a los elementos de maniobra y unión, la secuencia de operaciones, la asignación del personal, y los medios y herramientas indispensables. En relación con el descimbrado, además de las instrucciones antes mencionadas, se deben detallar los procedimientos de desmontaje del encofrado y la ubicación precisa de los materiales retirados.

▶ Se debe indicar la ubicación permitida para el personal durante las diferentes operaciones como el ferrallado, hormigonado o pretensado, las áreas designadas para el acopio y su capacidad de carga y la distribución precisa de cargas para evitar desequilibrios. Además, se debe especificar, la ubicación de pasillos de circulación, los puntos de conexión para los cables de seguridad y vías de paso entre niveles. Es esencial incluir precauciones que garanticen la seguridad de los trabajadores que no están familiarizados con el manejo de la cimbra.

En el caso de las cimbras estandarizadas, es obligatorio que el fabricante proporcione una guía de operación que abarque todas las aplicaciones posibles. En tal caso, basta con presentar esta guía junto con un informe sucinto que pueda adaptarse al caso específico, en lugar de un anejo detallado.

Cuando se utilizan componentes de la cimbra suministrados por la obra, como pasillos y barreras, es importante incluirlos en el anejo junto con los suministrados por el fabricante, diferenciando claramente su origen. Para todos estos elementos, se deben especificar las características necesarias, incluidas, entre otras, la resistencia, el método de sujeción y la geometría.

7.3.4. Requisitos de los cimientos de una cimbra

A continuación, se explican brevemente los requisitos básicos para la cimentación de cualquier tipo de cimbra atendiendo a lo dispuesto en la norma UNE-EN 12812:2008 *Cimbras. Requisitos de comportamiento y diseño estructural*.

Una cimbra, tal y como dispone dicha norma, se utiliza normalmente para soportar las cargas producidas al verter hormigón fresco durante la construcción de estructuras permanentes hasta que se alcance la capacidad de soportar la carga suficientemente. También sirve para absorber las cargas de elementos estructurales, instalaciones y equipos utilizados durante la construcción, el mantenimiento, la reforma o el derribo de las estructuras y, adicionalmente, proporcionan sustento para el almacenamiento temporal de materiales de construcción, elementos estructurales y equipos.

Como puede verse, la cimbra es una estructura que debe transmitir las cargas al terreno o a otra subestructura. Puede ser una subestructura habilitada a tal efecto, la superficie del terreno existente (por ejemplo, roca), una superficie parcialmente excavada y preparada (por ejemplo, tierra), una estructura ya existente o bien un cimiento propiamente dicho.

Veamos las distintas circunstancias que pueden darse en el apoyo de una cimbra sobre un cimiento:

a. Apoyo sin ninguna incrustación en el terreno. El cimiento de una cimbra se puede apoyar directamente sobre el terreno, siempre que se retire la capa superficial del suelo. En este caso se deben cumplir las siguientes condiciones:

   • Los cimientos deben resistir los arrastres por aguas superficiales o

Figura 7.79. Cimiento de cimbra.
Fuente: Leonard G. [CC0], Wikimedia Commons.

subterráneas, al menos, durante la vida de la cimbra. Para ello se puede ejecutar un drenaje o bien se puede proteger dicha cimentación con una capa de hormigón.

- No deben existir heladas que afecten a terrenos permeables que sean superficie de apoyo, al menos, durante la vida de la cimbra.

- La superficie de apoyo no debe superar el 8 % de pendiente. En otro caso, se debe realizar un macizo de apoyo o cualquier otra solución que permita disipar la componente de fuerza en el terreno.

- En terrenos cohesivos, y cuando la distancia al borde es grande, se debe disponer de un drenaje por debajo de la base de cimentación.

- En el caso de terrenos no cohesivos, se debe asegurar que no sea probable que el nivel freático se eleve a menos de un metro de la parte inferior de la estructura. La razón es mantener el asentamiento en un valor suficientemente bajo.

- Se debe verificar la capacidad de esfuerzo cortante lateral.

b. Apoyo sobre una estructura permanente existente. En este caso hay que verificar la capacidad de la estructura permanente para soportar las cargas aplicadas por la cimbra.

c. Elementos rectangulares apilados. Se pueden utilizar elementos de madera rectangulares u otros elementos comparables para el apoyo en la ejecución de las torres portantes, así como para el ajuste de la altura de la base de la construcción en combinación con la cimentación. Estos elementos se deben colocar transversalmente, ampliándose el área base con cada capa desde la parte superior a la inferior. Asimismo, se debe comprobar que el apoyo de la ejecución para las torres portantes debe cubrir toda la sección transversal de la torre (Figura 7.80).

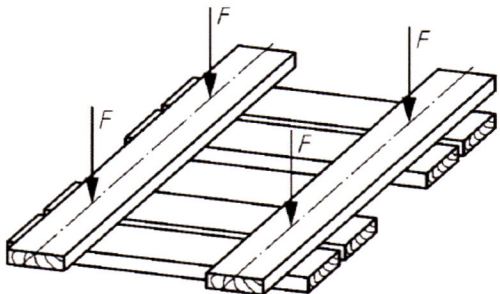

Figura 7.80. Apoyo de una torre portante mediante elementos apilados.
Fuente: AENOR (2008).

El extremo superior de los elementos apilados debe diseñarse como un apoyo horizontal arriostrado, o bien, se debe estabilizar el punto de apoyo en cualquier dirección horizontal mediante anclajes horizontales. Este elemento apilado se considera como un punto de apoyo horizontal arriostrado si se cumple (Figura 7.81):

$$e = \frac{F_H \cdot h}{F_V} \leq \frac{b}{6}$$

$$h \leq 40 \, cm$$

Además, se debe verificar que el ancho b de la base debe ser, al menos, dos veces la altura h de los elementos apilados.

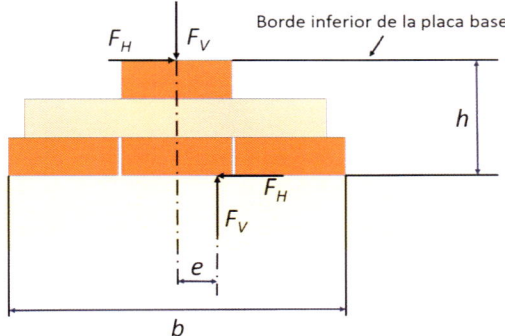

Figura 7.81. Elemento apilado para ajuste de la altura.

d. Torres de carga. Se requiere asegurar la forma de la sección de la estructura de apoyo mediante anclajes o planos rigidizados, en la parte superior e inferior de la torre. Se puede sustituir dichos anclajes por el propio encofrado o por la cimentación en el caso de que la torre esté bien conectada a dichos elementos.

e. Resistencia a fricción contra deslizamiento del apoyo de una cimbra. Los pequeños detalles son los que, en ocasiones, provocan accidentes o problemas importantes en una obra. Para evitar en el cálculo estructural de una cimbra el deslizamiento local del apoyo se puede comprobar lo recogido en la norma UNE-EN 12812, que a continuación se detalla.

Para evitar el deslizamiento local de la cimbra se puede confiar en la fricción, mediante un dispositivo mecánico, o por la combinación de ambos. En este último caso, se debería garantizar que actúan tanto la resistencia a fricción como el dispositivo mecánico de forma conjunta. Téngase en cuenta que la rigidez del dispositivo mecánico y cualquier tolerancia u holgura pueden retrasar el trabajo conjunto.

Para que la resistencia a fricción $R_{f,d}$ sea suficiente, debe superar al valor de cálculo de la fuerza paralela al plano de apoyo que conduce al deslizamiento, F_d (véase la Figura 7.82).

$$F_d \leq R_{f,d}$$

$R_{f,d}$ se calcula de la siguiente forma:

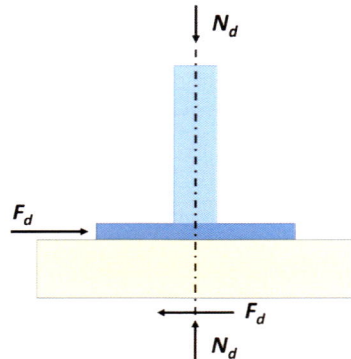

Figura 7.82. Resistencia de fricción contra deslizamiento.

$$R_{f,d} = \frac{\mu}{\gamma_\mu} \cdot N_d + R_{m,d,i}$$

Donde:

F_d es el valor de cálculo de la fuerza paralela al plano de apoyo que conduce al deslizamiento

N_d es la fuerza de cálculo normal al plano de deslizamiento

$R_{m,d,i}$ es el valor de cálculo de la resistencia del dispositivo mecánico

γ_μ es el coeficiente de seguridad parcial de rozamiento cuyo valor es 1,3

μ es el coeficiente de rozamiento mínimo

Los coeficientes de rozamiento dependen de la combinación de materiales. En la siguiente tabla aportada por la norma UNE-EN 12812 se sugieren algunos valores que pueden modificarse si se disponen de datos más reales realizados por experimentación para un caso particular.

Tabla 7.2. Coeficientes de rozamiento, μ, para varias combinaciones de materiales

Combinación de materiales de construcción			Coeficiente de rozamiento μ	
			Máximo	Mínimo
1	Madera/madera Superficie de rozamiento paralela a la veta o perpendicular a la veta		1,0	0,4
2	Madera/madera Al menos una superficie de rozamiento perpendicular a la veta (veta de madera transversal o en el extremo)	a)　　　　　　　　b)	1,0	0,6
3	Madera/acero		1,2	0,5
4	Madera/hormigón		1,0	0,8
5	Acero/acero		0,8	0,2
6	Acero/hormigón		0,4	0,3
7	Acero/capa de mortero		1,0	0,5
8	Hormigón/hormigón		1,0	0,5

7.4 Precauciones específicas en seguridad relativas al montaje y desmontaje de cimbras y encofrados

El montaje y desmontaje de cimbras y encofrados requiere un conjunto de precauciones específicas. A continuación, se resumen algunas consideraciones muy básicas y unas referencias que se pueden utilizar antes de emprender cualquier tipo de obra que necesite de estos elementos auxiliares. Ejemplos de incumplimientos de las normas básicas son más habituales de lo que sería aconsejable. Así, en la Figura 7.83 se puede observar que los ganchos incumplen las medidas de seguridad al no disponer de gatillo de seguro. Asimismo, también le faltan guantes a alguno de los operarios.

Algunas de las consideraciones pueden ser las siguientes:

▶ Las cimbras y encofrados, así como las uniones de sus distintos elementos, poseerán una resistencia y rigidez suficientes para soportar sin asientos ni deformaciones perjudiciales las cargas, las sobrecargas y acciones de cualquier naturaleza que puedan producirse sobre ellas como consecuencia del proceso de hormigonado y vibrado del hormigón.

Figura 7.83. Colocación encofrado.
Fuente: Farina Destil (Farinacasseforme Destil) [Public domain], via Wikimedia Commons.

▸ Al realizar el encofrado, se pensará también en la operación inversa: desencofrar; y se efectuará de tal forma que la posterior retirada de los elementos utilizados sea lo menos peligrosa y complicada posible.

▸ No se procederá a desencofrar hasta que no hayan transcurrido los días necesarios para el perfecto fraguado y consolidación del hormigón establecidos por la Normas Oficiales en vigor.

▸ El apilamiento de la madera y encofrado en los tajos cumplirá las condiciones de base amplia y estable, no sobrepasar de 2 m de altura, el lugar de apilamiento soportará la carga aplicada, el acopio se hará por pilas entrecruzadas. Si la madera es usada estará limpia de clavos.

▸ Las herramientas manuales: martillos, tenazas, barra de uñas, etc., estarán en buenas condiciones.

▸ Cuando se elabore un encofrado, habrá de tenerse en cuenta la posterior operación de desencofrado, por lo que los elementos utilizados serán concebidos de forma que su retirada sea la menos complicada y peligrosa posible.

▸ Es fundamental que las operaciones de desencofrado sean efectuadas por los mismos operarios que hicieron el encofrado.

▸ Si los elementos de encofrado se acopian en lotes para ser posteriormente trasladados por la grúa, deberán cumplir las siguientes condiciones:

▸ Solo sobresaldrán del forjado, un máximo de un tercio de su longitud.

▸ Cada lote se apoyará en un tablón, situado en el extremo del forjado.

▸ Los encofrados metálicos se pondrán a tierra si existe el peligro de que entren en contacto con algún punto de la instalación eléctrica de la obra.

▸ Conviene recordar a los encofradores que la operación de desencofrado, no estará concluida hasta que el encofrado esté totalmente limpio de hormigón, puntas, latiguillos, etc., y debidamente apilado en el lugar designado.

- Los encofradores llevarán las herramientas en una bolsa, pendiente del cinturón.

- Bajo ningún concepto arrojarán herramientas o materiales desde altura.

- Los operarios utilizarán botas con puntera reforzada, y plantillas anticlavos.

- Deben sujetar el cinturón de seguridad a algún punto fijo adecuado, cuando trabajen en altura.

Figura 7.84. Encofrado de cimiento.
*Fuente:*http://www.gnu.org/copyleft/fdl.html

- Deben desencofrar los elementos verticales desde arriba hacia abajo.

- La sierra sólo la utilizarán los oficiales.

- Antes de cortar madera se quitarán las puntas, observándose la existencia de nudos.

- Cuando los puntales tengan más de 5 m. de altura, se deben asegurar contra el pandeo arriostrándolos horizontalmente.

- Siempre que fuere preciso, se emplearán andamios o plataformas de trabajo de 60 cm de ancho.

- Si la plataforma es de madera será bien sana, sin nudos saltadizos, ni otros defectos que puedan producir roturas.

- Estas plataformas tendrán sus respectivas barandillas a 90 cm sobre el nivel de la misma y su rodapié de 20 cm que evite la caída de materiales cuando se trabaje en niveles inferiores.

- Asegurarse de que todos los elementos de encofrado están firmemente sujetos antes de abandonar el trabajo.

- El acceso a los puestos de trabajo debe hacerse por los lugares previstos. Prohibido trepar por tubos, tablones, etc.

7.5 Marco normativo en seguridad y salud de encofrados y cimbras

En lo que respecta a la seguridad y salud en el uso de encofrados y cimbras, existe un conjunto de normativas básicas, leyes y reglamentos de cumplimiento obligado, así como recomendaciones y buenas prácticas. Además, se encuentran las normativas técnicas UNE, las cuales consisten en especificaciones técnicas no vinculantes, a menos que se indique lo contrario. Por último, se incluyen las notas técnicas de prevención (NTP), que se presentan como guías de buenas prácticas y se consideran recomendaciones no obligatorias, a menos que se establezca lo contrario. Veamos estas normas (AFECI, 2021):

7.5.1. Normativas básicas, leyes y reglamentos de obligado cumplimiento

▶ Constitución Española: en su Artículo 40.2, encomienda a los poderes públicos velar por la seguridad e higiene en el trabajo.

▶ Transposición de la Directiva Europea 89/391/CEE.

▶ Ley 31/1995, de 8 de noviembre, de prevención de riesgos laborales.

▶ Ley 54/2003, de 12 de diciembre, de reforma del marco normativo de la prevención de riesgos laborales.

▶ Directiva 92/57/CEE del Consejo, de 24 de junio, relativa a las disposiciones mínimas de seguridad y de salud que deben aplicarse en las obras de construcción temporales o móviles.

▶ Real Decreto 1627/1997, de 24 de octubre, por el que se establecen disposiciones mínimas de seguridad y de salud en las obras de construcción.

▶ Real Decreto 2177/2004, de 12 de noviembre, por el que se modifica el Real Decreto 1215/1997, de 18 de julio, por el que se establecen las disposiciones mínimas de seguridad y salud para la utilización por los trabajadores de los equipos de trabajo, en materia de trabajos temporales en altura.

▶ Real Decreto 171/2004, de 30 de enero, por el que se desarrolla el Artículo 24 de la Ley 31/1995, de 8 de noviembre, de prevención de riesgos laborales, en materia de coordinación de actividades empresariales.

▶ Real Decreto 1801/2003, de 26 de diciembre, de seguridad general de los productos.

▶ Real Decreto 604/2006, de 19 de mayo, por el que se modifican el R.D. 39/1997, de 17 de enero, por el que se aprueba el reglamento de los servicios de prevención, y el R.D. 1627/97, de 24 de octubre, por el que se establecen las disposiciones mínimas de seguridad y salud en las obras de construcción.

▶ Orden Circular 3/2006 sobre medidas a adoptar en materia de seguridad en el uso de instalaciones y medios auxiliares de obra.

7.5.2. Normativas técnicas UNE

▶ UNE 180201 *Encofrados. Diseño general, requisitos de comportamiento y verificaciones.*

▶ UNE-EN 795:1997 *Protección contra caídas de altura: Dispositivos de anclaje. Requisitos y ensayos.*

▶ UNE-EN 795/A1:2001 *Protección contra caídas de altura: Dispositivos de anclaje. Requisitos y ensayos.* Nota: esta norma complementa y modifica la anterior.

▶ UNE-EN 341:1997 *Equipos de protección individual contra caídas en altura: Dispositivos de descenso.*

▶ UNE-EN 353-1:2002 *Equipos de protección individual contra caídas en altura.* Parte 1: Dispositivos anticaídas deslizantes sobre línea de anclaje rígida.

▶ UNE-EN 353-2:2002 *Equipos de protección individual contra caídas en altura.* Parte 2: Dispositivos anticaídas deslizantes sobre línea de anclaje flexible.

▶ UNE-EN 354:2002 *Equipos de protección individual contra caídas en altura.* Elementos de amarre.

▶ UNE-EN 355:2002 *Equipos de protección individual contra caídas en altura.* Absorbedores de energía.

▶ UNE-EN 360, 361, 362 y 363 *Equipos de protección individual contra caídas de altura* (dispositivos retráctiles, arneses, conectores y sistemas anti-caídas, respectivamente).

▶ UNE-EN 795 *Equipos de protección individual contra caídas de altura* (dispositivos de anclaje).

▶ UNE-EN 813 *Equipos de protección individual contra caídas de altura* (arneses de asiento)

▶ UNE-EN 1263-1:2004 *Redes de seguridad.* Parte 1: Requisitos de seguridad, métodos de ensayo.

▶ UNE-EN 1263-2:2004 *Redes de seguridad.* Parte 2: Requisitos de seguridad para los límites de instalación.

▶ UNE–EN 1610:1998 *Instalación y pruebas de acometidas y redes de saneamiento.*

▶ UNE-EN 358:2000 *Equipos de protección individual para sujeción en posición de trabajo y prevención de caídas de altura.* Cinturones de sujeción y retención y componente de amarre de sujeción.

▶ UNE-EN 360:2002 *Equipos de protección individual contra caídas de altura.* Dispositivos anticaídas retráctiles.

▶ UNE-EN 13374-2004 *Protecciones provisionales de borde.*

▶ UNE-EN ISO 14122-4:2005 *Seguridad de las máquinas.* Escaleras fijas.

▶ UNE-CEN/TR 15563 IN *Equipamiento para trabajos temporales de obra*s. Recomendaciones de seguridad y salud.

▶ UNE 81650 *Redes horizontales bajo forjado*.

▶ UNE 58151 *Redes de cierre vertical*.

▶ UNE-EN 13414 *Eslingas de cables de acero*. Seguridad.

7.5.3. Notas técnicas de prevención NTP

▶ NTP 239: Escaleras manuales – Año 1989.

▶ NTP 408: Escaleras fijas de servicio – Año 1996.

▶ NTP 719: Encofrado horizontal. Puntales telescópicos de acero – Año 2006.

▶ NTP 803: Encofrado horizontal. Protecciones colectivas (I) – Año 2008.

▶ NTP 804: Encofrado horizontal. Protecciones colectivas (II) – Año 2008.

▶ NTP 816: Encofrado horizontal. Protecciones individuales contra caídas de altura – Año 2008.

▶ NTP 834: Encofrado vertical. Muro a dos caras, pilares, muros a una cara (I) – Año 2009.

▶ NTP 835: Encofrado vertical. Muro a dos caras, pilares, muros a una cara (II) – Año 2009.

▶ NTP 836: Encofrado vertical. Sistemas trepantes (I) – Año 2009.

▶ NTP 837: Encofrado vertical. Sistemas trepantes (II) – Año 2009.

08

Bibliografía

AFECI (2021). *Guía sobre encofrados y cimbras*. 3ª edición; Asociación de fabricantes de encofrados y cimbras, p. 76.

Alvarado, Y. A., Calderón, P. A., Pallarés, F. J. y Pellicer, T. (2006). Estimation of shore removal times in bidirectional in situ concrete floor slabs applying the maturity method. *The 10th East Asia-Pacific conference on structural engineering and construction*. Asian Institute of Technology. Bangkok, Thailand.

Alvarado, Y. A., Calderón, P. A., Adam, J. M., Payá, I. J., Pellicer, T., Pallarés, F. J. y Moragues, J. J. (2009). An experimental study into the evolution of loads on shores and slabs during construction of multistory buildings using partial striking. *Engineering Structures*, 31(9):2132-2140. https://doi.org/10.1016/j.engstruct.2009.03.021

Arcenegui, G. A. (2005). *Disposiciones mínimas de seguridad y salud en la utilización de andamios (I y II)*. Revista del Colegio de Aparejadores y Arquitectos Técnicos de Alicante.

Bendicho, J. P. (1983). *Manual de planificación y programación para obras públicas y construcción. Segunda parte: programación y control*. Editorial Rueda, Madrid.

Buitrago, M. (2014). *Desarrollo de una aplicación informática de apoyo al cálculo del proceso constructivo de cimbrado/descimbrado de edificios en altura hormigonados in situ. Optimización del proceso aplicando técnicas de optimización heurística.* Trabajo de Investigación. Departamento de Ingeniería de la Construcción y Proyectos de Ingeniería Civil. Universitat Politècnica de València.

Calavera, J. (2002). *Cálculo, construcción, patología y rehabilitación de forjados de edificación: unidireccionales y sin vigas-hormigón metálicos y mixtos*. Intemac Ediciones, Madrid.

Calavera, J. y Fernández, J. (1991). *Cuaderno N° 3: Criterios para el descimbrado de estructuras de hormigón*. INTEMAC, Madrid.

Calavera, J., Alaejos, P., González, E., Fernández, J. y Rodríguez, F (2004). *Ejecución y control de estructuras de hormigón*. Intemac, Madrid, p. 937.

Calderón, P. A., Alvarado, Y. A. y Adam, J. M. (2011). A new simplified procedure to estimate loads on slabs and shoring during the construction of multistorey buildings. *Engineering Structures*, 33(5): 1565-1575. https://doi.org/10.1016/j.engstruct.2011.01.027

Concrete Society (1995). *Formwork: A guide to good practice*. Concrete Society Special Publication CS030. 2nd edition, London, p. 294.

Diaz-Lozano, J. (2008). *Criterios técnicos para el descimbrado de estructuras de hormigón*. Tesis doctoral. Departamento de ingeniería civil: construcción. Universidad Politécnica de Madrid.

Dinescu, T., Sandur, A. y Radulescu, C. (1973). *Los encofrados deslizante*s. 1ª edición. Espasa-Calpe, S.A. Pozuelo de Alarcón, p. 496.

Espasandín, J. y García, J. I. (2002). *Apeos y refuerzos alternativos*. Manual de cálculo y construcción. Editorial Munilla-Lería, Madrid.

Fernández, J. (1986). *Estudio experimental de la evolución de las características mecánicas del hormigón curado en diversas condiciones y su aplicación al cálculo de los procesos de descimbrado*. Tesis Doctoral, Universidad Politécnica de Madrid, Madrid.

Fernández, R. y Honrado, C. (2010). *Estudio de las condiciones de trabajo en encofrado, hormigonado y desencofrado*. Junta de Castilla y León, p. 68.

Fuentes Giner, B., Martínez Boquera, J. J. y Oliver Faubel, I. (2001). *Equipos de obra, instalaciones y medios auxiliares*. Editorial UPV. Ref.: 2001-700.

Fundación Agustín de Betancourt (2011). *Sistemas de encofrado: análisis de soluciones técnicas y recomendaciones de buenas prácticas preventivas*. Comunidad de Madrid, p. 130.

Gallego, E., Fuentes, J. M., Ramírez-Gómez, A. y Ayuga, F. (2006). *Determinación de las presiones ejercidas por el hormigón fresco en encofrados de gran altura*. Ingeniería Civil, 142: pp. 101-110.

García Valcarce, A. (dir.) (2003). *Manual de edificación: mecánica de los terrenos y cimientos*. CIE Inversiones Editoriales Dossat-2000 S.L. Madrid, p. 716.

Gardner, N. J. (1985). *Pressure of concrete on formwork*. A review. ACI Journal, 82(5): pp. 744-753. https://doi.org/10.14359/10387

Gasch, I. (2012). *Estudio de la evolución de cargas en forjados y estructuras auxiliares de apuntalamiento durante la construcción de edificios de hormigón in situ mediante procesos de cimbrado, clareado y descimbrado de plantas sucesivas*. Tesis doctoral. Departamento de Ingeniería de la Construcción y Proyectos de Ingeniería Civil. Universitat Politècnica de València.

Griñán, J. Encofrados. *Monografías CEAC de la construcción*. Ediciones CEAC, p. 177, Barcelona.

Grundy, P. y Kabaila, A. (1963). *Construction loads on slabs with shored fromwork in multistory buildings*. ACI Structural Proceedings, 60(12): 1729-1738. https://doi.org/10.14359/7911

INSHT. Instituto Nacional de Seguridad e Higiene en el Trabajo. Colección de Legislación en materia de Prevención de Riesgos Laborales.

Jiménez Montoya, P., García Meseguer, A. y Morán, F. (2000). *Hormigón armado*, 14ª edición, Ed. Gustavo Gili, Madrid, p. 844.

Lambe, T. W. y Whitman, R. V. (1996). *Mecánica de suelos*. Limusa, México, D.F., p. 582.

Ledo, J. M. (1979). *Andamios, apeos y entibaciones*. Monografías CEAC de construcción, Barcelona.

Lorenzo, P. J. (2015). *Estudio de criterios de diseño y cálculo de encofrados de elementos verticales*. Aplicación a varias estructuras. Trabajo Fin de Grado. Universitat Politècnica de València.

Martí, J. V., Yepes, V. y González, F. (2004). *Temas de procedimientos de construcción. Cimbras, andamios y encofrados*. Editorial de la Universidad Politécnica de Valencia. Ref. 2004.441.

Martín-Palanca, J. (1982). *Presiones del hormigón fresco*. Monografía 371 del Instituto Eduardo Torroja de Ciencias de la Construcción. Madrid: Consejo Superior de Investigaciones Científicas.

Medina, E. (2014). *Construcción de estructuras de hormigón armado en edificación*. 3ª edición, Biblioteca Técnica Universitaria, Bellisco Ediciones, Madrid, p. 502.

Ministerio de Fomento (2002). *Guía de Cimentaciones*. Dirección General de Carreteras.

Ministerio de Fomento (2008). *Instrucción de hormigón estructural*. EHE-08. Comisión Permanente del Hormigón, Madrid.

Montero, E. (2006). *Puesta en obra del hormigón*. Consejo General de la Arquitectura Técnica de España, p. 750.

OSALAN (2007). *Guía práctica de encofrados*. Instituto Vasco de Seguridad y Salud Laborales, p. 200.

Peurifoy, R. L. (1967). *Encofrados para estructuras de hormigón*. McGraw-Hill y Ediciones Castillo, Madrid, p. 344.

Real Decreto 2177/2004, de 12 de noviembre, por el que se modifica el Real Decreto 1215/1997, de 18 de julio, por el que se establecen las disposiciones mínimas de seguridad y salud para la utilización por los trabajadores de los equipos de trabajo, en materia de trabajos temporales en altura. BOE n° 274 13-11-2004.

Real Decreto 314/2006, de 17 de marzo, por el que se aprueba el Código Técnico de la Edificación.

Real Decreto 470/2021, de 29 de junio, por el que se aprueba el Código Estructural.

Ricouard, M. J. (1980). *Encofrados. Cálculo y aplicaciones en edificación y obras civiles*. Editores Técnicos Asociados, S.A. Barcelona, p. 312.

Santilli, A. (2010). *Empuje lateral del hormigón fresco sobre elementos de encofrado vertical: estudio experimental y desarrollo de un modelo empírico*. Tesis doctoral. Universidad de Navarra.

SEOPAN (2015). *Manual de cimbras autolanzables*. Tornapunta Ediciones, Madrid, p. 359.

Terzaghi, K. y Peck, R. (1967). *Soil Mechanics in Engineering Practice*. 2nd Edition, John Wiley, New York.

Yepes, V. (2020). *Procedimientos de construcción de cimentaciones y estructuras de contención*. Colección Manual de Referencia, 2ª edición. Editorial Universitat Politècnica de València, p. 480. Ref. 328.

Yepes, V. (2023). *Maquinaria y procedimientos de construcción. Problemas resueltos*. Colección Académica. Editorial Universitat Politècnica de València, p. 562. Ref. 376.

09

Cuestiones de autoevaluación

Se plantean a continuación una serie de cuestiones que tratan de ayudar a la autoevaluación del proceso de aprendizaje. Casi todas las respuestas se pueden encontrar en el texto o bien en la bibliografía presentada. Se han contestado las preguntas planteadas. Se aconseja encarecidamente que se intenten resolver las cuestiones solo después de haber estudiado en profundidad el contenido del libro.

CUESTIÓN 1. Indique qué estructura temporal sirve para sostener las excavaciones que presentan riesgo de colapso, como zanjas o túneles:

a. Apuntalamientos.
b. Apeos.
c. Andamios.
d. Entibaciones.

CUESTIÓN 2. Se quiere respaldar un muro resistente de fachada que debe mantenerse hasta que se construyan los forjados que lo arriostrarán, se utilizará:

a. Un apuntalamiento de descarga.
b. Un apuntalamiento de estabilización.
c. Un apuntalamiento de seguridad.
d. Un apuntalamiento de refuerzo.

CUESTIÓN 3. Indique qué característica es propia de un estabilizador de fachada:

a. Es una estructura modular compuesta por vigas y tensores conectados mediante uniones atornilladas.
b. Cuenta con diferentes niveles de correas y puntales.
c. Compatibiliza los desplazamientos horizontales entre el conjunto de muros y rigidizadores.
d. Todas las anteriores son correctas.

CUESTIÓN 4. ¿Cuál es la medida inmediata recomendada para abordar el riesgo de caída de una sección de cornisa hacia la vía pública?

a. Instalar andamios con visera.
b. Delimitar un área de seguridad con vallas.
c. Colocar un segundo conjunto de apeos.
d. Determinar el orden y tipo de operaciones posteriores.

CUESTIÓN 5. ¿Cuál es la profundidad máxima a la que se puede utilizar un cajón de blindaje, incluso en suelos no cohesivos, para entibar una zanja?

a. 1,00 m.
b. 2,00 m.
c. 4,00 m.
d. 6,00 m.

CUESTIÓN 6. ¿Qué profundidad se desciende cada vez con el método de corte y bajada cuando se monta un cajón de blindaje?

a. 30 cm.
b. 50 cm.
c. 100 cm.
d. 200 cm.

CUESTIÓN 7. Se puede incrementar la altura crítica de excavación si crece alguno de estos factores, excepto uno. Marque dicha excepción:

a. Cohesión del terreno.
b. Peso específico del terreno.
c. Ángulo de rozamiento interno del terreno.
d. Todos los factores anteriores incrementan la altura crítica.

CUESTIÓN 8. Un andamio de cremallera se considera como:

a. Andamio máquina.
b. Andamio normalizado.
c. Andamio no normalizado.
d. Ninguna de las anteriores es correcta.

CUESTIÓN 9. A partir de qué altura se debe arriostrar un andamio de borriquetas:

a. 2,00 m.
b. 3,00 m.
c. 5,00 m.
d. 6,00 m.

CUESTIÓN 10. ¿Cuál es uno de los requisitos para la superficie de apoyo de las torres de trabajo móviles según el texto?

a. Debe tener al menos un 1 al 2 % de inclinación.

b. Debe estar despejada de objetos.

c. Puede tener irregularidades siempre que se usen ruedas con regulación de desnivel.

d. Debe ser flexible para adaptarse a las ruedas pivotantes.

CUESTIÓN 11. ¿Cuál es una característica distintiva de las plataformas elevadoras de desplazamiento sobre mástil en comparación con los montacargas para edificación?

a. Se instalan de forma permanente.

b. Permiten el traslado lateral de materiales.

c. Comunican niveles definidos en la edificación.

d. Garantizan la estabilidad frente al vuelco mediante anclaje a la estructura del edificio.

CUESTIÓN 12. ¿En qué situación se utiliza comúnmente un andamio colgante fijo?

a. En proyectos de construcción en altura.

b. Cuando se requiere movilidad en diversas alturas.

c. En rehabilitación de puentes sobre ríos.

d. Para trabajos en estructuras con vigas de acero.

CUESTIÓN 13. ¿Cuál es una característica distintiva de los andamios de fachada en comparación con los andamios multidireccionales?

a. Estructura principal compuesta por marcos metálicos prefabricados.

b. Conexión en varias direcciones.

c. Modularidad en piezas más simples.

d. Uso exclusivo en obras de gran envergadura.

CUESTIÓN 14. ¿Qué caracteriza principalmente a los andamios multidireccionales en comparación con los andamios de fachada?

a. Tienen un marco vertical como componente principal.

b. Son más versátiles y configurables en múltiples direcciones.

c. Utilizan discos de unión integrados en los travesaños.

d. Están compuestos principalmente por montantes tubulares verticales.

CUESTIÓN 15. Se ha decidido cambiar el procedimiento productivo en el hormigonado de un muro de hormigón. En vez de utilizar una bomba, se quiere acelerar el proceso utilizando dos bombas simultáneamente. En ese caso:

a. Se debe realizar un nuevo estudio a nivel de proyecto para volver a tener en cuenta las acciones, aunque sean temporales.

b. El constructor puede utilizar, sin más, el procedimiento constructivo que estime oportuno, independientemente de lo que diga el proyecto.

c. No se puede cambiar el procedimiento constructivo indicado en el proyecto.

d. No es necesario recalcular la estructura, pues el procedimiento constructivo no afecta a las acciones que debe soportar la estructura en servicio.

CUESTIÓN 16. ¿Cuál es la función principal de los encofrados en la construcción con hormigón?

a. Proporcionar rigidez y resistencia al hormigón fresco.

b. Contener y sostener el hormigón fresco hasta que se endurezca, manteniendo su forma.

c. Servir como moldes para la prefabricación de hormigón en talleres.

d. Garantizar la seguridad y economía en la colocación del hormigón.

CUESTIÓN 17. La economía constituye un criterio de selección de un encofrado que se ve influido fundamentalmente por los siguientes aspectos, excepto uno:

a. Número de puestas.

b. Soluciones estandarizadas.

c. Capacidad de soportar cargas, sin sufrir deformaciones.

d. Precio de adquisición.

CUESTIÓN 18. Indique qué característica general deben presentar los encofrados y moldes:

a. Resistencia adecuada a las presiones del hormigón fresco y al método de compactación.

b. Alineación y verticalidad de los paneles, especialmente en pilares y forjados en estructuras de edificación.

c. Limpieza de residuos en el interior de los moldes.

d. Todas las anteriores son correctas.

CUESTIÓN 19. ¿Qué porcentaje aproximado del coste total de una estructura de hormigón representa el coste del encofrado?

a. Un 10 %.
b. Un 25 %.
c. Un 35 %.
d. La mitad.

CUESTIÓN 20. Una medida que favorece la aceleración del proceso de curado en piezas prefabricadas es utilizar moldes que reduzcan la disipación del calor interno durante el fraguado. Indique cuál no sería adecuado para este fin:

a. Molde de acero.
b. Molde de polietileno expandido.
c. Molde de poliéster.
d. Molde de fibra de vidrio.

CUESTIÓN 21. La unión entre los paneles prefabricados utilizados para pilares se realiza de la siguiente forma:

a. Mediante la unión del bulón y la cuña integrada en las correderas del panel.
b. Mediante unas garras metálicas.
c. Mediante tornillos de alta resistencia.
d. Mediante cuñas de madera.

CUESTIÓN 22. ¿Cómo se denomina la zona maciza del forjado reticular situada junto a un pilar?

a. Placa reforzada.
b. Ábaco o capitel.
c. Tapa.
d. Base.

CUESTIÓN 23. ¿Cuál sería el peso aproximado de un sistema de encofrado túnel?

a. 15 kg/m^2.
b. 25 kg/m^2.
c. 45 kg/m^2.
d. 85 kg/m^2.

CUESTIÓN 24. ¿Cuál es el rendimiento habitual de una mesa encofrante?

a. 10-15 minutos por m² de encofrado y operario.
b. 3-4 horas por m² de encofrado y operario.
c. 1,5-3 horas por m² de encofrado y operario.
d. 0,5-1 horas por m² de encofrado y operario.

CUESTIÓN 25. ¿Cuál es una característica clave en el proceso de fabricación de los encofrados de contrachapado fenólico?

a. Se emplea un número par de chapas.
b. Las chapas se disponen en la misma dirección de la veta.
c. Cada chapa está dispuesta en sentido perpendicular respecto a la siguiente o la anterior.
d. El grosor de las chapas utilizadas es siempre de 2 a 3 mm.

CUESTIÓN 26. Según el Artículo 48.4 del Código Estructural, ¿cuál de las siguientes afirmaciones es correcta sobre los productos desencofrantes?

a. El constructor puede seleccionar productos sin tener en cuenta su impacto en el medio ambiente.
b. No se permite la aplicación de gasóleo, grasa corriente ni productos análogos.
c. Los productos desencofrantes deben aplicarse en capas discontinuas.
d. La dirección facultativa no requiere un certificado previo sobre el producto desencofrante.

CUESTIÓN 27. En el procedimiento constructivo Binishell, se puede crear una cúpula de la siguiente forma:

a. Con una espuma de poliuretano que rigidiza la forma neumática.
b. Proyectando hormigón sobre ferralla en el interior de la forma neumática.
c. Extendiendo en el suelo la ferralla y el hormigón fresco y luego se insufla. aire hasta alcanzar la geometría deseada.
d. Ninguna de las anteriores es válida.

CUESTIÓN 28. ¿Cómo se llaman los pórticos en horquilla que sujetan y rigidizan los moldes en un encofrado deslizante?

a. Barras de trepa.
b. Mesa del caballete.
c. Guía de la armadura.
d. Yugo.

CUESTIÓN 29. Indique cuándo, en un encofrado trepante, el encofrado no soportará la presión del hormigón fresco:

a. Construcción de una pila alta de un viaducto, de sección hueca.
b. Construcción de un pozo, con la cara exterior apoyada contra el terreno.
c. Construcción de un bloque de una presa.
d. En cualquier caso el encofrado soporta el empuje del hormigón fresco.

CUESTIÓN 30. Uno de los siguientes no es un requisito obligatorio para utilizar un carro de encofrado para túnel:

a. Manual de instrucciones de montaje para una correcta instalación del equipo proporcionado.
b. Exigencia del marcado CE para todos los elementos, incluso los que no tengan la condición de máquina.
c. Designar un jefe de maniobras.
d. Certificado del técnico de montaje de un acta de inspección inicial antes de la puesta en servicio del carro.

CUESTIÓN 31. Indique uno de los procedimientos de carro de encofrado para la construcción de puentes por avance en voladizo que ya está en desuso:

a. Carro móvil con vigas principales superiores y contrapesos traseros.
b. Carro móvil con vigas principales superiores con anclaje móvil.
c. Carro móvil con vigas principales inferiores.
d. Carro móvil autoportante.

CUESTIÓN 32. Según recoge el documento FPRLP2/10/LE/0009, para el tránsito sobre el forjado en construcción se dispondrán pasarelas de circulación apoyadas sobre elementos resistentes del conjunto de un ancho mínimo de:

    a. 40 cm.
    b. 60 cm.
    c. 100 cm.
    d. Depende del caso.

CUESTIÓN 33. Según la norma UNE 180201, ¿cuál es el coeficiente (γ_M) para la comprobación en rotura, estado límite último, del acero utilizado en elementos constitutivos de los encofrados?

    a. $\gamma_M = 1,00$.
    b. $\gamma_M = 1,05$.
    c. $\gamma_M = 1,10$.
    d. $\gamma_M = 1,25$.

CUESTIÓN 34. Determinar con la norma DIN-18218, hasta qué profundidad empuja el hormigón fresco de consistencia blanda sobre un encofrado de un muro siguiendo la ley de empujes hidrostática, siendo la velocidad máxima de ascenso del hormigón de 5 m/h, cumpliéndose las hipótesis de dicha norma:

    a. 2,5 m.
    b. 3,2 m.
    c. 4,8 m.
    d. 5,0 m.

CUESTIÓN 35. ¿Cuál de estos factores influye más en la presión que ejerce el hormigón fresco sobre un encofrado?

    a. Velocidad de llenado.
    b. Altura de vertido.
    c. Temperatura ambiente.
    d. Uso de retardadores de fraguado.

CUESTIÓN 36. Las cimbras realizadas con material a medida y todas aquellas de material estándar, pero con usos que se salen de sus condiciones de utilización, deben comprobarse a:

a. Comprobar todos los estados límite últimos.
b. Comprobar todos los estados límite de servicio.
c. Comprobar las uniones y detalles.
d. Todo lo anterior.

CUESTIÓN 37. ¿Cuál de los siguientes documentos es fundamental para garantizar un montaje, uso y desmontaje adecuado de las cimbras?

a. Certificado de garantía del material.
b. Plan de seguridad y salud.
c. Catálogo de productos del proveedor.
d. Manual de instrucciones del operario.

CUESTIÓN 38. Los puntales utilizados para forjados de edificación pertenecen, según la norma UNE-EN 12812, a la siguiente clase de cimbra:

a. Clase de diseño A.
b. Clase de diseño B1.
c. Clase de diseño B2.
d. Cimbra especial.

CUESTIÓN 39. ¿Cuál es uno de los aspectos clave para garantizar la seguridad de los trabajadores en el montaje, uso, maniobras y desmontaje de cimbras?

a. Minimizar la supervisión del proveedor de la estructura.
b. No considerar la presencia del coordinador de seguridad y salud
c. Asegurar la integridad estructural de los elementos.
d. Reducir la importancia de una mentalidad proactiva.

CUESTIÓN 40. Según la norma NTP-1069, una cimbra con una carga de uso de 50 kN por montante, sería:

a. Una cimbra ligera de edificación.
b. Una cimbra de carga media.
c. Una cimbra de gran carga para obra civil.
d. Ninguna de las anteriores.

CUESTIÓN 41. ¿Cuál es uno de los beneficios de construir puentes de tablero continuo en fases sucesivas, vano a vano?

a. Mayor pérdida de pretensado.
b. Aumento en la necesidad de cimbra.
c. Ahorro en cimbra y reducción de pérdidas de pretensado.
d. Ubicación de juntas directamente sobre las pilas.

CUESTIÓN 42. ¿A qué distancia se coloca la junta de construcción cuando se construye con una cimbra autolanzable?

a. A la mitad de la longitud de vano.
b. A un tercio de la longitud de vano.
c. A un quinto de la longitud de vano.
d. A un décimo de la longitud de vano.

CUESTIÓN 43. ¿Hasta qué luz máxima se suelen construir con autocimbra los puentes de sección multinervada?

a. Hasta 30 m.
b. Hasta 35 m.
c. Hasta 40 m.
d. Hasta 50 m.

CUESTIÓN 44. ¿Cuál es la pendiente máxima de lanzamiento que se podría permitir con un lanzador de vigas para construir un puente?

a. 2 %.
b. 5 %.
c. 10 %.
d. No hay limitación.

CUESTIÓN 45. La construcción de un puente arco con armaduras rígidas (auto-cimbras) se realiza de la siguiente forma:

a. Se construye una cimbra convencional, se hormigona y se retira la cimbra.
b. Se construye una cimbra que queda embebida en el arco de hormigón.
c. Se construye una cimbra que sirve para colocar dovelas de hormigón.
d. Se construye una cimbra desde donde se cuelgan los encofrados.

CUESTIÓN 46. ¿Qué capacidad portante mínima debe tener la explanada de soporte de una cimbra tubular utilizada para construir un paso superior?

a. $0,50$ kp/cm^2.

b. $1,00$ kp/cm^2.

c. $2,50$ kp/cm^2.

d. $5,00$ kp/cm^2.

CUESTIÓN 47. Con el procedimiento de cimbrado y descimbrado de un edificio de 5 plantas consecutivas, ¿cuántos juegos de puntales debería utilizarse para que la carga que soporte un forjado sea la mínima posible sin merma considerable en los plazos?

a. Dos juegos de puntales.

b. Tres juegos de puntales.

c. Cuatro juegos de puntales.

d. Cinco juegos de puntales.

CUESTIÓN 48. ¿Cuál es la resistencia mecánica del hormigón que está directamente vinculada con los fenómenos de anclaje y corte, y es crucial en la estimación de los plazos de descimbrado?

a. Resistencia a tracción.

b. Resistencia a compresión.

c. Resistencia a flexión.

d. Resistencia a torsión.

CUESTIÓN 49. ¿Cuándo deberían arriostrarse horizontalmente los puntales para asegurar contra el pandeo?

a. Cuando la altura del puntal supere los 5 m.

b. Todos los puntales se deben arriostrar horizontalmente.

c. Cuando la altura del puntal supere los 8 m.

d. No es necesario si se usan puntales normalizados.

CUESTIÓN 50. ¿Cuál es la principal característica que deben tener las cimbras y encofrados para garantizar su adecuado desempeño durante el proceso de hormigonado?

- a. Resistencia y rigidez suficientes para soportar cargas, pero no es necesario considerar las sobrecargas.
- b. Resistencia y rigidez suficientes para soportar sin asientos ni deformaciones perjudiciales las cargas, las sobrecargas y acciones diversas del proceso de hormigonado y vibrado del hormigón.
- c. Flexibilidad para adaptarse a deformaciones durante el hormigonado.
- d. Capacidad para asentarse y deformarse de manera controlada.

CUESTIÓN 51. Una estructura auxiliar que se extiende fuera del plano vertical de sus anclajes, se denomina:

- a. Estructura apoyada.
- b. Estructura colgada.
- c. Estructura en voladizo.
- d. Estructura suspendida.

CUESTIÓN 52. El elemento de un apeo que transmite un axil inclinado se denomina:

- a. Puntal.
- b. Rollizo.
- c. Sopanda.
- d. Jabalcón.

CUESTIÓN 53. Indique qué acciones se deben estudiar en el diseño de un apeo de fachada:

- a. Excentricidades de carga.
- b. Pandeo.
- c. Fuerzas de viento y sismicidad.
- d. Todas las anteriores.

CUESTIÓN 54. ¿Qué factor puede dificultar la precisión en el diseño de un apuntalamiento de urgencia con respecto a los trabajos de reparación o sustitución posteriores?

a. La anticipación de la técnica que se empleará en los trabajos futuros.
b. La urgencia con la que se aborda la tarea.
c. La compatibilidad del apuntalamiento con los trabajos de reparación.
d. La presencia de discrepancias en los criterios de reparación entre distintos técnicos.

CUESTIÓN 55. Una entibación de madera que cubra el 35 % de las paredes de excavación, se denomina:

a. Entibación cuajada.
b. Entibación semicuajada.
c. Entibación ligera.
d. Entibación alterna.

CUESTIÓN 56. Andamio empleado como grada para un concierto, se denomina:

a. Andamio de trabajo.
b. Andamio de seguridad.
c. Andamio de servicio.
d. Andamio de utilización pública.

CUESTIÓN 57. La anchura mínima de la plataforma de trabajo de un andamio de borriquetas es:

a. 50 cm.
b. 60 cm.
c. 75 cm.
d. 100 cm.

CUESTIÓN 58. ¿Cuál es la altura mínima exigida entre pisos para la plataforma de trabajo de una torre de trabajo móvil?

a. 1 m ± 50 mm.
b. 0,45 m.
c. 0,60 m.
d. 1,90 m.

CUESTIÓN 59. ¿Cuál es la separación vertical máxima permitida entre dos anclajes consecutivos en andamios de cremallera?

a. 3 m.
b. 6 m.
c. 10 m.
d. 15 m.

CUESTIÓN 60. ¿Cuál es una de las desventajas de los andamios colgantes?

a. Limitación en condiciones climáticas adversas.
b. Regulación de alturas.
c. Mínima interrupción en la obra.
d. Ocupación reducida de espacio en la fachada.

CUESTIÓN 61. ¿Cuál es la principal diferencia entre los andamios de marco y multidireccionales?

a. En los andamios de marco, los montantes y travesaños son un solo componente.
b. Los andamios de marco son más versátiles.
c. Los andamios multidireccionales son más seguros.
d. Los andamios multidireccionales incorporan sistemas de seguridad automatizados.

CUESTIÓN 62. ¿Qué característica de los montantes en los andamios multidireccionales permite el ensamblaje de los demás elementos y proporciona gran rigidez y estabilidad al conjunto?

a. Ranuras de fijación.
b. Enganches deslizantes.
c. Discos o rosetas de conexión.
d. Cierres de seguridad.

CUESTIÓN 63. ¿Cuáles son los niveles de gestión medioambiental que se pueden contemplar durante la ejecución de la estructura, según el Código Estructural?

a. Nivel de certificación medioambiental, nivel de eficiencia medioambiental y nivel de operatividad medioambiental.

b. Nivel de certificación medioambiental, nivel de sensibilización medioambiental y nivel de eficiencia medioambiental.

c. Nivel de certificación medioambiental, nivel de sensibilización medioambiental y nivel de operatividad medioambiental.

d. Nivel de eficiencia medioambiental, nivel de operatividad medioambiental y nivel de sostenibilidad medioambiental.

CUESTIÓN 64. Según el Código Estructural, ¿qué aspectos debe incluir el pliego de prescripciones técnicas particulares del proyecto en relación con el nivel de control y las clases de ejecución de estructuras de acero?

a. Identificación del nivel de control de ejecución para estructuras de hormigón y clases de ejecución para estructuras de acero.

b. Especificación de clases de ejecución para estructuras de hormigón y nivel de control de ejecución para estructuras de acero.

c. Agrupación de elementos de acero por clases, identificación del nivel de control y clase de fiabilidad RC2.

d. Agrupación de elementos de hormigón por clases, identificación del nivel de inspección y clases de ejecución para estructuras de acero.

CUESTIÓN 65. ¿Cuál es la ventaja de emplear un encofrado de madera?

a. Permite obtener terminaciones con texturas estéticas.

b. Se pueden realizar ilimitado número de puestas.

c. Bajo coste de la madera para encofrar.

d. Permite la industrialización del proceso de encofrado.

CUESTIÓN 66. En el contexto de encofrados dobles o encofrados contra el terreno natural, ¿cuál es la consideración clave según el Código Estructural?

a. Garantizar la resistencia del encofrado.

b. Asegurar la estanqueidad de las juntas.

c. Mantener la verticalidad de los paneles.

d. Garantizar la operatividad de las ventanas para el vertido del hormigón.

CUESTIÓN 67. Si se quiere buscar una economía en el uso de un encofrado cuando existen volúmenes de trabajo no uniformes, lo mejor sería:

a. Comprar encofrados prefabricados.

b. Alquilar encofrados prefabricados.

c. Construir los encofrados en obra.

d. Establecer un área de taller en la obra.

CUESTIÓN 68. En el caso de fabricar paneles no vistos prefabricados, el sistema que se utilizará preferentemente es:

a. Moldes desplazables horizontales.

b. Moldes verticales de caras paralelas.

c. Grandes longitudes de placa, por extrusión.

d. Moldes estáticos horizontales.

CUESTIÓN 69. Cuando utilizamos un encofrado prefabricado, el accesorio utilizado para matar los cantos del pilar, se denomina:

a. Cantonera.

b. Remate.

c. Berenjeno.

d. Riostra.

CUESTIÓN 70. ¿Cuál de los siguientes puntos es esencial para garantizar que los puntales trabajen a compresión, tal y como se diseñaron, en la construcción de un forjado reticular?

a. La palanca del puntal debe estar hacia abajo.

b. El encofrado debe arriostrarse a todos los pilares.

c. Refuerzo del apuntalamiento en las áreas macizadas.

d. Verticalidad de los puntales.

CUESTIÓN 71. ¿Cuál de las siguientes afirmaciones sobre la seguridad en los sistemas de encofrado tipo túnel es correcta?

a. La mayoría de los encofrados tipo túnel se entregan completamente ensamblados para reducir la manipulación manual.

b. La naturaleza repetitiva del trabajo no permite que los operarios se familiaricen rápidamente con los aspectos de seguridad de su trabajo.

c. Los proveedores de encofrados no proporcionan materiales ni recursos para capacitar a la fuerza laboral.

d. Los sistemas de encofrado tipo túnel incluyen características normalizadas para la seguridad, como barandillas de protección.

CUESTIÓN 72. ¿Cuál es una ventaja del sistema de mesa encofrante?

a. Requiere un montaje y desmontaje frecuente de puntales.

b. Dependencia exclusiva de grúas para el traslado.

c. Emplea una gran cantidad de piezas sueltas.

d. Facilita el desencofrado y traslado sin necesidad de grúa, evitando el montaje y desmontaje de puntales.

CUESTIÓN 73. ¿Cómo se clasifican los tableros contrachapados según su uso o ambiente de utilización, de acuerdo con las normas UNE-EN 335-1 y UNE-EN 314-2 para la calidad del encolado?

a. Interior (Encolado 1) con colas fenólicas.

b. Interior (Encolado 2) con resinas de urea formaldehído melamínico.

c. Exterior Cubierto o semiexterior (Encolado 1) con colas y resinas de urea-formaldehído.

d. Exterior (Encolado 3) con resinas de urea formaldehído melamínico.

CUESTIÓN 74. ¿Qué precaución específica hay que tener en cuenta con respecto a los encofrados de madera antes de aplicar el producto desmoldante?

a. Saturarlos previamente con agua.

b. Aplicar una capa gruesa de producto.

c. Utilizar métodos de nebulización a presión.

d. No es necesario ningún tratamiento previo.

CUESTIÓN 75. ¿Cuál es una característica fundamental que se espera de los productos desencofrantes?

- a. Provocar variaciones de color en la superficie del hormigón.
- b. Mezclarse fácilmente con el agua para mejorar la aplicación.
- c. Reaccionar con el hormigón para acelerar el fraguado.
- d. Facilitar la limpieza de los moldes y no generar efectos nocivos en los operarios.

CUESTIÓN 76. ¿Cuál es el propósito principal de las estructuras hinchables en la construcción?

- a. Reducir el uso del hormigón en las estructuras.
- b. Servir como cimbra y encofrado para estructuras de hormigón.
- c. Proporcionar resistencia adicional a las estructuras.
- d. Facilitar la ejecución de estructuras metálicas.

CUESTIÓN 77. ¿Cuál es un factor crucial para evitar la formación de juntas frías en la construcción con encofrado deslizante?

- a. Velocidad de deslizamiento del encofrado.
- b. Suministro constante de materiales y acceso a la obra.
- c. Uso de un encofrado rígido.
- d. Variación en la dosificación del hormigón.

CUESTIÓN 78. Se ha encofrado una pila de un puente de sección rectangular 10 m × 5 m. Una de sus caras de 5 m está orientada al sur. ¿Cuál o cuáles de sus caras recibirán un mayor empuje por m² de encofrado durante la operación de hormigonado?

- a. Las dos caras que están más cerca (a 5 m una de otra. porque son de mayor superficie.
- b. Las dos caras que están más lejos (a 10 m una de otra. porque soportan más espesor de hormigón.
- c. La cara norte, pues las bajas temperaturas ralentizan el fraguado del hormigón.
- d. Ninguna de las respuestas anteriores es correcta, pues todas reciben el mismo.

CUESTIÓN 79. ¿Cuál es una característica común de la composición del enco-frado en la mayoría de túneles?

a. Presencia de faldón inferior en los hastiales laterales.

b. Uso exclusivo de sistemas hidráulicos para el avance.

c. Dos paneles hastiales y un panel clave.

d. Sección del túnel próxima a circular.

CUESTIÓN 80. ¿Cuál es uno de los métodos más utilizados para sostener las dovelas durante el hormigonado *in situ*?

a. Uso de una viga provisional apoyada en los pilares del puente.

b. Empleo de un andamiaje móvil sobre el suelo.

c. Sistema de atirantado provisional.

d. Colocación de un carro móvil sobre los apoyos del puente.

CUESTIÓN 81. ¿Cuándo se considerará concluida la operación de desencofrado?

a. Una vez que se haya retirado la mitad de los paneles del encofrado.

b. Inmediatamente después de retirar los arriostramientos.

c. Cuando se retiren los elementos de encofrado que impidan el funciona-miento de diseño de la estructura.

d. Cuando los encofradores lo indiquen.

CUESTIÓN 82. ¿Qué medida es esencial para evitar riesgos durante la opera-ción de desencofrado?

a. Retirar los arriostramientos antes de desmontar los paneles.

b. Utilizar equipos de elevación para acelerar el proceso.

c. Tirar de los paneles desde el lado más accesible.

d. Utilizar uñas metálicas desde el lado del que no pueda desprenderse el panel.

CUESTIÓN 83. Según la norma UNE 180201, ¿cuál es el criterio para la comprobación de la deformación en servicio, estado límite de servicio, del acero utilizado en elementos constitutivos de los encofrados?

    a. $\gamma_M = 1{,}00$.
    b. $\gamma_M = 1{,}05$.
    c. $\gamma_M = 1{,}10$.
    d. $\gamma_M = 1{,}25$.

CUESTIÓN 84. ¿Cuál es uno de los requisitos establecidos por la Orden Circular 3/2006 para el proyecto específico de una cimbra en España?

    a. Experiencia mínima de 2 años en estructuras.
    b. No es necesario el visado del colegio profesional.
    c. El proyecto debe ser redactado por un técnico con experiencia de al menos 5 años en estructuras.
    d. El proyecto no necesita ser incluido como anejo en el Plan de Seguridad y Salud.

CUESTIÓN 85. ¿Quién asume la responsabilidad de garantizar que el uso de medios auxiliares en la construcción de puentes de carretera se realice de acuerdo con lo indicado en el proyecto y sus manuales, según la Orden FOM 3818/2007?

    a. El jefe de seguridad de la obra.
    b. El Colegio Profesional correspondiente.
    c. El ingeniero encargado del proyecto.
    d. El jefe de obra de la empresa contratista.

CUESTIÓN 86. ¿Cuál es uno de los requisitos para las zonas de trabajo en una cimbra?

    a. Deben tener un ancho mínimo de 30 cm en proyección horizontal.
    b. No es necesario considerar la resistencia y estabilidad de estas áreas.
    c. Las superficies de trabajo pueden tener una inclinación de hasta 20°.
    d. Las barandillas metálicas en los bordes deben tener una altura mínima de 120 cm.

CUESTIÓN 87. ¿Cuál de las siguientes afirmaciones es correcta según las medidas de seguridad para el uso de cimbras?

a. El montaje de las cimbras puede ser realizado por cualquier personal de la obra sin experiencia específica.

b. No es necesario delimitar el área de trabajo durante las fases de montaje, uso y desmontaje.

c. Las herramientas y el personal utilizados deben seguir las ubicaciones indicadas en el Anejo de Operación, sin excepciones.

d. Las superficies de agarre, como pasamanos y asas, pueden tener astillas o bordes afilados siempre que no representen un peligro inmediato.

CUESTIÓN 88. Según las recomendaciones para las zonas de trabajo en cimbras, ¿cuál de las siguientes afirmaciones es incorrecta?

a. Las zonas de trabajo deben tener un ancho mínimo de 60 cm en proyección horizontal.

b. En bordes con caída mayor a 2 m, no es necesario instalar una barandilla metálica.

c. Las superficies de trabajo deben ser principalmente horizontales, permitiéndose una inclinación de hasta 15°.

d. Se debe procurar definir una zona de "gálibo" con una altura libre mínima de 190 cm y un ancho de 60 cm.

CUESTIÓN 89. ¿Qué se debe incluir en el diseño estructural completo de una cimbra de Clase de diseño B, según la norma UNE-EN 12812?

a. Solo la comprobación de los estados límites últimos.

b. Únicamente los detalles importantes de la cimbra.

c. Planos que determinen la cimbra en planta.

d. Un análisis de los montantes y verticales de la cimbra.

CUESTIÓN 90. ¿Qué requisito debe cumplir la documentación del proyecto de una cimbra de Clase de diseño A según la norma UNE-EN 12812?

a. Debe estar firmada por el proyectista del material estándar.

b. Debe incluir tablas de uso específicas para la cimbra.

c. Debe ser validada por el laboratorio que realizó los ensayos.

d. Debe contener cálculos y ensayos específicos para cada montaje.

CUESTIÓN 91. En una cimbra, ¿cuándo se puede presentar una *Guía de Operación* proporcionada por el fabricante en lugar de un *Anejo de Operación* detallado?

a. Solo en proyectos pequeños.
b. En proyectos con cimbras estandarizadas.
c. En proyectos sin operaciones de descimbrado.
d. En proyectos que no requieran ferrallado.

CUESTIÓN 92. ¿Qué coeficiente de seguridad deberían tener las cimbras empleadas en la construcción de puentes en condiciones de montaje normales?

a. 1.
b. 2.
c. 3.
d. 4.

CUESTIÓN 93. Sobre qué se suelen apoyar las torres de una cimbra cuajada tubular:

a. Sobre tablones de madera.
b. Sobre zapatas de madera.
c. Sobre raíles de ferrocarril.
d. Sobre placas metálicas.

CUESTIÓN 94. Si se construye un puente postesado de sección en cajón, el vano de luz más económico de los siguientes es:

a. 20 m.
b. 30 m.
c. 50 m.
d. 100 m.

CUESTIÓN 95. ¿Qué contraflecha se tiene que prever en las torres de cimbras cuajadas cuando se construye un paso superior con hormigón postesado?

a. La debida al peso propio del tablero.

b. La debida al efecto del pretensado.

c. No se suele dar contraflechas, pues las flechas de peso propio y pretensado son parecidas.

d. No se suele dar contraflechas, pues complica demasiado la ejecución de la cimbra.

CUESTIÓN 96. Uno de los puntos que más problemas generan en las cimbras tubulares que soportan el encofrado de un puente es:

a. La conexión entre las distintas barras que conforman la cimbra.

b. El encuentro entre las torres y el encofrado.

c. El apoyo de la cimbra en el terreno.

d. El arriostramiento transversal.

CUESTIÓN 97. ¿Cuánto tiempo se suele emplear en el montaje de una cimbra tubular para construir un paso superior de carreteras?

a. 1 día.

b. 7 días.

c. 14 días.

d. 28 días.

CUESTIÓN 98. ¿En qué situaciones se recomienda utilizar una cimbra móvil o trasladable paso a paso?

a. Puentes con más de tres vanos de sección constante, de altura reducida y sobre terreno plano con suficiente capacidad portante.

b. Puentes con terreno empinado y poca capacidad portante.

c. Puentes con más de tres vanos de sección variable.

d. Puentes con vanos de altura considerable y sobre terreno irregular.

CUESTIÓN 99. En la construcción de un viaducto para un tramo del AVE se pretende emplear una cimbra de avance (cimbra autolanzable). Sin embargo, la capacidad portante del terreno es muy baja (el viaducto se va a pilotar). ¿Es adecuada la solución de cimbra de avance?

a. No. La cimbra de avance requiere una capacidad portante del terreno alta.

b. Sí. Se puede apoyar la cimbra sobre pilas provisionales pilotadas.

c. Sí. La cimbra de avance apoya sobre las propias pilas del viaducto.

d. Sí, siempre que la altura de las pilas no supere los 16 m, aproximadamente.

CUESTIÓN 100. ¿Cuáles son los valores máximos admitidos para la pendiente y el peralte del tablero al utilizar cimbras autolanzables?

a. Pendiente del 10 % y peralte del 6 %.

b. Pendiente del 8 % y peralte del 9 %.

c. Pendiente del 7 % y peralte del 8 %.

d. Pendiente del 5 % y peralte del 10 %.

CUESTIÓN 101. ¿Cuál es la luz de vano apropiada para el uso de las autocimbras?

a. Más de 30 m.

b. Menos de 10 m.

c. Alrededor de 20 m.

d. Entre 15 m y 25 m.

CUESTIÓN 102. ¿Cuántas puestas mínimas debería soportar el encofrado de una autocimbra por motivos económicos?

a. 6 puestas.

b. 12 puestas.

c. 25 puestas.

d. 50 puestas.

CUESTIÓN 103. ¿Qué altura libre mínima es necesario dejar bajo cabeza de pila cuando se ejecuta un puente mediante autocimbras bajo tablero?

a. 5 m.
b. 7 m.
c. 15 m.
d. No hay limitación.

CUESTIÓN 104. Indique la altura mínima libre que debe quedar bajo cabeza de pila con una autocimbra sobre tablero:

a. 3 m.
b. 7 m.
c. 15 m.
d. No hay limitación.

CUESTIÓN 105. ¿Cuál sería la pendiente máxima para poder construir un puente mediante autocimbra?

a. 5 %.
b. 7 %.
c. 9 %.
d. No existe limitación.

CUESTIÓN 106. Indique cuándo no es interesante la autocimbra frente al cimbrado tradicional en la construcción de un puente:

a. Cuando existen muchos vanos.
b. Cuando la altura de las pilas es elevada.
c. Cuando existen pocos vanos y poca altura de pila.
d. Son correctas a. y b).

CUESTIÓN 107. Si comparamos un puente ejecutado por empuje frente a otro ejecutado mediante autocimbra, el primero tiene la siguiente característica frente al segundo:

a. Su ciclo constructivo es por vanos completos.
b. Precisan de un menor pretensado.
c. Se pueden utilizar con plantas en clotoide.
d. Presentan un mayor canto de tablero.

CUESTIÓN 108. ¿A partir de qué anchura de tablero se debe construir un puente con autocimbra en dos fases?

a. 8,50 m.
b. 16,00 m.
c. 20,00 m.
d. No existe limitación.

CUESTIÓN 109. Indique, de entre los siguientes, cuál es un inconveniente claro de las autocimbras bajo tablero:

a. Interferencia con las pilas durante el avance de la cimbra.
b. Interferencia con el diafragma sobre la pila.
c. Hay que soltar los tirantes de cuelgue del encofrado.
d. Parte superior no libre para introducir ferralla prefabricada.

CUESTIÓN 110. ¿Cuántos usos deberían hacerse de una cimbra autoportante empleada para la construcción de puentes por dovelas para que se pudiese amortizar este medio auxiliar?

a. 1 uso.
b. 2 usos.
c. 4 usos.
d. No hay limitación.

CUESTIÓN 111. ¿Qué nombre recibe también la cimbra autolanzable?

a. Autocimbra.
b. Cimbra de avance.
c. Cimbra MSS.
d. Todas las anteriores.

CUESTIÓN 112. ¿Cuál es el rendimiento habitual de una autocimbra bajo tablero de puente?

a. 1 vano/semana.
b. 2 vanos/semana.
c. 3 vanos/semana.
d. 4 vanos/semana.

CUESTIÓN 113. ¿Cómo se llaman las patas que pueden variar su posición en las cimbras autoportantes que construyen el puente por dovelas?

a. Binarios.
b. Apoyos.
c. Riostras.
d. Patas.

CUESTIÓN 114. ¿Cómo se llaman las estructuras metálicas de apoyo de la autocimbra en las pilas?

a. Pérgolas.
b. Voladizos.
c. Ménsulas.
d. Riostras.

CUESTIÓN 115. Indique, de las siguientes, cuál no es una situación pésima de comprobación en el cálculo de un puente construido con cimbra autolanzable:

a. La sección del tablero en pilas a corto plazo.
b. La sección de centro de vano a largo plazo.
c. La sección a un tercio de vano a corto plazo.
d. Ninguna de las anteriores.

CUESTIÓN 116. Indique, de entre los siguientes, cuál es un inconveniente claro de las autocimbras sobre tablero:

a. Mayores radios de giro que la autocimbra bajo tablero.
b. No simultaneidad con trabajos en alzado de pilas y estribos.
c. Mayor coste y dificultad de montaje y maniobra que las autocimbras bajo tablero.
d. Mayor dificultad de montaje de los apoyos frente a las autocimbras bajo tablero.

CUESTIÓN 117. ¿Cuál es el rendimiento habitual de construcción de un puente por dovelas mediante cimbra autoportante?

- a. Un par de dovelas diarias.
- b. Tres pares de dovelas diarias.
- c. Cinco pares de dovelas diarias.
- d. Diez pares de dovelas diarias.

CUESTIÓN 118. Uno de los inconvenientes de la cimbra autolanzable en la construcción de puentes es el siguiente:

- a. Es necesaria la mejora del terreno para cimientos de apoyos provisionales.
- b. Se debe adaptar la autocimbra para cada nuevo puente.
- c. Es factible su uso con pilas de puente muy altas.
- d. Los operarios tienen funciones claras y concretas.

CUESTIÓN 119. ¿Cuál sería el radio en planta mínimo para construir un puente con autocimbra bajo tablero con un vano de luz superior a 40 m?

- a. 200 m.
- b. 300 m.
- c. 400 m.
- d. No existe limitación.

CUESTIÓN 120. ¿Cómo se apoya la parte trasera de una autocimbra bajo tablero?

- a. Mediante una ménsula.
- b. Mediante una torre auxiliar.
- c. Mediante una estructura metálica.
- d. Mediante una viga de cuelgue.

CUESTIÓN 121. ¿Cuál es el rango de luces que utiliza habitualmente un lanzador de vigas para construir un puente?

- a. 20-35 m.
- b. 35-50 m.
- c. 35-75 m.
- d. 50-120 m.

CUESTIÓN 122. La idea de usar una armadura rígida portante como cimbra la empezó a utilizar por primera vez:

a. Joseph Melan.
b. Eduardo Torroja.
c. Martín Gil.
d. José Eugenio Ribera.

CUESTIÓN 123. ¿Cómo se puede evitar el deslizamiento local del apoyo de una cimbra según la norma UNE-EN 12812?

a. Garantizando la acción conjunta de la resistencia a fricción y un dispositivo mecánico.
b. Confiando únicamente en la fricción.
c. Utilizando un dispositivo mecánico exclusivamente.
d. Dependiendo de la rigidez del dispositivo mecánico sin considerar la fricción.

CUESTIÓN 124. ¿Cuáles son las condiciones que se deben cumplir para apoyar directamente el cimiento de una cimbra sobre el terreno sin ninguna incrustación?

a. El terreno debe ser permeable y susceptible de heladas.
b. La superficie de apoyo puede tener hasta un 15 % de pendiente.
c. No se requiere drenaje en terrenos cohesivos.
d. Se debe verificar la capacidad de esfuerzo cortante lateral.

CUESTIÓN 125. ¿Cuál es la recomendación de plazo mínimo para el descimbrado, considerando la incertidumbre en el cálculo de la evolución de las resistencias del hormigón en edades tempranas?

a. 1 día.
b. 2 días.
c. 3 días.
d. 4 días.

CUESTIÓN 126. ¿Cuál es una condición que deben cumplir los encofrados metálicos al acopiarse según las recomendaciones?

a. Sobresalir más de dos tercios de su longitud.
b. Descansar directamente en el suelo.
c. Estar conectados a la instalación eléctrica de la obra.
d. Ponerse a tierra si existe peligro eléctrico.

CUESTIÓN 127. ¿En qué situaciones se recomiendan las cimbras desmontables?

a. Cuando se requieren múltiples apoyos para mayor estabilidad.
b. En puentes con vanos de luces variables.
c. Cuando el terreno proporciona un apoyo sólido y constante.
d. Cuando existen múltiples vanos de igual luz o con un tablero de canto constante.

CUESTIÓN 128. ¿Cuál es la función principal de los husillos, cuñas o gatos mencionados en el texto sobre cimbras móviles trasladables paso a paso?

a. Descargar las ruedas durante el hormigonado.
b. Facilitar el descimbrado de la cimbra.
c. Sujetar el extremo de la cimbra al tablero del puente.
d. Trasladar la cimbra sobre carriles.

CUESTIÓN 129. Según las recomendaciones de la Dirección General de Ferrocarriles, dónde no utilizaríamos la autocimbra:

a. Viaducto de cuatro vanos.
b. Viaducto de 350 m de longitud y altura de pilas de 25 m.
c. Viaducto de 250 m de longitud y altura de pilas de 35 m.
d. Viaducto de 200 m y cinco vanos.

CUESTIÓN 130. ¿Qué se menciona como factor influyente en la selección de las cimbras autolanzables relacionado con la geometría del canto del tablero?

e. La variación en el radio de los vanos.
f. La presencia de diafragmas en la sección en cajón del tablero.
g. La preferencia por cantos variables.
h. El peso del tablero y su relación con la luz del vano.

CUESTIÓN 131. Si el hormigonado de una sección en cajón se realiza en dos fases, ¿qué se debe hacer con el encofrado interior para salvar el paso del diafragma de la pila?

- a. Los tableros de puente de sección en cajón no tienen diafragmas.
- b. El encofrado debe ser replegable.
- c. No se necesita realizar ninguna operación especial.
- d. Se retira por medios de elevación.

CUESTIÓN 132. ¿Qué tipología de autocimbra para construir puentes es la más habitual?

- a. Autocimbra sobre tablero.
- b. Autocimbra bajo tablero.
- c. Autocimbra a media altura.
- d. Se usan por igual.

CUESTIÓN 133. ¿Cuál es uno de los factores que limita la utilización de lanzadores de vigas?

- a. La longitud del puente.
- b. La complejidad de las vigas prefabricadas.
- c. La alta productividad del método.
- d. La rasante vertical del puente con radios menores a 12000 m.

CUESTIÓN 134. ¿Cuáles son las dimensiones aproximadas de las vigas de lanzamiento?

- a. Longitud de 120 m y canto del orden de 8 m.
- b. Longitud de 150 m y canto de 10 m.
- c. Longitud de 90 m y canto de 5 m.
- d. Longitud de 200 m y canto de 15 m.

CUESTIÓN 135. ¿Cuál fue uno de los principales desafíos que enfrentó la construcción de puentes arco de hormigón con autocimbra?

- a. Falta de experiencia en la utilización de autocimbras.
- b. Dificultades en el proceso de hormigonado.
- c. Cuantía excesiva de acero requerida para la cimbra.
- d. Problemas de estabilidad de la estructura del arco.

CUESTIÓN 136. ¿Por qué el uso de cimbras fijas para la construcción de puentes arco de hormigón fue considerado inadecuado hasta finales del siglo xix?

a. Las cimbras fijas no ofrecían la estabilidad necesaria durante la construcción.

b. La tecnología necesaria para las cimbras fijas no estaba disponible en esa época.

c. Las cimbras fijas no permitían el abanico necesario para apoyarse en puntos específicos.

d. El coste de las cimbras fijas era prohibitivo para grandes luces y terrenos complicados.

CUESTIÓN 137. ¿Con qué material se suele mejorar la explanada de soporte de una cimbra tubular utilizada para construir un paso superior?

a. 10 cm de gravas.

b. 30 cm de gravas.

c. 30 cm de grava-cemento.

d. 25 cm de hormigón armado.

CUESTIÓN 138. ¿Cuál es una medida recomendada para prevenir el desplome de cimbras debido a arrastres y avenidas causados por lluvias torrenciales sobre ríos o torrenteras?

a. No tomar medidas adicionales y confiar en la resistencia intrínseca de las cimbras.

b. Utilizar únicamente escollera para proteger la losa de hormigón de la cimbra.

c. Cimentar la cimbra sobre una losa de hormigón protegida lateralmente mediante escollera.

d. Excavar una zanja aguas abajo para dirigir el agua lejos de la cimbra.

CUESTIÓN 139. Con dos juegos de puntales, y siguiendo la técnica del cimbrado, recimbrado y descimbrado, al hormigonar el tercer forjado, el segundo forjado soporta:

a. Su peso propio.

b. 1,50 veces su peso propio.

c. 2,50 veces su peso propio.

d. 1,33 veces su peso propio.

CUESTIÓN 140. Con dos juegos de puntales, y siguiendo la técnica del cimbrado y descimbrado, al hormigonar el cuarto forjado, el segundo forjado soporta:

a.   Su peso propio.

b.   2,25 veces su peso propio.

c.   1,25 veces su peso propio.

d.   2,36 veces su peso propio.

CUESTIÓN 141. El Código Estructural indica que para una temperatura superficial del hormigón por encima de 24 °C, los puntales que soportan el encofrado de una losa se podrán retirar:

a.   A las 9 horas.

b.   A los 2 días.

c.   A los 7 días.

d.   A los 10 días.

CUESTIÓN 142. ¿Cuál es un método práctico para determinar la resistencia a tracción indirecta del hormigón, especialmente útil para evaluar los plazos de descimbrado?

a.   Ensayo de compresión uniaxial.

b.   Ensayo de flexión.

c.   Ensayo de compresión triaxial.

d.   Ensayo brasileño.

CUESTIÓN 143. Cuando se trabaja en altura para montar una cimbra debe seguirse lo indicado en el Real Decreto 2177/2004. ¿A partir de qué altura, desde el punto de operación al suelo, se deben adoptar equipos de protección individual anticaídas o bien otras medidas de protección alternativas?

a.   A partir de 2,5 m.

b.   A partir de 3,5 m.

c.   A partir de 4,5 m.

d.   Depende de cada caso.

CUESTIÓN 144. ¿Cuándo se deben desencofrar los elementos verticales según las recomendaciones?

a. De abajo hacia arriba.
b. Simultáneamente desde arriba y abajo.
c. Desde arriba hacia abajo.
d. Al azar, dependiendo de la situación.

CUESTIÓN 145. ¿Qué hipótesis no aplica el método simplificado de Grundy y Kabaila?

a. Los puntales tienen una rigidez infinita.
b. Todos los forjados se comportan elásticamente y presentan la misma rigidez.
c. La cimentación es infinitamente rígida.
d. Se considera el efecto de la retracción.

CUESTIÓN 146. En España se usa mucho el procedimiento de cimbrado, clareado y descimbrado. ¿A qué edad tras el hormigonado se pueden recuperar, habitualmente, al menos la mitad de los puntales?

a. A los 2 días.
b. A los 4 días.
c. A los 7 días.
d. A los 28 días.

CUESTIÓN 147. Un carro móvil para construir un puente por avance en voladizo donde el encofrado tiene función resistente sería el siguiente:

a. Carro móvil con vigas principales superiores.
b. Carro móvil con vigas principales inferiores.
c. Carro móvil autoportante.
d. No existe ese tipo de carro.

CUESTIÓN 148. ¿Cuál es una función principal del carro móvil de hormigonado?

a. Desmontar las dovelas después del fraguado del hormigón.
b. Transmitir el peso de las dovelas al tablero.
c. Realizar el pretensado de las dovelas precedentes.
d. Sostener el peso de las dovelas después de que el hormigón fragüe.

CUESTIÓN 149. ¿Qué medida se menciona como esencial para evitar caídas a distinto nivel en el desencofrado de forjados?

a. Mantener los huecos siempre tapados.
b. Uso de andamios y plataformas elevadoras.
c. Retirada de los elementos de arriostramiento entre paneles.
d. Empleo de los mismos medios auxiliares utilizados en el encofrado.

CUESTIÓN 150. ¿Cuándo se prohibirá la retirada de varios paneles en un mismo paño de forma simultánea durante el desencofrado?

a. Cuando el fabricante no lo permita en las instrucciones de montaje.
b. Si hay condiciones climáticas adversas.
c. Cuando los arriostramientos no estén dimensionados para soportar las maniobras.
d. En el caso de muros in situ.

CUESTIÓN 151. ¿Qué norma se debe cumplir para la comprobación en rotura, estado límite último, de la madera utilizada en elementos constitutivos de los encofrados?

a. UNE-EN 1993-1-1.
b. UNE-EN 1999-1-1.
c. UNE-EN 1995-1-1.
d. No hay norma específica para la madera.

CUESTIÓN 152. Según la norma UNE 180201, ¿cuál es el coeficiente (γ_M) para la comprobación en rotura, estado límite último, del aluminio utilizado en tirantes y uniones de los encofrados?

a. $\gamma_M = 1,00$.
b. $\gamma_M = 1,05$.
c. $\gamma_M <= 1,10$.
d. $\gamma_M = 1,25$.

CUESTIÓN 153. Todos estos factores aumentan la presión del hormigón fresco sobre el encofrado, excepto uno:

a. Temperatura ambiente por encima de 15 °C.

b. Incrementar el cono de Abrams (docilidad).

c. Aumentar la frecuencia del vibrador.

d. Incrementar la cantidad de cemento.

CUESTIÓN 154. Según la norma alemana DIN-18218, la presión del hormigón es hidrostática hasta una profundidad en la que se bloquea a la presión máxima. En el caso de muros, esta presión máxima no superará:

a. 25 kN/m^2.

b. 80 kN/m^2.

c. 100 kN/m^2.

d. No existe bloqueo, la presión subirá en función de la altura del encofrado.

CUESTIÓN 155. Usted está calculando la presión del hormigón fresco sobre un encofrado siguiendo la teoría granulostática de Martín-Palanca. Indique la causa por la que es necesario tener precaución con la velocidad de hormigonado:

a. Hay que tener precaución con velocidades de llenado rápido, pues esta variable no se considera en el cálculo de la presión límite.

b. No hay que preocuparse, pues esta velocidad se incluye en la teoría.

c. Hay que tener precaución con las velocidades de llenado muy lentas, porque tergiversan el cálculo de la presión límite.

d. La velocidad de llenado solo afecta al cálculo de la presión en el caso de muros.

CUESTIÓN 156. Si queremos introducir la potencia del vibrador en el cálculo de la presión máxima que ejercerá el hormigón fresco sobre un encofrado, se deberá utilizar el siguiente método:

a. Norma alemana DIN-18218.

b. Teoría granulostática del Instituto Eduardo Torroja.

c. Norma americana ACI-347.

d. Propuesta canadiense de Gardner.

CUESTIÓN 157. ¿Cómo se denomina el elemento metálico vertical que transmite las cargas soportadas en la parte superior de la cimbra hasta el terreno o cimentación sobre la que se sustenta la torre?

a. Travesaño.
b. Husillo.
c. Diagonal.
d. Montante.

CUESTIÓN 158. ¿Cuál de la siguiente información se debe incluir el proyecto de una cimbra?

a. Las recomendaciones para el montaje y desmontaje.
b. Las interferencias con el entorno.
c. Los criterios de aceptación y rechazo de los materiales.
d. Todas las anteriores.

CUESTIÓN 159. ¿Cuál de las siguientes medidas de seguridad se destaca como importante durante la utilización de cimbras y otros medios auxiliares?

a. Utilizar andamios de borriquetas para alcanzar alturas en los niveles de trabajo.
b. Continuar las labores en caso de condiciones climáticas adversas como lluvia, nieve o vientos superiores a 65 km/h.
c. Acceder a la zona de trabajo utilizando áreas no designadas para ese propósito.
d. Suspender las labores en caso de condiciones climáticas adversas como lluvia, nieve o vientos superiores a 65 km/h.

CUESTIÓN 160. ¿Cuál de los siguientes parámetros de diseño es necesario considerar al proyectar las zonas de trabajo y circulación en una cimbra?

a. La inclinación de las superficies de trabajo, que puede ser de hasta 30°.
b. La definición de una zona de gálibo con una altura libre mínima de 190 cm y un ancho de 60 cm.
c. La ausencia de mecanismos de bloqueo en las zonas de trabajo.
d. Una barandilla metálica con una altura mínima de 60 cm en bordes donde la caída sea mayor a 2 m.

CUESTIÓN 161. ¿Cuándo se puede adoptar la clase de diseño A para una cimbra, según la norma UNE-EN 12812?

a. Cuando las losas tengan un área de sección transversal inferior a 0,3 m² por metro de anchura de losa.

b. Cuando la luz libre de las vigas y las losas supere los 6,0 m.

c. Cuando la altura de la estructura permanente en la cara inferior supere los 3,5 m.

d. Cuando las vigas tengan un área de sección transversal superior a 0,5 m².

CUESTIÓN 162. ¿Cuál es una característica principal de la clase de diseño B2 para una cimbra, según la norma UNE-EN 12812?

a. Permite un cálculo más simplificado que la clase B1 basado en las áreas de influencia.

b. No requiere comprobación de los estados límites últimos y de servicio.

c. Se utiliza exclusivamente para cimbras realizadas con material a medida.

d. Está basada en la norma EN 1090-2 y EN 1090-3 para estructuras metálicas.

CUESTIÓN 163. ¿Qué información debe contener el anejo de operación de una cimbra?

a. Únicamente la descripción del proceso de descimbrado.

b. Las instrucciones para el montaje y desmontaje, así como la ubicación permitida del personal durante diversas operaciones.

c. Órdenes específicas para el ferrallado y el hormigonado.

d. Información sobre la ubicación de los puntos de conexión para los cables de seguridad.

CUESTIÓN 164. En una cimbra, ¿qué elementos deben incluirse en el "Anejo de Operación" cuando se utilizan componentes suministrados por la obra?

a. Solo los elementos suministrados por el fabricante.

b. Todos los elementos, sin distinguir su origen.

c. Únicamente la descripción de los pasillos y barreras.

d. Incluirlos junto con los suministrados por el fabricante, diferenciando claramente su origen.

CUESTIÓN 165. Según la Dirección General de Ferrocarriles, el uso de la cimbra cuajada, siempre que no existan obstáculos que obliguen a distanciar los apoyos de las cimbras, se limita a:

a. 7 m de altura.
b. 15 m de altura.
c. 20 m de altura.
d. 30 m de altura.

CUESTIÓN 166. En ausencia de otros condicionantes, ¿a partir de qué a tura se emplean cimbras porticadas en lugar de cimbras llenas?

a. 4 m.
b. 8 m.
c. 16 m.
d. 32 m.

CUESTIÓN 167. Los encofrados de cartón suelen emplearse habitualmente en:

a. En tableros de puente.
b. En muros.
c. En columnas y pilares.
d. En forjados.

CUESTIÓN 168. Cuando se utiliza un encofrado desechable de cartón para la construcción de una columna y se quiere un acabado de interior liso, se utiliza:

a. Acabado estándar, con una espiral inherente a la fabricación del encofrado.
b. Revestimiento con bandas K.A.P.
c. Acabado con fibra de carbono.
d. Revestimiento interior de madera.

CUESTIÓN 169. En un montaje de encofrado para forjados, ¿para qué se emplea el durmiente?

a. Para repartir uniformemente las cargas del forjado al terreno.
b. Para conseguir una perfecta alineación de los puntales telescópicos.
c. Para conseguir una superficie nivelada de apoyo para los puntales.
d. Ninguna de las anteriores es correcta.

CUESTIÓN 170. Con un trato normal, las cubetas de plástico recuperable utilizadas en forjados reticulares, presentan una vida útil de:

a. 1 año
b. 2 años
c. 3 años
d. 4 años

CUESTIÓN 171. Indique el espesor típico de las pantallas y losas de una estructura construida con un encofrado túnel:

a. 6-12 cm
b. 10-15 cm
c. 12-25 cm
d. 25-35 cm

CUESTIÓN 172. ¿Qué operación se realiza una vez colocada la ferralla y las instalaciones en la tipología de encofrado túnel formada por diedro unidos mediante una pieza móvil?

a. Desmontar los diedros.
b. Hormigonar las paredes y las losas en una sola operación.
c. Montar los paneles independientes.
d. Unir las células del encofrado.

CUESTIÓN 173. ¿Cuál es el propósito principal de los sistemas de encofrados de mesas premontados para forjados?

a. Construir exclusivamente forjados aligerados planos.
b. Adaptarse a geometrías irregulares y no repetitivas.
c. Facilitar la ejecución de losas macizas y forjados aligerados planos de gran dimensión.
d. Estar diseñados para la ejecución de elementos estructurales en altura.

CUESTIÓN 174. ¿Cuál es la principal diferencia en términos de rendimiento entre el uso de mesas encofrantes y el apuntamiento vertical con puntales de madera?

a. El rendimiento es similar en ambas técnicas.

b. El rendimiento con mesas encofrantes es similar al de puntales telescópicos.

c. El rendimiento con mesas encofrantes es menor que con puntales de madera.

d. El rendimiento con mesas encofrantes es significativamente mayor que con puntales de madera.

CUESTIÓN 175. ¿Cuál es una característica destacada del contrachapado fenólico según el texto?

a. Se compone principalmente de madera sin tratamiento.

b. Su resistencia a la intemperie es limitada.

c. Está unido por un adhesivo débil.

d. Se forma mediante capas de madera impregnadas con resina fenólica, sometidas a presión y calor.

CUESTIÓN 176. ¿Cuál de las siguientes razones se menciona como una ventaja clave del tablero contrachapado para encofrado según el texto?

a. Uso de grúas pesadas para el manejo.

b. Necesidad de mano de obra altamente especializada.

c. Fabricación en grandes series y prefabricación.

d. Montaje lento y complicado debido a su diseño.

CUESTIÓN 177. ¿Cuál es una característica de los desmoldantes de aceites?

a. Se dividen en emulsiones de aceite en agua y agua en aceite.

b. Son recomendados para acabados superficiales de alta calidad.

c. Su efecto separador se basa principalmente en procesos químicos.

d. Dejan residuos mínimos en el hormigón.

CUESTIÓN 178. ¿Cuál es una característica de las emulsiones de aceite en agua?

a. Son menos estables que las emulsiones de agua en aceite.
b. Se suministran como concentrados de agua.
c. Su efecto separador depende del índice de concentración.
d. Dejan residuos en el hormigón, afectando el acabado superficial.

CUESTIÓN 179. Las cimbras y encofrados hinchables no se pueden utilizar en:

a. Cúpulas.
b. Tubos de alcantarillado.
c. Forjados de edificación.
d. Viviendas unifamiliares.

CUESTIÓN 180. ¿Cuál es una función de la espuma de poliuretano en el proceso constructivo de la patente de encofrado hinchable domo de espuma?

a. Rigidiza la forma neumática y sirve como superficie para el hormigón.
b. Actúa como acabado exterior de la estructura.
c. Aumenta la retracción del hormigón durante el proceso de construcción.
d. Se utiliza como material de cimentación.

CUESTIÓN 181. El hormigonado con un encofrado deslizante, se realiza:

a. Durante la jornada de trabajo de 8 horas.
b. Se detiene cuando llega el fin de semana.
c. No se detiene nunca, hasta terminar el elemento.
d. Se puede detener cuando se quiera, no se provocan juntas frías.

CUESTIÓN 182. ¿Qué factor influye en la rentabilidad del sistema de encofrado deslizante?

a. La altura de la estructura a construir.
b. La rapidez del proceso de deslizado.
c. El tiempo necesario para retirar el encofrado.
d. La industrialización del proceso.

CUESTIÓN 183. Indique en qué casos no se necesita una grúa para zar un encofrado tipo trepante:

a. Encofrado autotrepante.

b. Encofrado trepante convencional.

c. Encofrado de trepado guiado.

d. Siempre se necesita una grúa para izar el encofrado.

CUESTIÓN 184. ¿Cuáles son algunos de los objetivos que se logran al utilizar encofrados deslizantes?

a. Maximizar las presiones de hormigonado y acelerar el proceso constructivo.

b. Evitar la reutilización y amortización del material del encofrado.

c. Desvincular el ritmo de hormigonado de la estructura del proceso constructivo general.

d. Minimizar la seguridad en trabajos en altura.

CUESTIÓN 185. La utilización de un carro de encofrado para un túnel determinado requiere:

a. Un estudio de adecuación del carro para cada caso.

b. Un proyecto específico completo para la utilización del sistema con los condicionantes propios exigidos en la obra a ejecutar.

c. Un proyecto específico de cada modelo de carro, que sirve para todas las obras donde se use.

d. No requiere proyecto, pero sí la supervisión de la dirección facultativa.

CUESTIÓN 186. ¿Qué es un encofrado telescópico?

a. Un encofrado para pilares cuya altura se regula mediante paneles desplazables entre sí.

b. Un encofrado plano para losas, cuya altura se regula mediante puntales telescópicos.

c. No existe el encofrado telescópico.

d. Un encofrado para túneles, que puede plegarse para desplazarse por debajo de la fase siguiente.

CUESTIÓN 187. ¿En qué circunstancias se recomienda el uso de andamios de plataforma elevadora sobre mástil?

a. Cuando se requiere trabajar en diferentes niveles simultáneamente.
b. En cualquier elemento constructivo sin restricciones.
c. Cuando la tarea a realizar sigue un proceso de construcción lineal.
d. Cuando se cuenta con una superficie de apoyo inadecuada.

CUESTIÓN 188. ¿Cuál es la distancia máxima permitida entre los mástiles en un andamio bimástil de cremallera?

a. 10 m.
b. 15 m.
c. 25 m.
d. 33 m.

CUESTIÓN 189. ¿Cómo se denomina el mecanismo que permite el movimiento vertical de la plataforma suspendida de nivel variable o andamio colgado?

a. Elemento de sujeción resistente.
b. Pescantes de seguridad.
c. Trócola de suspensión.
d. Aparejo elevador.

CUESTIÓN 190. ¿Cuál es la función de los topes o apoyos de seguridad en el sistema articulado de las plataformas colgantes?

a. Facilitar la unión de los aparejos de cable.
b. Evitar la caída del operario en caso de rotura del cable.
c. Mejorar la regulación de alturas en las plataformas.
d. Asegurar la estabilidad de las plataformas durante el trabajo.

CUESTIÓN 191. ¿Cuál es una ventaja destacada de los andamios de fachada en comparación con los andamios multidireccionales?

a. Mayor versatilidad.
b. Montaje más sencillo y rápido.
c. Uso exclusivo en edificios que demandan equipos especiales.
d. Estructura más compleja y resistente.

CUESTIÓN 192. ¿Cuál es la función principal del travesaño horizontal en el marco vertical de un andamio de fachada?

a. Mejorar la rigidez y capacidad estructural.
b. Conectar elementos de refuerzo.
c. Servir como base para sostener los módulos de las plataformas.
d. Proporcionar elementos de conexión tipo cuña.

CUESTIÓN 193. ¿Cuál es el mecanismo utilizado para realizar las conexiones en los andamios multidireccionales?

a. Enganches deslizantes.
b. Cierres de seguridad.
c. Discos o rosetas de conexión.
d. Mecanismo de cuña imperdible.

CUESTIÓN 194. ¿Cuál es una ventaja clave de los andamios multidireccionales en comparación con los andamios prefabricados de marco unidireccional?

a. Adaptabilidad a geometrías irregulares.
b. Mayor simplicidad en el montaje.
c. Funciones específicas de servicio, carga o protección.
d. Configuración con extensiones de andamio mediante tubos y grapas.

CUESTIÓN 195. Según la información proporcionada en el Código Estructural, ¿cuál es la diferencia principal entre el nivel A y el nivel B de trazabilidad en el sistema de registro y seguimiento de unidades ejecutadas del constructor?

a. El nivel A se relaciona con el lote de ejecución, mientras que el nivel B se relaciona con el elemento construido.
b. El nivel A permite relacionar cada partida o remesa con el elemento construido, mientras que el nivel B permite relacionar cada partida o remesa con el lote de ejecución.
c. El nivel A está definido en la tabla 14, mientras que el nivel B está relacionado con la clase de ejecución del proyecto.
d. El nivel A y el nivel B son términos intercambiables y se refieren a lo mismo en el contexto del sistema de registro y seguimiento.

CUESTIÓN 196. ¿Cuáles son las actuaciones previas que el constructor debe realizar antes del inicio de la ejecución de la estructura, según el Código Estructural?

a. Depósito del libro de órdenes, identificación de suministradores, comprobación de la documentación de la idoneidad técnica de los equipos y verificación de modificaciones sustanciales.

b. Comprobación de la documentación técnica de equipos, identificación de suministradores, depósito del libro de órdenes y homologación del personal soldador.

c. Comprobación de la documentación de productos, identificación de suministradores, depósito del libro de órdenes y verificación de modificaciones sustanciales.

d. Identificación de suministradores, comprobación de la documentación de productos, depósito del libro de órdenes y comprobación de la existencia de personal soldador con cualificación suficiente.

CUESTIÓN 197. ¿Por qué es importante que el encofrado sea estanco?

a. Para evitar la resistencia a la abrasión del hormigón.

b. Para prevenir fugas de lechada y finos que podrían afectar la durabilidad de la estructura.

c. Para facilitar la adherencia fuerte al hormigón después del fraguado.

d. Para reducir el coste inicial del encofrado.

CUESTIÓN 198. Una de las siguientes no se puede considerar como tarea que deba realizar un encofrador:

a. Elaborar los planos de la construcción.

b. Organizar y preparar el tajo para optimizar recursos.

c. Replantear los elementos necesarios.

d. Desencofrar los elementos de hormigón.

CUESTIÓN 199. Cuando en la ejecución del hormigón aparece un nido de gravas, la causa que puede provocarlo es:

a. Apertura de juntas que producen fugas de lechada.

b. Desencofrado prematuro.

c. Piel encofrante inadecuada.

d. Movimientos relativos entre paneles.

CUESTIÓN 200. ¿Cómo se clasifican los sistemas de encofrado vertical según el modo de transmisión de los esfuerzos?

a. Encofrados a dos caras y encofrados de una cara.

b. Encofrados con textura y encofrados sin textura.

c. Encofrados con estructura de soporte y encofrados sin estructura de soporte.

d. Encofrados a dos caras y encofrados a tres caras.

CUESTIÓN 201. La norma UNE 180201 que trata sobre el diseño general, requisitos de comportamiento y verificaciones de los encofrados:

a. No incluye a los encofrados horizontales.

b. Es de obligado cumplimiento al incluirse en el Código Estructural.

c. No especifica los métodos de diseño estructural para los encofrados.

d. No incluye a los encofrados de muros.

CUESTIÓN 202. ¿Cuándo es permitido el uso de encofrados de aluminio según el Código Estructural?

a. Si se humedecen previamente para evitar la absorción de agua.

b. Si se emplean paneles que han sido sometidos a un tratamiento de protección superficial.

c. Si se disponen de manera que permita su libre entumecimiento.

d. Si no perjudican las propiedades del hormigón.

CUESTIÓN 203. ¿Cuál de las siguientes opciones es considerada ideal para encofrados de secciones grandes o cuando los costes de transporte son altos?

a. Emplear encofrados construidos en el lugar de la obra.

b. Comprar encofrados prefabricados para múltiples reutilizaciones.

c. Alquilar encofrados prefabricados para mayor flexibilidad.

d. Establecer un área de taller en la obra.

CUESTIÓN 204. El coste del material de los encofrados y las cimbras, respecto al coste de la mano de obra en una estructura de hormigón es, aproximadamente:

a. Del 30 %.
b. Del 20 %.
c. Del 50 %.
d. Del 8 %.

CUESTIÓN 205. Indique qué tipo de pieza prefabricada es la más habitual cuando se emplean mesas basculantes:

a. Vigas en doble T para puentes.
b. Paneles prefabricados para fachadas de edificios.
c. Tuberías de hormigón.
d. Viguetas para forjados unidireccionales.

CUESTIÓN 206. Indique qué tipo de vibrador se dispone en los moldes utilizados para fabricar piezas prefabricadas con hormigón autocompactante:

a. Vibradores laterales.
b. Vibradores internos.
c. Vibradores de mesa.
d. No se utilizan vibradores.

CUESTIÓN 207. La estructura auxiliar que sirve para el soporte adicional o para el refuerzo de una estructura ya construida se denomina:

a. Apuntalamiento.
b. Cimbra.
c. Apeo.
d. Andamio.

CUESTIÓN 208. Una escalera de acceso, considerada como una estructura auxiliar y desmontable, pertenece al grupo de:

a. Los apeos.
b. Los andamios.
c. Las cimbras.
d. Los apuntalamientos.

CUESTIÓN 209. Indique cómo se llama el elemento de un apeo que convierte la carga puntual en una carga repartida hacia el soporte resistente:

a. Sopanda.

b. Durmiente.

c. Pie derecho.

d. Tornapuntas.

CUESTIÓN 210. Un sistema de apeo que permite sustituir aquellos elementos de una estructura afectados por daños, se denomina:

a. Sistema de apeo supletorio.

b. Sistema de apeo complementario.

c. Sistema de apeo permanente.

d. Sistema de apeo transitorio.

CUESTIÓN 211. Cuando se ejecuta un estabilizador de fachada, la vinculación del nuevo edificio de manera segura a la antigua fachada se realiza inmediatamente después de:

a. Calado de forjados y tabiques para permitir el paso de elementos de apeo.

b. Implementación de apuntalamientos y consolidaciones específicas según el estado de la fachada.

c. Demolición del interior del edificio antiguo.

d. Construcción de la estructura de sustentación de la fachada.

CUESTIÓN 212. Para obtener un profundo conocimiento previo de los elementos afectados por el apeo de fachada, es importante el siguiente aspecto esencial:

a. Características constructivas de la fachada y su relación con el resto del edificio.

b. Estado de conservación y posibles daños.

c. Estudio del suelo y subsuelo donde se asentará el apeo.

d. Todas las anteriores son correctas.

CUESTIÓN 213. ¿Cuál es la recomendación para contrarrestar el empuje horizontal en la base en el caso de un muro socavado?

a. Utilizar tirafondos.

b. Colocar puntales telescópicos.

c. Excavar en el terreno y colocar un durmiente.

d. Asegurar con pasadores y cabezas de los tirantes.

CUESTIÓN 214. ¿Cuál es una precaución importante al ajustar las cuñas durante la ejecución de un apeo?

a. Ajustarlas rápidamente para acelerar el proceso.

b. Ajustarlas con fuerza para asegurar una mayor estabilidad.

c. Ajustarlas lentamente para aplicar la carga gradualmente.

d. No ajustar las cuñas, ya que puede debilitar la estructura.

CUESTIÓN 215. ¿En qué tipo de terreno se puede utilizar una entibación de madera con tablas horizontales?

a. Terreno cohesivo que sea autoestable al excavar.

b. Arenas sueltas.

c. Lodazales.

d. Gravas arenosas.

CUESTIÓN 216. ¿Cómo se llama entibación que consiste en perfiles metálicos hincados verticalmente, entre los cuales se colocan tablones de madera para la contención del terreno?

a. Muro-pantalla.

b. Cajón de entibación.

c. Entibación con paneles metálicos.

d. Muro berlinés.

CUESTIÓN 217. ¿Cuánto debe sobresalir, como mínimo, las entibaciones mediante paneles metálicos de la coronación de una zanja o pozo?

a. No es necesario.

b. 15 cm.

c. 30 cm.

d. 100 cm.

CUESTIÓN 218. Una de las afirmaciones que siguen respecto a los sistemas de entibación con paneles de aluminio es correcta:

a. El sistema de cabeceros horizontales se instala con un solo operario y son útiles con suelos inestables.

b. El sistema de cabeceros horizontales se instala con una pequeña grúa y son útiles con suelos cohesivos.

c. El sistema de cabeceros verticales se instala con una retroexcavadora y son útiles con suelos inestables.

d. El sistema de cabeceros verticales se instala con un solo operario y son útiles con suelos cohesivos.

CUESTIÓN 219. Una de las afirmaciones que siguen respecto a los sistemas de entibación con guías de deslizamiento es incorrecta:

a. La entibación con guía de deslizamiento doble permite disponer más espacio libre en el fondo de la zanja que las de deslizamiento simple.

b. En las entibaciones con guía de deslizamiento simple no es necesario levantar todas las planchas, sino que primero se levantan las que van hasta el fondo por la guía interior.

c. En las entibaciones con guía de deslizamiento simple se introduce primero un marco formado por las dos guías y los codales.

d. En las entibaciones con guía de deslizamiento doble se ubican los paneles en la guía interior, se encarrila el otro marco-guía sobre estos paneles y se va excavando e introduciendo el conjunto hasta que entren los paneles superiores de la entibación.

CUESTIÓN 220. ¿Cuál de las siguientes afirmaciones sobre entibaciones no es correcta?

a. La entibación con tablas horizontales se realiza hincando previamente a la excavación los cabeceros verticales con la ayuda de una maza.

b. Una entibación se denomina semicuajada cuando las tablas (tablero) cubren el 50 % de las paredes de la excavación.

c. Cuando el terreno presenta la suficiente cohesión para ser autoestable durante la excavación, es más aconsejable llevar a cabo la entibación con tablas (tablero) horizontales y cabeceros verticales.

d. Cuando el terreno no presenta la suficiente cohesión o no se tiene garantía de ello, es más aconsejable llevar a cabo la entibación con tablas (tablero) verticales y cabeceros horizontales.

CUESTIÓN 221. Los andamios tubulares también se denominan:

a. Andamios colgantes.
b. Andamios europeos.
c. Andamios de plataforma elevadora.
d. Andamios multidireccionales.

CUESTIÓN 222. Un andamio usado para la rehabilitación de fachadas, tendría una carga concentrada en un área de 500 × 500 mm² de:

a. 1,50 kN.
b. 2,00 kN.
c. 3,00 kN.
d. 5,00 kN.

CUESTIÓN 223. La distancia máxima permitida entre los puntos de apoyo de un andamio de borriquetas es:

a. 2,50 m.
b. 3,50 m.
c. 5,00 m.
d. 7,00 m.

CUESTIÓN 224. Indique aquello que no debe realizarse en un andamio de borriquetas por motivos de seguridad:

a. Montar andamios de borriquetas sobre andamios colgados.
b. Distribuir las cargas de forma uniforme sobre la plataforma de trabajo.
c. Evitar tablones con nudos o imperfecciones.
d. No pintar los tablones usados como plataforma.

CUESTIÓN 225. Según la norma UNE-EN 1004-1, ¿cuál es la carga uniformemente distribuida para la clase de carga 3 de las torres móviles?

a. 1,50 kN/m².
b. 3,00 kN/m².
c. 2,00 kN/m².
d. 0,75 kN/m².

CUESTIÓN 226. ¿Cuál es la altura máxima típica de las torres de trabajo móviles cuando se utilizan en exteriores, teniendo en cuenta las condiciones de viento?

a. 2,5 m.

b. 8 m.

c. 12 m.

d. 15 m.

CUESTIÓN 227. A falta de un cálculo en detalle, ¿cuál es, normalmente, la distancia máxima entre pies derechos para apuntalar un encofrado de madera para vigas de edificación?

a. 0,50 m.

b. 0,90 m.

c. 1,00 m.

d. 2,00 m.

CUESTIÓN 228. ¿Cómo se denominan los tableros horizontales que sirven de soporte para los extremos de las viguetas en el encofrado de una viga de borde?

a. Codales.

b. Riostras.

c. Barberos.

d. Sopanda.

CUESTIÓN 229. ¿Qué es lo único que no se puede eliminar al día siguiente del vertido del hormigón sobre un encofrado de madera de una viga colgada?

a. Puntales.

b. Codales.

c. Travesaños.

d. Largueros.

CUESTIÓN 230. Para sujetar los tableros enfrentados de un encofrado frente a la presión del hormigón fresco, se utilizan:

a. Costeros.

b. Estacas.

c. Separadores.

d. Latiguillos.

CUESTIÓN 231. Para calcular el empuje del hormigón fresco autocompactante sobre un encofrado, se utilizará:

a. Teoría granulostática de Martín Palanca.

b. Propuesta canadiense de Garner.

c. Ley hidrostática, con peso específico de 24 kN/m^3.

d. Propuesta de la Société de Diffusion des Techniques du Bâtiment et des Travaux Publiques.

CUESTIÓN 232. ¿Desde dónde se bombea el hormigón autocompactante en un encofrado?

a. Desde una altura superior a 2 m de caída libre del hormigón.

b. Desde una trampilla de cierre situada en la parte superior del encofrado.

c. Los hormigones autocompactantes no se bombean.

d. Desde una trampilla de cierre situada en la parte inferior del encofrado.

CUESTIÓN 233. De entre los siguientes, ¿qué tipo de encofrado perdido se usa en los forjados sanitarios en edificación?

a. Encofrado de polipropileno.

b. Encofrado de aluminio.

c. Encofrado de acero.

d. En los forjados sanitarios no se utilizan nunca encofrados perdidos.

CUESTIÓN 234. Una de las siguientes características no es propia de un encofrado de poliestireno expandido:

a. Se puede cortar con una sierra.

b. Es un mal aislante acústico.

c. Proporciona aislamiento térmico.

d. Se pueden clavar en él las armaduras y sus separadores.

CUESTIÓN 235. ¿Qué nombre recibe el andamio que se apoya mediante barras en la pared del edificio cuando la superficie del suelo no permite la instalación de un sistema de andamios regular?

a. Andamio de borriquetas.

b. Andamio colgado.

c. Andamio de agujas.

d. Andamio de plataforma elevadora.

CUESTIÓN 236. Una de las siguientes características no corresponde con una prelosa armada empleada en los forjados de edificación:

a. Sirven para losas de hasta 100 cm de espesor.

b. El espesor de la prelosa varía entre 6 y 20 cm.

c. Presentan armaduras básicas electrosoldadas en celosía.

d. Presenta una cara superior rugosa para garantizar la buena adherencia con el hormigón vertido *in situ*.

CUESTIÓN 237. Las losas de encofrado perdido entre vigas en un puente:

a. Permiten la creación de voladizos en el exterior de las vigas laterales.

b. Tienen un espesor típico de 15 cm.

c. Solo pueden ser de hormigón armado o pretensado.

d. Se pueden utilizar entre vigas doble T o vigas artesa.

CUESTIÓN 238. Una de las siguientes características no es propia de un encofrado de plástico reforzado con fibra de vidrio:

a. Se puede aplicar la resina con una pistola pulverizadora.

b. Presenta problemas de herrumbre y corrosión.

c. Es posible eliminar las juntas y marcas que suelen presentarse en otros encofrados.

d. En su fabricación requiere de un control preciso de la temperatura y la humedad.

CUESTIÓN 239. El Código Estructural solo permite el uso de encofrados de aluminio en este caso:

- a. Los encofrados de aluminio se usan sin ningún problema.
- b. Se debe proporcionar a la dirección facultativa de un certificado de que los paneles han sido sometidos a un tratamiento de protección superficial.
- c. La empresa constructora emite un certificado que garantiza la seguridad en el uso del encofrado de aluminio.
- d. Solo permite el uso de encofrados de aluminio en climas muy secos.

CUESTIÓN 240. La duración promedio de usos de un encofrado de acero usado para elementos prefabricados es:

- a. De 10 a 50 usos.
- b. De 50 a 500 usos.
- c. De 1000 a 2000 usos.
- d. De 500 a 1000 usos.

CUESTIÓN 241. Indique en qué elemento existe una mayor absorción de desencofrante:

- a. Nudos de la madera.
- b. Contrachapado fenólico.
- c. Tablas de madera ya usadas.
- d. Tablas de madera nuevas.

9.1 Respuestas

RESPUESTA 1	d.	RESPUESTA 23	c.	RESPUESTA 45	b.
RESPUESTA 2	b.	RESPUESTA 24	a.	RESPUESTA 46	b.
RESPUESTA 3	d.	RESPUESTA 25	c.	RESPUESTA 47	a.
RESPUESTA 4	b.	RESPUESTA 26	b.	RESPUESTA 48	a.
RESPUESTA 5	c.	RESPUESTA 27	c.	RESPUESTA 49	a.
RESPUESTA 6	b.	RESPUESTA 28	d.	RESPUESTA 50	b.
RESPUESTA 7	b.	RESPUESTA 29	a.	RESPUESTA 51	c.
RESPUESTA 8	a.	RESPUESTA 30	b.	RESPUESTA 52	d.
RESPUESTA 9	b.	RESPUESTA 31	a.	RESPUESTA 53	d.
RESPUESTA 10	b.	RESPUESTA 32	b.	RESPUESTA 54	b.
RESPUESTA 11	d.	RESPUESTA 33	b.	RESPUESTA 55	c.
RESPUESTA 12	c.	RESPUESTA 34	b.	RESPUESTA 56	d.
RESPUESTA 13	a.	RESPUESTA 35	a.	RESPUESTA 57	b.
RESPUESTA 14	b.	RESPUESTA 36	d.	RESPUESTA 58	d.
RESPUESTA 15	a.	RESPUESTA 37	b.	RESPUESTA 59	b.
RESPUESTA 16	b.	RESPUESTA 38	a.	RESPUESTA 60	a.
RESPUESTA 17	c.	RESPUESTA 39	c.	RESPUESTA 61	a.
RESPUESTA 18	d.	RESPUESTA 40	b.	RESPUESTA 62	c.
RESPUESTA 19	c.	RESPUESTA 41	c.	RESPUESTA 63	c.
RESPUESTA 20	a.	RESPUESTA 42	c.	RESPUESTA 64	c.
RESPUESTA 21	a.	RESPUESTA 43	b.	RESPUESTA 65	a.
RESPUESTA 22	b.	RESPUESTA 44	b.	RESPUESTA 66	d.

RESPUESTA 67	b.	RESPUESTA 90	c.	RESPUESTA 113	a.
RESPUESTA 68	b.	RESPUESTA 91	b.	RESPUESTA 114	c.
RESPUESTA 69	c.	RESPUESTA 92	c.	RESPUESTA 115	c.
RESPUESTA 70	d.	RESPUESTA 93	a.	RESPUESTA 116	c.
RESPUESTA 71	d.	RESPUESTA 94	c.	RESPUESTA 117	b.
RESPUESTA 72	d.	RESPUESTA 95	c.	RESPUESTA 118	b.
RESPUESTA 73	a.	RESPUESTA 96	b.	RESPUESTA 119	c.
RESPUESTA 74	a.	RESPUESTA 97	b.	RESPUESTA 120	d.
RESPUESTA 75	d.	RESPUESTA 98	a.	RESPUESTA 121	c.
RESPUESTA 76	b.	RESPUESTA 99	c.	RESPUESTA 122	a.
RESPUESTA 77	b.	RESPUESTA 100	c.	RESPUESTA 123	a.
RESPUESTA 78	d.	RESPUESTA 101	a.	RESPUESTA 124	d.
RESPUESTA 79	c.	RESPUESTA 102	b.	RESPUESTA 125	c.
RESPUESTA 80	c.	RESPUESTA 103	b.	RESPUESTA 126	d.
RESPUESTA 81	c.	RESPUESTA 104	a.	RESPUESTA 127	d.
RESPUESTA 82	d.	RESPUESTA 105	b.	RESPUESTA 128	b.
RESPUESTA 83	a.	RESPUESTA 106	c.	RESPUESTA 129	b.
RESPUESTA 84	c.	RESPUESTA 107	d.	RESPUESTA 130	d.
RESPUESTA 85	d.	RESPUESTA 108	c.	RESPUESTA 131	d.
RESPUESTA 86	a.	RESPUESTA 109	a.	RESPUESTA 132	b.
RESPUESTA 87	c.	RESPUESTA 110	c.	RESPUESTA 133	d.
RESPUESTA 88	b.	RESPUESTA 111	d.	RESPUESTA 134	a.
RESPUESTA 89	c.	RESPUESTA 112	a.	RESPUESTA 135	c.

RESPUESTA 136	d.	RESPUESTA 159	d.	RESPUESTA 182	a.
RESPUESTA 137	c.	RESPUESTA 160	b.	RESPUESTA 183	a.
RESPUESTA 138	c.	RESPUESTA 161	a.	RESPUESTA 184	c.
RESPUESTA 139	b.	RESPUESTA 162	a.	RESPUESTA 185	b.
RESPUESTA 140	b.	RESPUESTA 163	b.	RESPUESTA 186	d.
RESPUESTA 141	c.	RESPUESTA 164	d.	RESPUESTA 187	c.
RESPUESTA 142	d.	RESPUESTA 165	b.	RESPUESTA 188	b.
RESPUESTA 143	b.	RESPUESTA 166	c.	RESPUESTA 189	d.
RESPUESTA 144	c.	RESPUESTA 167	c.	RESPUESTA 190	b.
RESPUESTA 145	d.	RESPUESTA 168	b.	RESPUESTA 191	b.
RESPUESTA 146	b.	RESPUESTA 169	a.	RESPUESTA 192	c.
RESPUESTA 147	c.	RESPUESTA 170	b.	RESPUESTA 193	d.
RESPUESTA 148	b.	RESPUESTA 171	c.	RESPUESTA 194	a.
RESPUESTA 149	a.	RESPUESTA 172	b.	RESPUESTA 195	b.
RESPUESTA 150	a.	RESPUESTA 173	c.	RESPUESTA 196	a.
RESPUESTA 151	c.	RESPUESTA 174	d.	RESPUESTA 197	b.
RESPUESTA 152	d.	RESPUESTA 175	d.	RESPUESTA 198	a.
RESPUESTA 153	a.	RESPUESTA 176	c.	RESPUESTA 199	a.
RESPUESTA 154	b.	RESPUESTA 177	d.	RESPUESTA 200	a.
RESPUESTA 155	a.	RESPUESTA 178	c.	RESPUESTA 201	b.
RESPUESTA 156	d.	RESPUESTA 179	c.	RESPUESTA 202	b.
RESPUESTA 157	d.	RESPUESTA 180	a.	RESPUESTA 203	d.
RESPUESTA 158	d.	RESPUESTA 181	c.	RESPUESTA 204	a.

RESPUESTA 205	b.	RESPUESTA 218	d.	RESPUESTA 231	c.
RESPUESTA 206	d.	RESPUESTA 219	b.	RESPUESTA 232	d.
RESPUESTA 207	a.	RESPUESTA 220	a.	RESPUESTA 233	a.
RESPUESTA 208	b.	RESPUESTA 221	b.	RESPUESTA 234	b.
RESPUESTA 209	b.	RESPUESTA 222	c.	RESPUESTA 235	a.
RESPUESTA 210	a.	RESPUESTA 223	b.	RESPUESTA 236	b.
RESPUESTA 211	b.	RESPUESTA 224	a.	RESPUESTA 237	a.
RESPUESTA 212	d.	RESPUESTA 225	c.	RESPUESTA 238	b.
RESPUESTA 213	c.	RESPUESTA 226	b.	RESPUESTA 239	b.
RESPUESTA 214	c.	RESPUESTA 227	b.	RESPUESTA 240	c.
RESPUESTA 215	a.	RESPUESTA 228	c.	RESPUESTA 241	d.
RESPUESTA 216	d.	RESPUESTA 229	a.		
RESPUESTA 217	b.	RESPUESTA 230	d.		

10

Problemas resueltos

PROBLEMA 1. Para apoyar una torre portante de una cimbra tubular utilizada en la ejecución de un paso superior de un puente se utilizan elementos de madera rectangulares apilados. La altura de los elementos apilados es de 40 cm. Indique la dimensión mínima que debe de tener la base para considerar que este elemento apilado funciona como un punto de apoyo horizontal arriostrado. Se estima que la fuerza horizontal que llega al apoyo es un 15 % de la fuerza vertical.

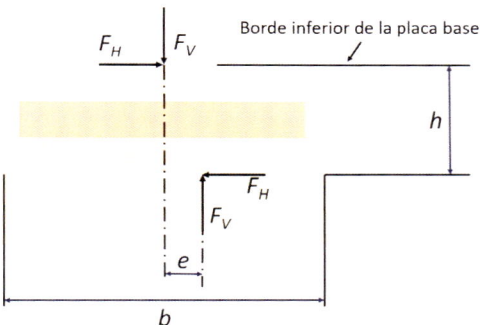

Solución:

Se aplica lo dispuesto en la norma UNE-EN 12812:2008 *W*. Según esta norma, la máxima excentricidad de la carga debe ser inferior a un sexto de la base y la altura total de los elementos apilados inferior a 40 cm.

$$ e = \frac{F_H \cdot h}{F_V} \leq \frac{b}{6} \qquad h \leq 40 \, cm $$

Aunque sale una base de 36 cm, dicha base debe tener una dimensión mínima del doble de la altura *h* (según NTP-1069) y, por tanto, debe ser de 80 cm.

PROBLEMA 2. Una cimbra tubular metálica se encuentra apoyada sobre un tablón de madera. Uno de los apoyos de la torre presenta un esfuerzo de cálculo normal al plano de deslizamiento de 30 kN y un esfuerzo de cálculo paralelo al plano de apoyo que conduce al deslizamiento de 15 kN. Se quiere averiguar si es suficiente la resistencia a la fricción sin necesidad de contar con un dispositivo mecánico que colabore con la fricción. Para ello se utilizará lo dispuesto en la norma UNE-EN:12812.

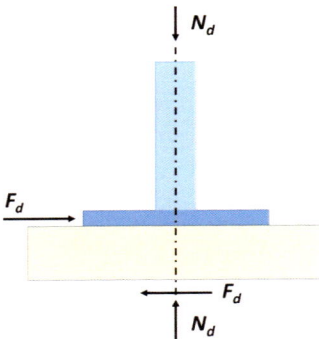

Solución:

Para que la resistencia a fricción $R_{f,d}$ sea suficiente, debe superar al valor de cálculo de la fuerza paralela al plano de apoyo que conduce al deslizamiento, F_d

$$F_d \leq R_{f,d}$$

$R_{f,d}$ se calcula de la siguiente forma:

$$R_{f,d} = \frac{\mu}{\gamma_\mu} \cdot N_d + R_{m,d,i}$$

donde:

F_d es el valor de cálculo de la fuerza paralela al plano de apoyo que conduce al deslizamiento.

N_d es la fuerza de cálculo normal al plano de deslizamiento.

$R_{m,d,i}$ es el valor de cálculo de la resistencia del dispositivo mecánico.

γ_μ es el coeficiente de seguridad parcial de rozamiento cuyo valor es 1,3.

μ es el coeficiente de rozamiento mínimo.

Los coeficientes de rozamiento dependen de la combinación de materiales. En la norma UNE-EN 12812 se sugieren algunos valores que pueden modificarse si se disponen de datos más reales realizados por experimentación para un caso particular.

Se considera un coeficiente de rozamiento mínimo de 0,5 (según la UNE EN:12812). El coeficiente de seguridad parcial de rozamiento se considera 1,3.

Sin contar con ningún dispositivo mecánico, $R_{f,d}$ = 11,538 kN

Por tanto, se necesita un dispositivo mecánico capaz de soportar un valor de cálculo de 15,000 − 11,538 kN = 3,462 kN.

PROBLEMA 3. Estimar el plazo de descimbrado de una estructura atendiendo al método propuesto en los comentarios del Artículo 53.2 del Código Estructural. Para ello se considera que se ha utilizado en la fabricación del hormigón un cemento Portland y el endurecimiento se ha realizado en condiciones ordinarias. Se supone que la carga que actúa en el momento de descimbrar (incluido el peso propio) es de 45 kN y que la carga total que actuará posteriormente es de 65 kN. Suponemos una temperatura media hasta el descimbrado de 18 °C. ¿Qué pasaría si descimbrásemos en invierno, con una temperatura media de 5 °C?

Solución:

El plazo mínimo de descimbrado depende de la evolución de la resistencia, del módulo de deformación, de las condiciones de curado, de las características de la estructura y de la relación entre la carga muerta y la carga actuante en el momento del descimbrado. Esta operación comienza quitando los puntales de las zonas más deformables del forjado (extremo de los voladizos y centros de vano) para continuar hacia los apoyos. Esto se hace para no cargar más de lo previsto y que se deforme el forjado de forma brusca. Los comentarios al Artículo 53.2 del Código Estructural proponen determinar el plazo de descimbrado utilizando la siguiente expresión, basada en el concepto de madurez del hormigón (edad equivalente entre dos hormigones dependiente del tiempo y de la temperatura). Esta fórmula solo se aplica a elementos de hormigón armado fabricados con cementos Portland sin adiciones, suponiendo que el endurecimiento se haya realizado en condiciones ordinarias:

$$j = \frac{400}{\left(\dfrac{Q}{G} + 0,5\right) \cdot (T + 10)}$$

donde:

Q   es la diferencia entre la carga que actúa en situación de proyecto y la carga que actúa en una determinada fase constructiva.

G   es la carga que actúa en una determinada fase de construcción (en el momento de descimbrar), incluido el peso propio y la carga transmitida procedente de forjados cimbrados sobre el elemento a estudiar.

T es la temperatura media en °C de las máximas y mínimas diarias durante los j días.

J es el número de días desde el hormigonado hasta el descimbrado.

En este caso, Q = 65-45 = 20 kN; G = 45 kN. El plazo es j = 15,13 días. Por tanto, se podría descimbrar a los 16 días del hormigonado.

PROBLEMA 4. Se quiere conocer el plazo necesario para descimbrar un forjado unidireccional de 30 cm de espesor, cuyo peso propio es de 4,0 kN/m². La resistencia característica a compresión del hormigón es de 25 N/mm², elaborado con un cemento de endurecimiento normal CEM 42.5 R, siendo el control de ejecución normal (γ'_{fg} = 1,35). El coeficiente de mayoración de las acciones de proyecto es γ_{fg} = 1,50. Se considera una sobrecarga de construcción de 1,00 kN/m² y una sobrecarga de uso de 3,00 kN/m². Se pide determinar, siguiendo la metodología de Alvarado et al (2005), lo siguiente:

a.   Resistencia a compresión mínima del hormigón en el momento de desencofrar.

b.   Plazo necesario para descimbrar suponiendo una temperatura ambiente de 20 °C. Se usará la curva que se aporta.

c.   Determinar el plazo de descimbrado utilizando los comentarios del Artículo 53.2 del Código Estructural.

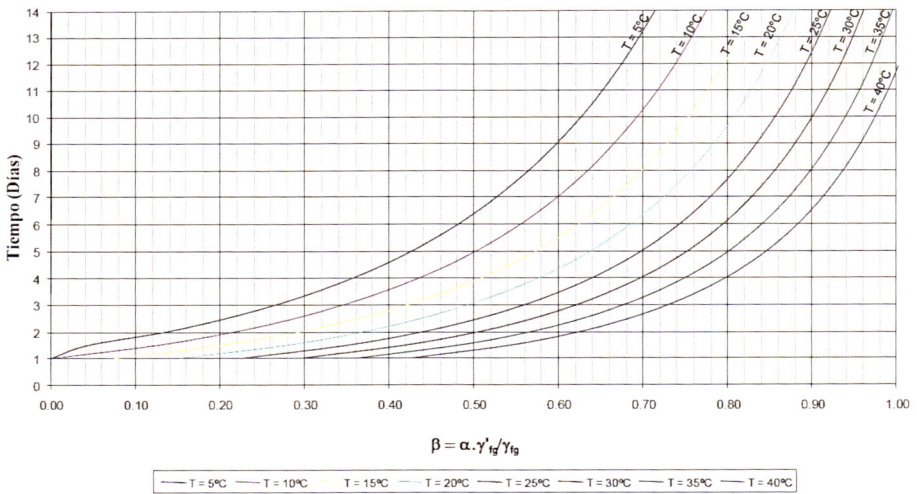

Curvas para determinar el plazo de descimbrado para un hormigón de 25 MPa y cemento de endurecimiento normal (Alvarado *et al.*, 2005).

Solución:

Acciones en construcción: 4,00 + 1,00 = 5,00 kN/m²

Acciones en servicio: 4,00 + 3,00 = 7,00 kN/m²

$$\beta = \frac{5,00}{7,00} \cdot \frac{1,35}{1,50} = 0,643$$

a. $f_{ck,j} \geq \beta^{1,07} \cdot f_{ck,28}$ = 15,582 N/mm².
b. Atendiendo a la gráfica, el plazo de descimbrado es de 5 días.
c. Aplicando los comentarios del Artículo 53.2 del Código Estructural, vamos a 15 días.

$$j = \frac{400}{\left(\frac{Q}{G} + 0,5\right) \cdot (T + 10)}$$

Si se emplea la tabla de los comentarios del Artículo 53.2 del Código Estructural, para una temperatura superficial del hormigón de 20 °C y para eliminar los puntales de la losa, serían necesarios 8 días.

Temperatura superficial del hormigón (°C)		≥ 24	16	8	2
Encofrado vertical		9 horas	12 horas	18 horas	30 horas
Losas	Fondos de encofrado	2 días	3 días	5 días	8 días
	Puntales	7 días	9 días	13 días	20 días
Vigas	Fondos de encofrado	7 días	9 días	13 días	20 días
	Puntales	10 días	13 días	18 días	28 días

PROBLEMA 5. Calcular la presión máxima P_m, la profundidad a la que se alcanza P_m/γ y la componente horizontal total F_h del empuje del hormigón fresco por metro lineal de un muro de 5 m de altura, 0,50 m de ancho, de un peso específico γ = 24 kN/m³, un tamaño máximo de árido de 63 mm, un cono de Abrams de 120 mm, cemento Portland normal, sin retardantes, una temperatura de 15 °C y una altura del vibrador interno de 0,50 m para una velocidad de llenado de 3 m/h. Se utilizará la norma DIN-18218. ¿Cuánto sería la máxima presión si la temperatura ambiente exterior fuera de 10 °C, no se considera aislamiento térmico en el encofrado, y además se utiliza un retardante que provoca un retardo de 5 horas en el fraguado?

Solución:

Para aplicar las fórmulas empíricas proporcionadas por la norma DIN-18218, que son razonables hasta alturas de 5 m, se deben de cumplir las siguientes hipótesis:

- ▶ Tamaño máximo de árido de 63 mm.
- ▶ Encofrados verticales con una desviación máxima de $\pm 5°$ respecto a la vertical.
- ▶ Peso específico del hormigón $\gamma = 25$ kN/m³.
- ▶ Temperatura de hormigonado: 15 °C.
- ▶ Tiempo de fraguado máximo de 5 horas.
- ▶ Velocidad máxima de ascenso del hormigón: $V \leq 7$ m/h.

Como el peso específico del hormigón fresco γ es diferente de 25 kN/m³, se corrige la presión multiplicándola por $\gamma/25$.

Según se muestra en la figura, la norma DIN considera una ley de empujes hidrostática hasta un valor de presión máxima P_m, a partir de donde se considera un empuje constante. A una profundidad de $5V$ (siendo V la velocidad ascendente del hormigón en m/h) la presión máxima desaparece al considerarse que el hormigón ya ha fraguado lo suficiente como para no empujar. Esta profundidad es muy importante para trabajar con encofrados deslizantes.

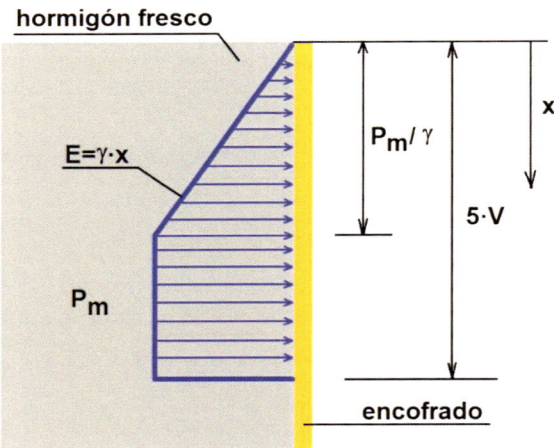

La presión máxima P_m se puede obtener de la tabla siguiente. Para el caso de pilares, la presión máxima P_m no sobrepasará el valor de 100 kN/m². Si se trata de muros, no excederá de 80 kN/m². En ambos casos, tampoco será P_m mayor a la presión hidrostática $25H$ kN/m².

Presión máxima P_m del hormigón fresco (DIN-18218).

Consistencia	Cono de Abrams (mm)	P_m (kN/m²)
Seca	0-20	$5V + 21$
Plástica	30-50	$10V + 19$
Blanda	60-90	$14V + 18$
Fluida	100-150	$17V + 17$

Por tanto,

$$P_m = 17 \cdot V + 17 = 17 \cdot 3 + 17 = 68 \; kN/m^2$$

Sin embargo, debemos corregir esta presión debido a que el peso específico del hormigón no se corresponde con γ = 25 kN/m³, es decir:

$$P'_m = 68 \cdot \frac{\gamma}{25} = 68 \cdot \frac{24}{25} = 65{,}28 \frac{kN}{m^2} < 80 \; kN/m^2$$

Asimismo, este valor tampoco excede de la presión hidrostática:

$$P'_m = 65{,}28 \frac{kN}{m^2} < 25 \cdot \frac{24}{25} \cdot H = 24 \cdot 5 = 120 \; kN/m^2$$

La profundidad a la que se alcanza esta presión máxima será la siguiente:

$$\frac{P'_m}{\gamma} = \frac{65{,}28}{24} = 2{,}72 \; m$$

La componente de la fuerza horizontal será la siguiente:

$$F_h = \frac{1}{2} \cdot 2{,}72^2 \cdot 24 + 65{,}28 \cdot \left(5 - 2{,}72\right) = 237{,}62 \; kN/m$$

Si se hubiera calculado la presión como hidrostática, estaríamos sobrevalorando la presión. En efecto:

$$P_{hidrostática} = \frac{1}{2} \cdot 5^2 \cdot 24 = 300{,}00 \; kN/m$$

Es decir, que el empuje horizontal es, en este caso, el 79,21 % del hidrostático.

La presión máxima se modifica en función de la temperatura del hormigón fresco. Así, para temperaturas por encima de 15 °C, se podrá reducir a presión un 3 % por cada grado, sin pasarse de un 30 % y siempre que la temperatura del hormigón permanezca constante. Para temperaturas inferiores a 15 °C, se aumentará la presión un 3 % por cada grado. Si la temperatura exterior es inferior a 15 °C y no hay aislamiento térmico, hay que considerar un aumento de la presión de un 3 % por cada grado, independientemente de la temperatura interna del hormigón.

En el caso de que la temperatura ambiente exterior es de 10 °C y no se considere aislamiento térmico en el encofrado, entonces se debe aumentar la presión máxima en un 15 %, es decir:

$$P_m^* = 65,28 \cdot 1,15 = 75,07 \frac{kN}{m}$$

Si además, se ha utilizado un retardante, entonces la presión del hormigón fresco se multiplica por los factores indicados en la tabla siguiente. Esta tabla sólo sirve para alturas de hormigonado inferiores a 10 m.

Influencia de los retardadores en el empuje del hormigón fresco (DIN-18218).

Consistencia	Cono de Abrams (mm)	Coeficientes de fraguado para un retardo de	
		5 horas	15 horas
Seca	0-20	1,15	1,45
Plástica	30-50	1,25	1,80
Blanda-Fluida	60-150	1,40	2,15

Por tanto, la presión máxima considerando la temperatura ambiente exterior de 10 °C y un retardo de 5 horas, sería:

$$P_m^{**} = 75,07 \cdot 1,40 = 105,10 \frac{kN}{m}$$

PROBLEMA 6. Calcular la presión máxima P_m, la profundidad a la que se alcanza P_m/γ y la componente horizontal total F_h del empuje del hormigón fresco por metro lineal de un muro de 5 m de altura, 0,50 m de ancho, de un peso específico γ = 24 kN/m³, un tamaño máximo de árido de 63 mm, un cono de Abrams de 120 mm, cemento Portland normal, sin retardantes, una temperatura de 15 °C y una altura del vibrador interno de 0,50 m para una velocidad de llenado de 3 m/h. Se utilizará la norma UNE 18201:2022. ¿Cuánto sería la máxima presión si la temperatura ambiente exterior fuera de 10 °C, no se considera aislamiento térmico en el encofrado?

Solución:

Las hipótesis contempladas por la norma española UNE 18201:2022 son las siguientes:

▶ Hormigón convencional, colocado en obra de modo habitual (llenando el encofrado vertiendo el hormigón sin presión y empleando vibración interior aplicada a las sucesivas tongadas para su compactación).

▶ Tamaño máximo de árido de 63 mm.

▶ Encofrados verticales con una desviación máxima de ±5° respecto a la vertical.

▶ Peso específico del hormigón γ, en el rango del hormigón ligero, convencional (25 kN/m³) o de alta resistencia (26 kN/m³).

▶ Valor del asiento del cono de Abrams ≤ 12 cm.

▶ Temperatura del hormigón fresco durante su colocación en obra: 15 °C.

▶ Temperatura ambiente durante la colocación del hormigón en obra: 15 °C.

▶ Tiempo de fraguado máximo de 10 horas.

▶ Velocidad máxima de ascenso del hormigón: $V \leq 7$ m/h.

▶ Vibración interna, mediante vibradores de aguja.

La presión del hormigón es hidrostática hasta una profundidad límite, en la que se estabiliza. La presión límite se mantiene si el encofrado no ha sido liberado y se anula la presión si el encofrado se ha liberado.

Con dichas hipótesis, la norma UNE 18201 proporciona una tabla de valores límite en función de la velocidad de vertido V (m/h) y del tiempo de fraguado (desde que se produce el primer contacto entre el agua y el cemento, hasta que finaliza el fraguado). El tiempo de fraguado no supera las 10 h en el caso de un hormigón de fraguado normal, ni las 7 h en el caso de un hormigón de fraguado rápido. En la tabla se pueden interpolar los valores.

Profundidad límite del hormigón fresco, en metros (UNE 18201).

V (m/h)	Tiempo fraguado ≤ 10 h	Tiempo fraguado ≤ 7 h
1,50	2,90	2,20
3,00	4,65	3,45
6,00	8,15	6,10

En el caso que nos ocupa, la profundidad límite es de h_s = 4,65 m.

La presión máxima se conseguirá a dicha profundidad, siendo la siguiente:

$$P_s = \gamma \cdot h_s = 24 \cdot 4{,}65 = 111{,}6 \, kN/m^2$$

La componente de la fuerza horizontal será la siguiente:

$$F_h = \frac{1}{2} \cdot 4{,}65^2 \cdot 24 + 111{,}6 \cdot (5 - 4{,}65) = 298{,}53 \; kN/m$$

Si se hubiera calculado la presión como hidrostática, estaríamos sobrevalorando la presión. En efecto:

$$P_{hidrostática} = \frac{1}{2} \cdot 5^2 \cdot 24 = 300{,}00 \; kN/m$$

Es decir, que el empuje horizontal es, en este caso, el 99,51 % del hidrostático.

Cuando la temperatura del hormigón fresco durante su colocación en obra es mayor de 15 °C el valor obtenido de h_s se reduce en un 3 % por cada grado que dicha temperatura supera 15 °C, sin que dicha reducción pueda superar el 30 % de dicho valor.

La presión máxima se modifica en función de la temperatura del hormigón fresco. Cuando la temperatura del hormigón fresco sea menor de 15 °C, o cuando la temperatura ambiente provoque que, durante el tiempo de fraguado, la temperatura del hormigón sea menor de 15 °C, el valor obtenido de h_s debe incrementarse en un 3 % por cada grado. Asimismo, la norma establece, del lado de la seguridad, que no es necesario introducir corrección alguna cuando la temperatura ambiente pueda originar que la temperatura del hormigón vertido sea mayor de 15 °C.

En el caso de que la temperatura ambiente exterior es de 10 °C y no se considere aislamiento térmico en el encofrado, entonces se debe aumentar h_s en un 15 %, es decir:

$$h_s^* = 4{,}65 \cdot 1{,}15 = 5{,}35 \; m$$

Como esta altura supera los 5 m del muro, la presión que se considera es la hidrostática, es decir, 300,00 kN/m.

PROBLEMA 7. Calcular la presión máxima P_m, la profundidad a la que se alcanza P_m/γ y la componente horizontal total F_h del empuje del hormigón fresco por metro lineal de un muro de 5 m de altura, 0,50 m de ancho, de un peso específico $\gamma = 24$ kN/m³, un cono de Abrams de 120 mm, cemento Portland normal, sin retardantes, una temperatura de 15 °C y una altura del vibrador interno de 0,50 m para una velocidad de llenado de 3 m/h. Se utilizará la norma ACI-347.

Solución:

Esta norma americana supone un cono de Abrams máximo de 175 mm y compactación mediante vibración interna con una profundidad máxima de 1,2 m.

Se considera una ley inicialmente hidrostática hasta un valor de presión máxima P_m, que a partir de entonces permanece constante. En el cáculo es necesario conocer la velocidad ascendente del hormigonado V (m/h), la temperatura de fraguado del hormigón T (°C) y la altura del encofrado H (m) (para los límites de presión máxima).

En columnas o muros, con $V < 2,1$ m/h y $H < 4,2$ m

$$P_m\left(\frac{kN}{m^2}\right) = C_W \cdot C_C \cdot (7,2 + \frac{785\,V}{17,8 + T})$$

En muros, si $V < 2,1$ m/h y $H > 4,2$ m o bien si $2,1$ m/h $< V < 4,5$ m/h

$$P_m\left(\frac{kN}{m^2}\right) = C_W \cdot C_C \cdot (7,2 + \frac{1156 + 244\,V}{17,8 + T})$$

Si $V > 4,5$ m/h, la ley de presiones es hidrostática debido a la alta velocidad ascensional del hormigón.

En todos los casos, la máxima presión lateral debe ser mayor a $30 \cdot C_W$ (kN/m²), pero nunca mayor a la hidrostática. C_W es un coeficiente por unidad de peso y C_C es un coeficiente de composición química. Sus valores se muestran en las tablas siguientes.

Determinación del coeficiente por unidad de peso C_W (ACI 347, 2004).

Peso específico del hormigón (γ)	C_W
$\gamma < 21,97$ kN/m³	$0,5 \cdot [1+(\gamma/22,75)] \geq 0,80$
$21,97 \leq \gamma \leq 23,54$ kN/m³	$1,0$
$\gamma > 23,54$ kN/m³	$\gamma/22,75$

Determinación del coeficiente de composición química C_c (ACI 347, 2004).

Categoría	Tipo de cemento	C_c
1	Tipo I, Tipo II o Tipo III con cualquier aditivo excepto superplastificantes o retardadores o sin aditivos	1,0
2	Tipo I, Tipo II o Tipo III con superplastificantes o retardadores	1,2
3	Otros tipos de cementos compuestos: Tipo IV o Tipo V que contengan menos del 70 % de escoria de horno alto o menos del 40 % de cenizas volantes sin superplastificantes ni retardadores del fraguado	1,2
4	Otros tipos de cementos compuestos: Tipo IV o Tipo V que contengan menos del 70 % de escoria de horno alto o menos del 40 % de cenizas volantes con superplastificantes o retardadores del fraguado	1,4
5	Otros tipos de cementos compuestos: Tipo IV o Tipo V que contengan más del 70 % de escoria de horno alto o más del 40 % de cenizas volantes	1,4

En el caso que nos ocupa:

$$P_m = C_W \cdot C_C \cdot \left(7,2 + \frac{1156 + 244\,V}{17,8 + T}\right) = \frac{24}{22,75} \cdot 1 \cdot \left(7,2 + \frac{1156 + 244 \cdot 3}{17,8 + 15}\right) = 68,32\,kN/m^2$$

La profundidad a la que se alcanza esta presión máxima será la siguiente:

$$\frac{P_m}{\gamma} = \frac{68,32}{24} = 2,85\,m$$

La componente de la fuerza horizontal será la siguiente:

$$F_h = \frac{1}{2} \cdot 2,85^2 \cdot 24 + 68,32 \cdot (5 - 2,85) = 244,36\,kN/m$$

Si se hubiera calculado la presión como hidrostática, estaríamos sobrevalorando la presión. En efecto:

$$P_{hidrostática} = \frac{1}{2} \cdot 5^2 \cdot 24 = 300,00\,kN/m$$

Es decir, que el empuje horizontal es, en este caso, el 81,45 % del hidrostático.

PROBLEMA 8. Calcular la presión máxima P_m, la profundidad a la que se alcanza P_m/γ y la componente horizontal total F_h del empuje del hormigón fresco por metro lineal de un muro de 5 m de altura, 0,50 m de ancho, de un peso específico $\gamma = 23$ kN/m³, un cono de Abrams de 120 mm, cemento Portland normal, sin retardantes, una temperatura de 15 °C y una altura del vibrador interno de 0,50 m para una velocidad de llenado de 3 m/h. Emplea la teoría granulostática.

Solución:

También se puede calcular el empuje siguiendo. Según la teoría granulostática (Martín-Palanca, 1982), la ley de empujes se compone de varios tramos: presión hidrostática, presión granulostática y el límite de empuje. También existe una zona de transición entre los dos primeros tramos.

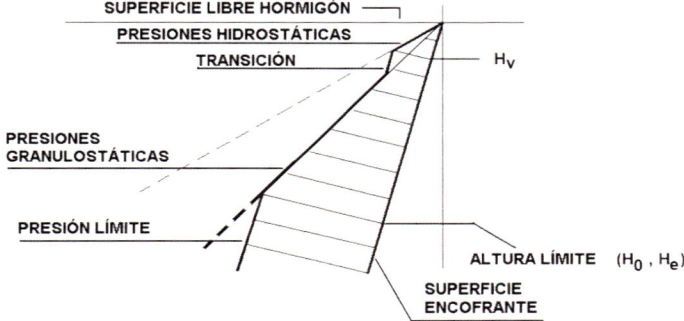

Empuje del hormigón fresco (Martín Palanca, 1982).

Los valores se calculan de la siguiente forma:

$$Presión\ hidrostát\ ica = \ \gamma \cdot H_v$$

$$Presión\ granulostática = \ K_a \cdot \gamma \cdot h$$

$$Presión\ límite = \ K_a \cdot \gamma \cdot min\left(H_e, H_0\right)$$

Con esta teoría, resulta sorprendente comprobar que en la presión límite no se ha considerado la velocidad de hormigonado, salvo para el cálculo de H_0. Por tanto, se recomienda precaución para velocidades de llenado rápido. En estas expresiones las nuevas variables que aparecen son las siguientes: h_v es la altura de hormigón en vibración y h es la altura total de hormigón.

El coeficiente empuje activo del hormigón K_a, se puede expresar en función de la inclinación del parámetro encofrante α respecto a la vertical y el talud natural del hormigón β. Se comprueba que el empuje es mayor si el hormigón gravita sobre el encofrado (α>0). Si el paramento es vertical, entonces α=0, y si el paramento encofrante gravita sobre el hormigón α<0. El coeficiente de empuje activo, que modificaría la presión hidrostática del hormigón, sería:

$$K_a = \frac{1 + \sin(\alpha - \beta)}{1 + \sin(\alpha + \beta)}$$

El ángulo de talud natural del hormigón se calcula como sigue, siendo *a* el asiento de cono de Abrams en mm:

$$tag\,\beta = \frac{260 - a}{1400}$$

Con esta teoría, el peso específico del hormigón considerado γ es de 23 kN/m³ en parámetros con inclinación menor de 45° respecto a la vertical y 25 kN/m³ para el resto de los casos.

El efecto silo se considera con la profundidad límite H_e (en metros), que puede calcularse de la siguiente forma:

$$H_e = 21000 \frac{43 - T}{(165 - a) \cdot (303 + a)} \cdot \frac{S}{1 + S/L}$$

T es la temperatura (°C); *S* es el espesor mínimo del encofrado (m); *L* es la longitud transversal del encofrado (m). Deberá ser L>S. En un muro, *S* es el espesor y *L* la longitud transversal.

Por otra parte, también se puede dar una profundidad límite en función del endurecimiento, a través de la profundidad H_0. Se calcula de la siguiente forma:

$$H_0 = H_v + V \cdot t_f$$

V es la velocidad de hormigonado en obra (m/hora), mientras que el tiempo de endurecimiento (en horas) se calcula como sigue:

$$t_f = \frac{70 + 0,3a - 2T}{25 + T}$$

En el caso considerado, y siendo el asiento del cono de Abrams *a* = 120 mm, entonces:

$$tag\,\beta = \frac{260 - a}{1400} = \frac{260 - 120}{1400} = 0,1$$

Como el paramento es vertical, α=0 y β=5,7106°, por lo que

$$K_a = \frac{1 + \sin(\alpha - \beta)}{1 + \sin(\alpha + \beta)} = \frac{1 + \sin(-5,7106)}{1 + \sin(5,7106)} = 0,819$$

La profundidad límite H_e por el efecto silo es la siguiente:

$$H_e = 21000\frac{43 - T}{(165 - a) \cdot (303 + a)} \cdot \frac{S}{1 + S/L} = 21000\frac{43 - 15}{(165 - 120) \cdot (303 + 120)} \cdot \frac{0,50}{1 + 0,50/1} = 10,3 \; m$$

Si tomamos como longitud transversal del encofrado $L = 2$ m, entonces:

$$H_e = 21000\frac{43 - T}{(165 - a) \cdot (303 + a)} \cdot \frac{S}{1 + S/L} = 21000\frac{43 - 15}{(165 - 120) \cdot (303 + 120)} \cdot \frac{0,50}{1 + 0,50/2} = 12,4 \; m$$

El tiempo de endurecimiento sería:

$$t_f = \frac{70 + 0,3a - 2T}{25 + T} = \frac{70 + 0,3 \cdot 120 - 2 \cdot 15}{25 + 15} = 1,9 \; h$$

La profundidad límite en función del endurecimiento es la siguiente:

$$H_0 = H_v + V \cdot t_f = 0,5 + 3 \cdot 1,9 = 6,2 \; m$$

Como el muro tiene 5 m de altura, no se llega a la profundidad límite.

Por tanto,

$$Presión \; hidrostática = \; \gamma \cdot H_v = 23 \cdot 0,5 = 11,5 \;\; kN/m^2$$

$$Presión \; granulostática = \; K_a \cdot \gamma \cdot h = 0,819 \cdot 23 \cdot h = 18,837 \cdot h \;\; kN/m^2$$

En la base del muro, la presión es la siguiente:

$$Presión \; granulostática = \; K_a \cdot \gamma \cdot h = 0,819 \cdot 23 \cdot 5 = 94,185 \; kN/m^2$$

La profundidad en la que se iguala la presión hidrostática y granulostática es la siguiente:

$$11,5 = 0,819 \cdot 23 \cdot h \rightarrow h = 0,61 \; m$$

Por tanto, la zona de transición va de 0,50 m a 0,61 m, y allí la presión es constante e igual a 11,5 kN/m².

La componente de la fuerza horizontal será la siguiente:

$$F_h = \frac{1}{2} \cdot 0{,}50^2 \cdot 23 + \frac{1}{2} \cdot (5 - 0{,}61)^2 \cdot 18{,}837 + 11{,}5 \cdot (5 - 0{,}50) = 236{,}14 \, kN/m$$

Si se hubiera calculado la presión como hidrostática, estaríamos sobrevalorando la presión. En efecto:

$$P_{hidrostática} = \frac{1}{2} \cdot 5^2 \cdot 23 = 287{,}5 \, kN/m$$

Es decir, que el empuje horizontal es, en este caso, el 82,14 % del hidrostático.

PROBLEMA 9. Calcular la presión máxima P_m, la profundidad a la que se alcanza P_m/γ y la componente horizontal total F_h del empuje del hormigón fresco por metro lineal de un muro de 5 m de altura, 0,50 m de ancho, de un peso específico γ = 24 kN/m³, un cono de Abrams de 120 mm, cemento Portland normal, sin retardantes, una temperatura de 15 °C y una altura del vibrador interno de 0,50 m para una velocidad de llenado de 3 m/h. Utilizar el modelo de Gardner.

Solución:

La propuesta canadiense de Gardner (1980) resulta de interés al introducir una variable dinámica como la potencia del vibrador. En este caso se establece una ley hidrostática de presiones hasta una presión límite de valor:

$$P_m = \gamma \cdot h_v + \frac{3N}{745{,}7 \cdot S} + \frac{S}{0{,}04} + \frac{400\sqrt{V}}{17{,}78 + T} \left(\frac{100}{100 - \%F} \right) + \frac{a - 75}{10}$$

Donde N es la potencia del vibrador en vatios; $\%F$ es el porcentaje de cenizas volantes o escoria utilizadas en sustitución de cemento. El resto de variables ya se definieron en el problema anterior. Como valor orientativo de la potencia del vibrador se puede tomar 1250 W, y para la profundidad de vibrado 0,5 m con vibración interna y 1 m con vibración externa.

Con los datos del problema,

$$P_m = 24 \cdot 0{,}50 + \frac{3 \cdot 1.250}{745{,}7 \cdot 0{,}50} + \frac{0{,}50}{0{,}04} + \frac{400\sqrt{3}}{17{,}78 + 15} \left(\frac{100}{100 - 0} \right) + \frac{120 - 75}{10} = 60{,}19 \, kN/m^2$$

La profundidad a la que se alcanza esta presión máxima será la siguiente:

$$\frac{P_m}{\gamma} = \frac{60{,}19}{24} = 2{,}51 \, m$$

La componente de la fuerza horizontal será la siguiente:

$$F_h = \frac{1}{2} \cdot 2{,}51^2 \cdot 24 + 60{,}19 \cdot (5 - 2{,}51) = 225{,}47 \, kN/m$$

Si se hubiera calculado la presión como hidrostática, estaríamos sobrevalorando la presión. En efecto:

$$P_{hidrostática} = \frac{1}{2} \cdot 5^2 \cdot 24 = 300{,}00 \, kN/m$$

Es decir, que el empuje horizontal es, en este caso, el 75,16 % del hidrostático.

PROBLEMA 10. Calcular la presión máxima P_m, la profundidad a la que se alcanza P_m/γ y la componente horizontal total F_h del empuje del hormigón fresco por metro lineal de un muro de 5 m de altura, 0,50 m de ancho, de un peso específico γ = 24 kN/m³, un cono de Abrams de 120 mm, cemento Portland normal, sin retardantes, una temperatura de 15 °C y una altura del vibrador interno de 0,50 m para una velocidad de llenado de 3 m/h. Emplea el método CIRIA Report 108.

Solución:

CIRIA Report 108 propone una curva de presiones hidrostática que se bloquea con una presión máxima determinada por la ecuación que sigue, en ningún caso mayor que la hidrostática de un líquido con su misma densidad:

$$P_m = \left(C_1 \sqrt{V} + C_2 \cdot K \sqrt{H - C_2 \sqrt{V}} \right) \cdot \gamma$$

Donde C_1 es un coeficiente que depende del tamaño y la forma del encofrado (para muros C_1=1,0; para columnas C_1=1,50); C_2 es un coeficiente que depende de la composición del hormigón (ver tabla), K es un coeficiente que depende de la temperatura T (°C); H es la altura total del encofrado.

$$K = \left(\frac{36}{T + 16} \right)^2$$

Determinación del coeficiente C_2 en el modelo de CIRIA Report 108 (1985), en base a la norma UNE EN 197-1 (2000).

Grupo	Tipos de cemento	C_2
A	Hormigones sin aditivos con cementos: CEM I, CEM II/A-S y CEM II/A-D Hormigones con cualquier aditivo, sin ser un retardador, con cementos: CEM I, CEM II/A-S y CEM II/A-D	0,30
B	Hormigones con aditivos retardadores de fraguado y cementos: CEM I, CEM II /A-S y CEM II/A-D Hormigones sin aditivos con cementos: CEM II/A-(sin ser S y D), CEM III/A y CEM II/B Hormigones con cualquier aditivo, sin ser un retardador, con cementos: CEM II/A-(sin ser S y D), CEM III/A y CEM II/B	0,45
C	Hormigones con aditivos retardadores de fraguado y cementos: CEM II/A-(sin ser S y D), CEM III/A y CEM II/B Hormigones con o sin aditivos y cementos: CEM III/B, CEM IV y CEM V	0,60

En el caso planteado, C_1 = 1,0 y C_2 = 0,30. K se puede calcular de la siguiente forma:

$$K = \left(\frac{36}{15 + 16} \right)^2 = 1,3486$$

Por tanto,

$$P_m = \left(1,0 \cdot \sqrt{3} + 0,30 \cdot 1,3486 \cdot \sqrt{5 - 0,30 \cdot \sqrt{3}} \right) \cdot 24 = 62,12 \, kN/m^2$$

La profundidad a la que se alcanza esta presión máxima será la siguiente:

$$\frac{P_m}{\gamma} = \frac{62,12}{24} = 2,59 \, m$$

La componente de la fuerza horizontal será la siguiente:

$$F_h = \frac{1}{2} \cdot 2,59^2 \cdot 24 + 62,12 \cdot \left(5 - 2,59 \right) = 230,21 \, kN/m$$

Si se hubiera calculado la presión como hidrostática, estaríamos sobrevalorando la presión. En efecto:

$$P_{hidrostática} = \frac{1}{2} \cdot 5^2 \cdot 24 = 300,00 \, kN/m$$

Es decir, que el empuje horizontal es, en este caso, el 76,74 % del hidrostático.

PROBLEMA 11. Calcular la presión máxima P_m, la profundidad a la que se alcanza P_m/γ y la componente horizontal total F_h del empuje del hormigón fresco por metro lineal de un muro de 5 m de altura, 0,50 m de ancho, de un peso específico $\gamma = 24$ kN/m³, un cono de Abrams de 120 mm, sin retardantes, una temperatura de 15 °C y una altura del vibrador interno de 0,50 m para una velocidad de llenado de 3 m/h. Se ha usado un cemento Portland normal con una dosificación de 300 kg/m3.Utiliza la propuesta de la Société de Diffusion des Techniques du Bâtiment et des Travaux Publiques.

Solución:

Esta propuesta considera la ley hidrostática hasta alcanzar la presión máxima P_m. En este método se introducen correcciones en función del tipo de cemento, la dosificación de cemento, el espesor a encofrar y la docilidad del hormigón. Las hipótesis son las siguientes:

▸ Peso específico del hormigón de 24 kN/m³.

▸ Compactación por vibración interna.

▸ Encofrados sin vibración externa.

▸ No se emplean retardadores.

La altura del hormigón fresco se calcula como el producto de la velocidad ascendente del hormigón V por el tiempo de fin de fraguado t_f. La presión máxima no superará 150 kN/m² en los pilares. En las losas hay que añadir a la presión hidrostática la sobrecarga de trabajo.

La presión máxima se obtiene de la siguiente tabla:

Presión máxima del hormigón fresco.

Temperatura (°C)	Velocidad ascendente del hormigón fresco V	
	$V < 2$ m/h	$V \geq 2$ m/h
5	$20 + 12,5\ V$	$41 + 2\ V$
15	$20 + 10,0\ V$	$36 + 2\ V$
25	$20 + 8,5\ V$	$33 + 2\ V$

A estos valores de presión se les afecta por los siguientes factores correctores:

Factor corrector por tipo de cemento.

Tipo de cemento	C_1
Portland normal	1,0
Portland con 15 % de escorias	1,1
Portland con cenizas de hulla o lignito	1,2

Factor corrector por dosificación de cemento.

Dosificación de cemento (kg/m³)	C_2
200	0,80
300	1,00
400	1,37
500	1,62
600	1,80

Factor corrector por espesor a encofrar.

Espesor a encofrar (m)	C_3
0,10	0,80
0,20	0,93
0,30	1,05
0,40	1,08
0,50	1,10
> 0,60	1,15

Factor corrector por cono de Abrams.

Cono de Abrams (mm)	C_4
< 80	1,00
90	1,17
100	1,34
110	1,51
120	1,69
130	1,86
140	2,03
150	2,20

El valor de la presión máxima corregida será el siguiente:

$$P_m = P \cdot C_1 \cdot C_2 \cdot C_3 \cdot C_4$$

Para el caso estudiado, se tiene lo siguiente:

$$P_m = \left(36 \, + \, 2 \cdot 3\right) \cdot 1,0 \cdot 1,0 \cdot 1,10 \cdot 1,69 = 78,08 \, kN/m^2$$

La profundidad a la que se alcanza esta presión máxima será la siguiente:

$$\frac{P_m}{\gamma} = \frac{78,08}{24} = 3,25 \, m$$

La componente de la fuerza horizontal será la siguiente

$$F_h = \frac{1}{2} \cdot 3{,}25^2 \cdot 24 + 78{,}08 \cdot (5 - 3{,}25) = 263{,}39 \; kN/m$$

Si se hubiera calculado la presión como hidrostática, estaríamos sobrevalorando la presión. En efecto:

$$P_{hidrostática} = \frac{1}{2} \cdot 5^2 \cdot 24 = 300{,}00 \; kN/m$$

Es decir, que el empuje horizontal es, en este caso, el 87,80 % del hidrostático.

PROBLEMA 12. Se quiere hormigonar el alzado de un muro de 5 m de altura y 10 m de largo de una sola vez. El alzado del muro es constante y mide 50 cm. Se ha usado un cemento Portland con una dosificación de 350 kg/m3. El hormigón fresco presenta una consistencia de 120 mm en cono de Abrams. siendo la temperatura del hormigón fresco de 18 °C durante su colocación en obra. El peso específico del hormigón utilizado es de γ = 25 kN/m³ y el tamaño máximo de árido es de 50 mm. No se emplean retardadores ni tampoco adiciones. Se estima que el muro quedará hormigonado en 2 horas. El encofrado no presenta aislamiento térmico y existe un desplome de 4° respecto a la vertical. El tiempo máximo de fraguado es de 5 horas. Se utiliza un vibrador interno de 1500 W de potencia, siendo la profundidad de vibrado de 50 cm. La temperatura ambiente durante la colocación del hormigón en obra y durante el fraguado es de 20° C.

Solución:

Con la norma UNE 18201, la presión del hormigón fresco es triangular hasta una profundidad de 3,03 m, donde se bloquea la presión a un máximo de 68,93 kN/m² hasta llegar a pie del encofrado. La resultante horizontal de la presión es de 240,22 kN/m.

Con la norma DIN 18218, la presión crece hasta los 2,17 m, donde se bloquea a un máximo de 54,15 kN/m². La resultante horizontal de la presión sobre el encofrado es de 212,00 kN/m.

Con la norma ACI 347, la presión crece hasta los 2,37 m, donde se bloquea a un máximo de 59,25 kN/m². La resultante horizontal de la presión sobre el encofrado es de 226,04 kN/m.

Con la propuesta canadiense de Gardner, la presión crece hasta los 2,33 m y se bloquea con 58,31 kN/m². La resultante horizontal de la presión sobre el encofrado es de 223,62 kN/m.

Con la propuesta CIRIA Report 108, la presión crece hasta los 2,22 m y se bloquea con 55,48 kN/m². La resultante horizontal es de 215,80 kN/m.

Con la propuesta francesa, la presión crece hasta los 3,63 m y se bloquea con 90,64 kN/m². La resultante es de 288,49 kN/m.

PROBLEMA 13. Se quiere ejecutar un edificio de ocho plantas con tres juegos de cimbras. Considerando que son válidas las hipótesis de Grundy y Kabaila y realizando la operación como cimbrado y descimbrado, se quiere conocer lo siguiente:

a. Factor de carga máximo que puede ocurrir en un forjado y en un puntal.

b. Factor de carga máximo en el forjado del piso 6.

c. Factor de carga máximo en los puntales que soportan el piso 4.

Solución:

a. 2,38 en el forjado y 3,00 en el puntal.

b. 1,74.

c. 1,56.

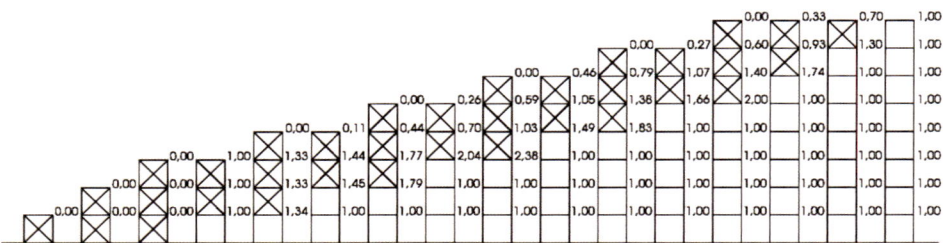

Factor de carga, en los forjados, con tres juegos de cimbras en un edificio de ocho plantas, sobre solera infinitamente rígida.

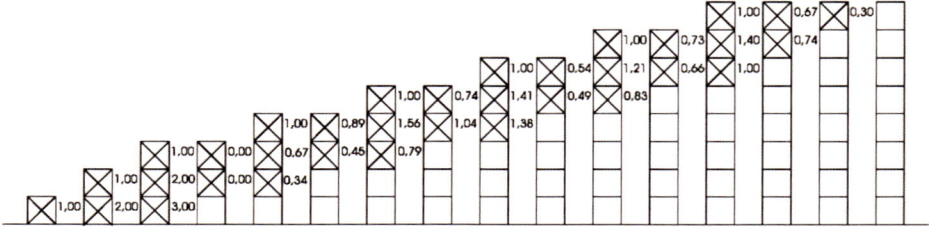

Factor de carga, en los puntales, con tres juegos de cimbras en un edificio de ocho plantas, sobre solera infinitamente rígida.

PROBLEMA 14. Se quiere ejecutar un edificio de ocho plantas con tres juegos de cimbras. Considerando que son válidas las hipótesis de Grundy y Kabaila y realizando la operación como cimbrado, recimbrado y descimbrado, se quiere conocer lo siguiente:

a. Factor de carga máximo que puede ocurrir en un forjado y en un puntal.
b. Factor de carga máximo en el forjado del piso 6.
c. Factor de carga máximo en los puntales que soportan el piso 4.

Solución:

a. 1,33 en el forjado y 1,00 en el puntal.
b. 1,33.
c. 1,00.

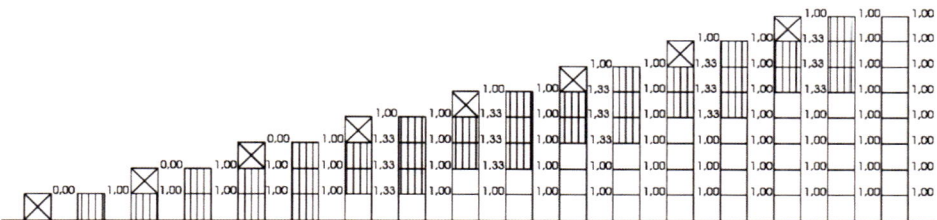

Factor de carga, en los forjados, con una planta cimbrada y dos recimbradas, en un edificio de ocho plantas, sobre solera infinitamente rígida.

Factor de carga, en los puntales, con una planta cimbrada y dos recimbradas, en un edificio de ocho plantas, sobre solera infinitamente rígida.

PROBLEMA 15. Atendiendo a las recomendaciones de la Norma Tecnológica NTE-ADZ, determinar el grueso mínimo del tablero de madera para entibar una zanja en un terreno coherente sin solicitaciones externas, con una profundidad de corte de 2,30 m. Suponga un empuje total sobre la entibación de 28,4 kPa.

Solución:

La Norma Tecnológica NTE-ADZ recomienda, en función del tipo de terreno, solicitación y profundidad de corte, los tipos de entibaciones de madera que figuran en la tabla siguiente.

Entibaciones aconsejables según NTE-ADZ.

Tipo de terreno	Solicitación	Tipo de corte	Profundidad H de corte en m			
			< 1,30	1,30 – 2,00	2,00 – 2,50	> 2,50
Coherente	Sin solicitación	Zanja	Innecesaria	Ligera	Semicuajada	Cuajada
		Pozo	Innecesaria	Semicuajada	Cuajada	Cuajada
	Solicitación vial	Zanja	Ligera	Cuajada	Cuajada	Cuajada
		Pozo	Semicuajada	Cuajada	Cuajada	Cuajada
	Solicitación de cimentación	Cualquiera	Cuajada	Cuajada	Cuajada	Cuajada
Suelto	Indistintamente	Cualquiera	Cuajada	Cuajada	Cuajada	Cuajada

Con los datos del problema, el tipo de entibación será semicuajada.

Asimismo, dicha norma establece la sección y separación de los elementos del tablero, cabeceros y codales. Para ello podemos consultar la siguiente tabla, sabiendo que 28,4 kPa son 29 kg/cm^2.

Determinación de una entibación semicuajada según NTE-ADZ.

Grueso mínimo del tablero E en mm.	20	25	30	52	65	76	Separación vertical S en cm.
Empuje total q en kg/cm^2	0,17	0,27	0,39	1,20	1,87	2,53	30
	0,06	0,10	0,14	0,43	0,68	0,92	50
	-	-	0,06	0,19	0,30	0,41	75
	-	-	-	0,10	0,16	0,23	100

Como se puede ver, sería necesario un grueso de 65 mm en el tablero y una separación vertical de 75 cm. En el caso de haber elegido una entibación cuajada, se puede consultar la siguiente tabla.

Determinación de una entibación cuajada según NTE-ADZ.

Grueso mínimo del cabecero E en mm.	52	65	76	Separación horizontal M en cm.
Empuje total q en kg/cm²	0,21	0,33	0,46	100
	0,13	0,21	0,29	125
	0,07	0,15	0,20	150
	0,05	0,09	0,15	175
	0,03	0,06	0,10	200

Siendo cuajada, sería necesario un espesor del cabecero de 76 mm y una separación horizontal de 125 cm.

PROBLEMA 16. Se pide determinar la altura crítica de corte en una excavación, de forma que no sea necesario entibar en el caso siguiente: Se tendrá en cuenta la hipótesis de Rankine para el empuje activo, en condiciones drenadas (rotura a largo plazo). Se considera un peso específico del suelo de γ = 17,4 kN/m³, un ángulo de fricción ϕ' = 26° y una cohesión c' = 14,36 kPa. Además, existe una sobrecarga de tierras (ya mayorada con su coeficiente de seguridad) de 15 kN/m². Se tomará un coeficiente de seguridad de 1,5 para dicha altura crítica.

Solución:

Cuando se deban realizar excavaciones con un talud vertical, se podrá mantener vertical hasta cierta altura crítica sin entibar, tal y como se puede ver en la siguiente figura, que se puede calcular de la forma que sigue.

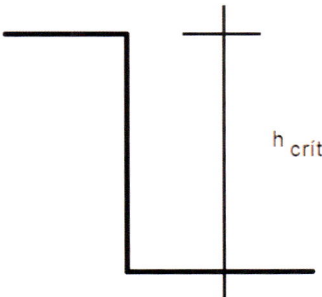

Siendo:

h_{crit} = altura crítica

c' = cohesión

φ' = ángulo de rozamiento interno

γ   = peso específico del terreno

S   = sobrecarga sobre el terreno

Para ello consideremos la hipótesis de Rankine para el empuje activo, según la cual el terreno empuja sobre una estructura que es capaz de realizar un pequeño desplazamiento. La teoría de Rankine explica este fenómeno en términos de rotura por cortante del terreno. Como es una rotura en condiciones drenadas (largo plazo) se tiene en cuenta tanto la cohesión como la fricción del terreno.

En dicho caso, la tensión horizontal ejercida como empuje activo es la siguiente:

$$\sigma_a = \gamma \cdot z \cdot \tan\left(\frac{\pi}{4} - \frac{\varphi'}{2}\right) - 2 \cdot c' \cdot \tan\left(\frac{\pi}{4} - \frac{\varphi'}{2}\right)$$

Si se integra esta tensión horizontal a lo largo de toda la altura h, entonces podemos deducir el empuje activo:

$$E_a = \frac{1}{2} \cdot \gamma \cdot h^2 \cdot \left(\tan\left(\frac{\pi}{4} - \frac{\varphi'}{2}\right)\right)^2 - 2 \cdot c' \cdot h \cdot \tan\left(\frac{\pi}{4} - \frac{\varphi'}{2}\right)$$

Si igualamos a cero, se puede despejar la altura crítica:

$$h_{crit} = \frac{4 \cdot c'}{\gamma} \cdot \tan\left(\frac{\pi}{4} + \frac{\varphi'}{2}\right)$$

Tomando un coeficiente de seguridad de 1,5, por lo que la altura crítica a considerar será:

$$h_{crit} = \frac{2,67 \cdot c'}{\gamma} \cdot \tan\left(\frac{\pi}{4} + \frac{\varphi'}{2}\right)$$

Esta formulación indica que solo se podrá mantener a corto plazo un terreno con un talud vertical si es cohesivo. Además, si existen sobrecargas, éstas se deben alejar del borde de la excavación entre 1,1 y 2 veces la altura crítica, tal y como se observa en la siguiente figura.

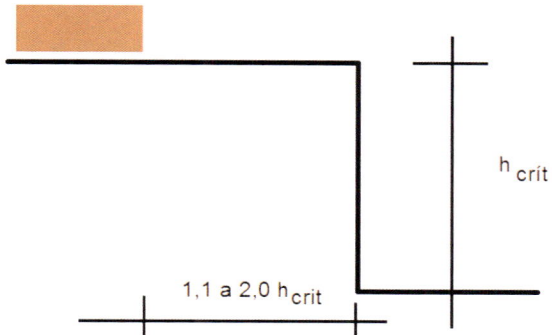

En el caso de una sobrecarga *S* en el borde de la excavación, ello es equivalente a una altura adicional de S/γ, por lo que la altura crítica sería la siguiente suponiendo que la sobrecarga ya lleva su valor mayorado por el coeficente de seguridad de cargas:

$$h_{crit} = \frac{2{,}67 \cdot c'}{\gamma} \cdot \tan\left(\frac{\pi}{4} + \frac{\varphi'}{2}\right) - \frac{S}{\gamma}$$

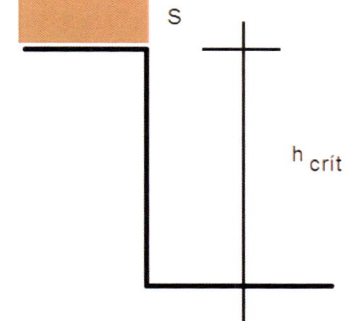

Con los datos proporcionados en este problema,

$$h_{crit} = \frac{2{,}67 \cdot 14{,}36}{17{,}40} \cdot \tan\left(45 + \frac{26}{2}\right) - \frac{15}{17{,}40} = 2{,}66 \; m$$

No obstante, este valor, hay que ser prudentes cuando la altura sin entibar resulte un peligro para el enterramiento de las personas, especialmente en zanjas o pozos. Téngase en cuenta que el valor de la cohesión depende de la humedad del suelo, y esta disminuye con el tiempo. En dicho caso, en terrenos coherentes y sin solicitación de cimentación o próxima a vial (o acopio equivalente), la altura máxima sin entibar será de 1,30 m en un corte vertical.

PROBLEMA 17. Se quiere determinar la altura crítica máxima a corto plazo (condiciones no drenadas) de un suelo arcilloso de consistencia media cuyo peso específico es γ = 21,50 kN/m³ y una cohesión no drenada cu = 49,65 kPa. Se supone una superficie horizontal tanto en el plano superior como inferior de la excavación.

Solución:

Los suelos con una reducida permeabilidad, del orden de $K = 10^{-4}$ cm/s o menos, su estabilidad debe analizarse a corto plazo. Son horas o días tras la excavación. Se trata de condiciones no drenadas, donde no se tiene en cuenta el rozamiento del suelo.

En la figura que sigue se puede analizar la estabilidad de un corte vertical estableciendo las condiciones de equilibrio de una cuña de terreno que pasa por el pie del desmonte (punto A).

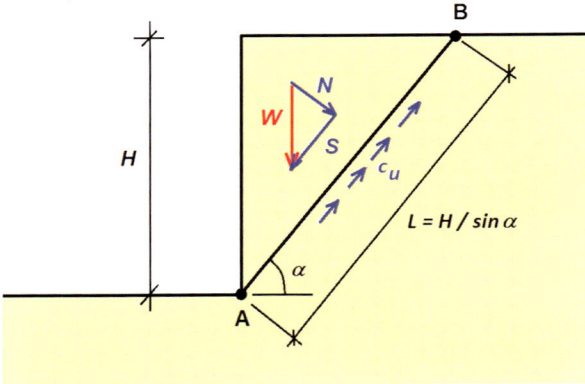

El coeficiente de seguridad del equilibrio de la cuña se puede expresar como el cociente entre el máximo esfuerzo de corte movilizado en el plano de rotura AB y el esfuerzo de corte provocado por el peso del terreno por encima de dicho plano.

$$F.S. = \frac{L \cdot c_u}{S} = \frac{H \cdot c_u}{S \cdot \sin\alpha}$$

Expresando S en función del peso de la cuña W, tenemos:

$$S = W \cdot \sin\alpha = \frac{1}{2}H \cdot \frac{H}{\tan\alpha} \cdot \gamma \cdot \sin\alpha = \frac{1}{2}\gamma H^2 \cos\alpha$$

De esta forma, el factor de seguridad sería:

$$F.S. = \frac{H \cdot c_u}{S \cdot \sin\alpha} = \frac{H \cdot c_u}{\frac{1}{2}\gamma H^2 \cos\alpha \sin\alpha} = \frac{c_u}{\gamma H} \cdot \frac{2}{\sin\alpha\cos\alpha} = \frac{c_u}{\gamma H} \cdot \frac{4}{\sin(2\alpha)}$$

Vamos a calcular el ángulo α que hace mínimo el coeficiente de seguridad, para ello derivamos e igualamos a cero.

$$\frac{d(F.S.)}{d\alpha} = 0$$

Cuyo mínimo es α = π/4. De esta forma:

$$F.S. = \frac{c_u}{\gamma H} \cdot \frac{4}{\sin(\pi/2)} = \frac{4c_u}{\gamma H}$$

Se hace notar que esta expresión es la particularización del caso general de la altura crítica para un suelo drenado (largo plazo), donde $c' = c_u$ y $\phi' = 0$.

$$h_{crit} = \frac{4 \cdot c'}{\gamma} \cdot \tan\left(\frac{\pi}{4} + \frac{\varphi'}{2}\right)$$

En el caso que nos ocupa, la máxima altura crítica sería aquella en la que el coeficiente de seguridad es la unidad, es decir, una condición de rotura estricta. En ese caso,

$$h_{crit} = \frac{4 \cdot c_u}{\gamma} = \frac{4 \cdot 49{,}65}{21{,}50} = 9{,}24 \ m$$

También es posible calcular la altura con un nomograma. En el caso resuelto en este nomograma, se ha optado por resolverlo con un coeficiente de seguridad de 2.

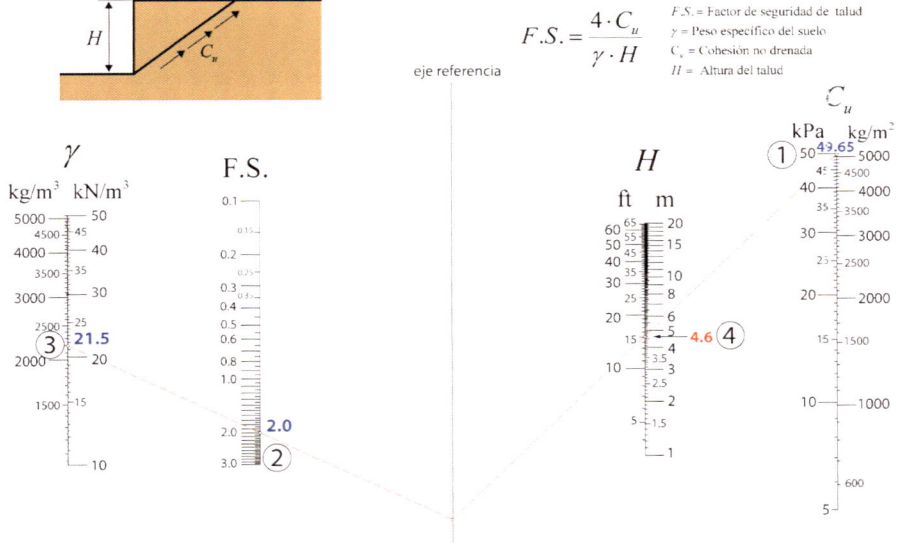

Nomograma para el cálculo de la altura de un suelo cohesivo a corto plazo

Pedro Martínez-Pagán/Víctor Yepes (2023)

Aunque el caso que acabamos de exponer es muy sencillo y permite solucionar de manera fácil la rotura del suelo, en la práctica la realidad es más compleja. Se hace necesario emplear métodos más generales de análisis que permitan considerar superficies de rotura curvas, perfiles del terreno más complicados y regímenes hidráulicos específicos. Para profundizar en este tema, recomendamos al lector que consulte los métodos de equilibrio límite.

PROBLEMA 18. Atendiendo a la Norma Tecnológica de la Edificación NTE-CCT/1977, establecer la altura máxima admisible $H_{máx}$ en un corte vertical, libre de solicitaciones, para un terreno cuyo peso específico aparente es de 20,0 kN/m^3 y la resistencia a la compresión simple del terreno R_u = 0,045 MPa.

Solución:

En la Norma Tecnológica de la Edificación NTE-CCT/1977 se establece la altura máxima permitida, en metros, para cortes verticales que no están sometidos a cargas, en función del peso específico del terreno. Los valores correspondientes se detallan en la siguiente tabla:

Altura máxima admisible en m en cortes verticales, libres de solicitaciones, para distintos pesos específicos del terreno.

Resistencia a compresión simple R_u en kg/cm^2	Peso específico aparente γ en g/cm^3				
	2,20	2,10	2,00	1,90	1,80
0,250	1,05	1,10	1,15	1,20	1,25
0,300	1,30	1,35	1,40	1,45	1,50
0,400	1,70	1,80	1,90	2,00	2,10
0,500	2,10	2,20	2,30	2,45	2,60
0,600	2,00	2,70	2,80	2,95	3,10
0,700	3,00	3,15	3,30	3,50	3,70
0,800	3,40	3,60	3,80	4,00	4,20
0,900	3,90	4,05	4,20	4,45	4,70
1,000	4,30	4,50	4,70	4,95	5,20
1,100	4,70	4,95	5,20	5,20	5,20
> 1,200	5,20	5,20	5,20	5,20	5,20

Para valores intermedios, la propia norma indica que se interpolan linealmente los valores de la tabla.

El peso específico aparente γ = 20,0 kN/m³ = 2,039 g/cm³. La resistencia a la compresión simple del terreno R_u = 0,045 MPa = 0,459 kg/cm².

$$H_{máx\,[2,10;\,,0,459]} = 1,80 + \frac{(2,20 - 1,80)(0,459 - 0,400)}{(0,500 - 0,400)} = 2,04\ m$$

$$H_{máx\,[2,00;\,0,459]} = 1,90 + \frac{(2,30 - 1,90)(0,459 - 0,400)}{(0,500 - 0,400)} = 2,14\ m$$

Ahora tendremos que interpolar entre estos dos valores para ajustarlo a γ = 2,039 g/cm³.

$$H_{máx\,[2,039;\,0,459]} = 2,04 + \frac{(2,14 - 2,04)(2,10 - 2,039)}{(2,10 - 2,00)} = 2,10\ m$$

PROBLEMA 19. Atendiendo a la Norma Tecnológica de la Edificación NTE-CCT/1977, establecer la altura máxima admisible $H_{máx}$ de un talud provisional de ß = 35° y sin solicitación de sobrecarga, sabiendo que la resistencia a la compresión simple del terreno R_u = 0,04 MPa. El terreno homogéneo, siendo una mezcla de arcillas y limos de plasticidad media (CL-ML), el nivel freáticc está a 5 m por debajo de la cota más profunda de la excavación y el grado sísmico de la zona es inferior a 5.

Solución:

La Norma Tecnológica de la Edificación NTE-CCT/1977 señala los parámetros geométricos de cortes ataluzados del terreno, provisionales sin entibación, de altura no mayor de 7 m., situados entre dos superficies sensiblemente horizontales, en terrenos coherentes homogéneos o asimilables, con nivel freático a 2 o más metros por debajo de la cota más profunda de excavación, ubicados en zona de grado sísmico inferior a 7. La norma indica, para cada tipo de terreno, la altura máxima admisible en metros de talud provisional, libre de solicitaciones, en función del ángulo de inclinación del talud ß en grados sexagesimales y de una resistencia a la compresión simple del terreno R_u en kg/cm². Para taludes provisionales sin solicitación de sobrecarga y con ángulo de inclinación no mayor de 60°.

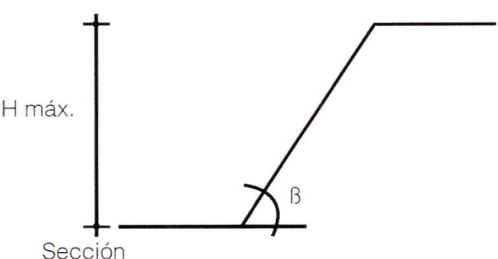

Sección

Altura máxima admisible en función del ángulo del talud (no mayor de 60°) y la resistencia a compresión simple y tipo de terreno, según NTE-CCT/1977.

	Ángulo de talud ß	Resistencia a compresión simple R_u en kg/cm²				
		0,250	0,375	0,500	0,625	≥ 0,750
Arcilla y limos muy plásticos	30°	2,40	4,60	6,80	7,00	7,00
	45°	2,40	4,00	5,70	7,00	7,00
	60°	2,40	3,60	4,90	6,20	7,00
Arcilla y limos de plasticidad media	30°	2,40	4,90	7,00	7,00	7,00
	45°	2,40	4,10	5,90	7,00	7,00
	60°	2,40	3,60	4,90	6,30	7,00
Arcilla y limos poco plásticos, arcillas arenosas y arenas arcillosas	30°	4,50	7,00	7,00	7,00	7,00
	45°	3,20	5,40	7,00	7,00	7,00
	60°	2,50	3,90	5,30	6,80	7,00

Para valores intermedios, la propia norma indica que se interpolan linealmente los valores de la tabla.

La resistencia a compresión simple es R_u = 0,040 MPa = 0,408 kg/cm².

En primer lugar, calculemos la interpolación entre los taludes de 30° y 45° de inclinación para el caso de 35°, entre los valores de 0,375 y 0,500 kg/cm².

$$H_{máx\,[35°,\,0,375]} = 4,90 - \frac{(4,90 - 4,10)(35 - 30)}{(45 - 30)} = 4,63\ m$$

$$H_{máx\,[35°,\,0,500]} = 7,00 - \frac{(7,00 - 5,90)(35 - 30)}{(45 - 30)} = 6,63\ m$$

Ahora tendremos que interpolar entre estos dos valores para ajustarlo a R_u = 0,408 kg/cm².

$$H_{máx\,[35°,\,0,408]} = 6,63 - \frac{(6,63 - 4,63)(0,500 - 0,408)}{(0,500 - 0,375)} = 5,16\ m$$

No obstante, se aconseja un estudio geotécnico y de cargas detallado al respecto, puesto que las normas son muy generales y sus recomendaciones se han elaborado teniendo en cuenta hipótesis muy concretas. Por ejemplo, algunos factores que pueden afectar a la estabilidad de la excavación pueden ser las lluvias, sequías, heladas y agentes atmosféricos en general. Pero también el rebajamiento del nivel freático, la entrada de agua entre las capas del suelo, la desecación de suelos no cohesivos, la no existencia de zonas de seguridad libres de cargas, las sacudidas o vibraciones del tráfico, hincado de pilotes, compactaciones del terreno o voladuras, entre otros muchos factores. Por tanto, en caso de duda, mejor diseñar una buena protección.

PROBLEMA 20. Se quiere apuntalar una excavación de 9 m de anchura y 7 m de profundidad, según se indica en la figura. El terreno es una arcilla con las siguientes características: γ = 18,5 kN, c_u = 36 kN/m² y Φ = 0. Determinar la envolvente de la presión del terreno, la presión máxima y la carga que recibe cada puntal. Los puntales se colocan a 3 m, de centro a centro, en planta.

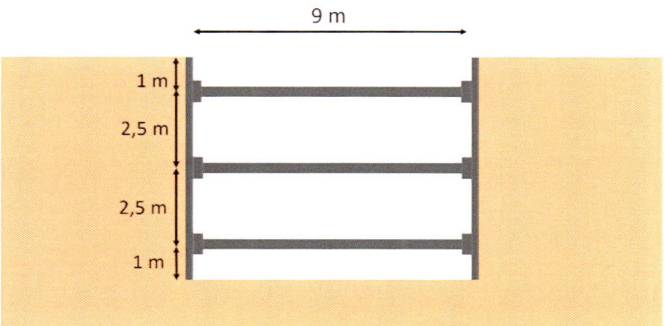

La deformación que ocurre en el terreno al entibar una excavación mediante la colocación de puntales de arriba hacia abajo difiere de la deformación causada por la condición de empuje activo en los muros. Esta diferencia conlleva a que la distribución real de los empujes en una entibación sea distinta de la clásica ley triangular que se observa en los muros. Esta disparidad se debe, entre otros factores, al hecho de que la entibación gira alrededor de un punto ubicado en la parte superior (primer apuntalamiento), a diferencia del típico muro en ménsula donde el giro ocurre aproximadamente en la base de la estructura.

En la figura siguiente se puede observar que los empujes reales no aumentan de manera proporcional a la profundidad y, en el fondo de la excavación, llegan a anularse por completo. Como resultado, la parte superior, que se apuntala desde el principio, experimenta empujes superiores a los que se esperarían según la ley triangular, mientras que en la parte inferior son menores. Por lo tanto, la distribución de los empujes se asemeja más a una parábola que a una ley lineal.

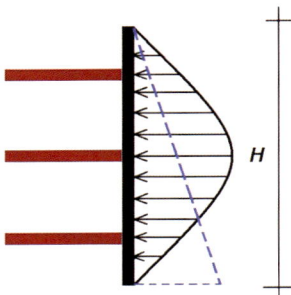

Terzaghi y Peck (1967) propusieron esquemas simplificados que resultan útiles para la determinación de algunos suelos típicos. Estos esquemas son conocidos como diagramas de presión aparente y se derivan de mediciones realizadas en diversas obras durante mediados del siglo xx, específicamente en ciudades como Berlín, Múnich, Chicago, Nueva York y Oslo. Dichas mediciones se llevaron a cabo en entibaciones apuntadas, no ancladas, con profundidades superiores a 6 m. Es importante destacar que estos diagramas no representan de manera exacta los empujes, sino que son aproximaciones empíricas de los diferentes diagramas reales que se observan durante la fase de excavación. Estos diagramas reales pueden ser bastante complejos, ya que están influenciados por diversos factores como la secuencia de construcción, la temperatura y la interacción entre la pantalla y los apoyos, entre otros.

Considerando los valores *a*, *b* y *c* mostrados en la figura siguiente, es posible estimar la distribución de los empujes utilizando la tabla presentada a continuación (Izquierdo, 2001). Es importante tener en cuenta que estos valores de empujes, obtenidos a partir de mediciones en obras reales, son aplicables específicamente a entibaciones y no se pueden aplicar directamente a superficies continuas y más rígidas, como los muros pantalla.

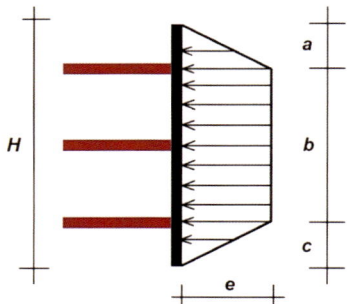

Terreno	a/H	b/h	c/H	e/(γH)
Arenas	0	1	0	0,65 k_a
Arcilla blanda a media ($\gamma H/C_u$)>6	0,25	0,75	0	$1 - \dfrac{4m\,c_u}{\gamma H}$ m=0,4 (arcillas normalmente consolidadas) m=1 (arcillas ligeramente sobreconsolidadas)
Arcilla rígida fisurada ($\gamma H/C_u$)<4	0,25	0,50	0,25	0,2 a 0,4
Arcilla 4<($\gamma H/C_u$)<6	Utilizar el valor más elevado de los dos anteriores			

En la tabla, k_a es el coeficiente de empuje activo, c_u la cohesión del terreno sin drenaje y γ su peso específico.

Resolvamos el caso planteado. En primer lugar, calculemos la siguiente relación:

$$\frac{\gamma \cdot H}{C_u} = \frac{18,5 \cdot 7}{36} = 3,6 < 4$$

Por tanto, la envolvente se corresponde con la figura que sigue. La presión máxima tiene un valor igual a:

$$\sigma_a = 0,3 \cdot \gamma \cdot H = 0,3 \cdot 18,5 \cdot 7 = 38,85 \; kN/m^2$$

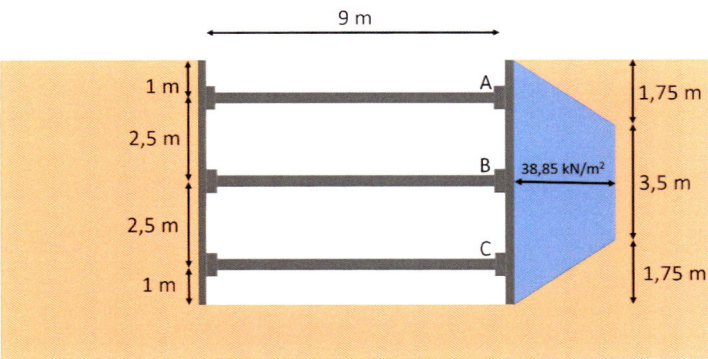

Para calcular la carga en los puntales, tomamos momentos respecto a B:

$$A \cdot 2,5 - \frac{1}{2} \cdot 38,85 \cdot 1,75 \cdot \left(1,75 + \frac{1,75}{3}\right) - 1,75 \cdot 38,85 \cdot \frac{1,75}{2} = 0$$

Por lo que,

$$A = 55{,}52 \, kN/m$$

Calculando el equilibrio de fuerzas horizontales, y como por simetría, *A = C*, entonces

$$\frac{1}{2} \cdot 1{,}75 \cdot 38{,}85 + 38{,}85 \cdot 3{,}50 + \frac{1}{2} \cdot 1{,}75 \cdot 38{,}85 = A + B + C = 2 \cdot A + B = 2 \cdot 55{,}52 + B$$

De donde despejamos

$$B = 92{,}92 \, kN/m$$

$$C = 55{,}52 \, kN/m$$

Las cargas que reciben los puntales serían las siguientes:

$$P_A = P_C = 55{,}52 \cdot espaciamiento \; horizontal = 55{,}52 \cdot 3 = 166{,}56 \, kN$$

$$P_B = 92{,}92 \cdot 3 = 278{,}76 \, kN$$

11

Índice temático

A

D

E